U0266219

中国社会学人类学丛书

新型城镇化
与文化遗产传承发展

张继焦　黄忠彩◎主编

XINXING CHENGZHENHUA
YU WENHUA YICHAN CHUANCHENG FAZHAN

中国市场出版社
China Market Press

·北京·

图书在版编目（CIP）数据

新型城镇化与文化遗产传承发展/张继焦，黄忠彩主编. —北京：中国市场出版社，2015.10

ISBN 978-7-5092-1417-6

Ⅰ. ①新… Ⅱ. ①张…②黄… Ⅲ. ①城市-文化遗产-保护-研究-中国 Ⅳ. ①K928.7

中国版本图书馆 CIP 数据核字（2015）第 266412 号

新型城镇化与文化遗产传承发展

XINXING CHENGZHENHUA YU WENHUA YICHAN CHUANCHENG FAZHAN

主　　编	张继焦　黄忠彩	
出版发行	中国市场出版社	
社　　址	北京月坛北小街 2 号院 3 号楼	邮政编码　100837
电　　话	编辑部（010）68034118　读者服务部（010）68022950	
	发行部（010）68021338　68020340　68053489	
	68024335　68033577　68033539	
	总编室（010）68020336	
	盗版举报（010）68020336	
经　　销	新华书店	
印　　刷	河北鑫宏源印刷包装有限责任公司	
规　　格	170 mm×240 mm　16 开本	版　次　2015 年 10 月第 1 版
印　　张	17	印　次　2015 年 10 月第 1 次印刷
字　　数	310 000	定　价　38.00 元

版权所有　侵权必究　　印装差错　负责调换

新型城镇化与突破"胡焕庸线"[1]

李培林[2]

编者按:

　　2014 年 11 月 27 日,李克强总理在国博参观人居科学研究展时,指着中国地图上的"胡焕庸线"说,我国 94% 的人口居住在东部 43% 的土地上,但中西部如东部一样也需要城镇化。我们是多民族、广疆域的国家,要研究如何打破这个规律,统筹规划、协调发展,让中西部百姓在家门口也能分享现代化。

　　2015 年 1 月 8 日,《人民日报》刊登了中国社会科学院副院长李培林的文章《新型城镇化与突破"胡焕庸线"》。李培林认为,新型城镇化是突破"胡焕庸线"的一个有利契机,应顺应城镇郊区化和逆城镇化发展的趋势,因势利导,善加利用,破解"胡焕庸线"的"李克强之问"。

　　李克强总理 2014 年 11 月在国家博物馆参观时,指着中国地图上的"胡焕庸线"说,我国 94% 的人口居住在东部 43% 的土地上,但中西部如东部一样也需要城镇化。

---

[1] 李培林. 新型城镇化与突破"胡焕庸线"[N]. 人民日报,2015-01-08 (16).
[2] 中国社会科学院副院长。

美国诺贝尔经济学奖获得者斯蒂格利茨在世纪之交曾说，影响 21 世纪人类进程最深刻的两件事将是新技术革命和中国城镇化。根据世界各国城镇化的经验，城镇化一般要经历人口向城镇集中、郊区城镇化、逆城镇化、再城镇化等不同发展阶段。我国目前一方面人口还在向城镇集中，另一方面郊区城镇化正在加速推进，逆城镇化的征兆也开始显现。逆城镇化并不是反城镇化，而是城镇化发展中继郊区城镇化之后的一个更高的发展阶段。逆城镇化的典型特征是，城市中心人口为了逃避交通拥堵、污染严重等问题而向远郊乃至乡村流动，乡村生活重新繁荣。逆城镇化与城乡一体化是一致的，即在乡村可以享受到城市的生活品质，同时可以望得见山、看得见水、记得住乡愁。

我国是一个人多地少、农民众多的大国。受资源环境承载能力所限，城镇化再发展也很难像一些发达国家那样，把 90% 以上的人口集中在城镇。我国目前城镇化水平达到约 55%，一些逆城镇化的征兆已经显现：一是农家乐的兴盛；二是一部分城市中产家庭追求生活环境而向小城镇和乡村迁移；三是城镇居民越来越普遍的异地养老。这些点点滴滴的征兆，预示着一个新的大众消费潮流，将有利于改变一些地方出现的乡村空心化、乡村住宅闲置和乡村衰落现象。

我国在经济新常态之下仍然有巨大的发展潜力，是因为我国还有巨大的结构变动弹性，特别是城乡结构变动弹性。城镇化水平每提高 1 个百分点，都意味着资源配置效率的提高，而我国城镇化水平估计要达到 75% 才能稳定下来。

在我国的版图上，从黑龙江黑河到云南腾冲，有一条呈 45 度角的斜线，这就是地理学家胡焕庸 1935 年提出的我国人口密度划分线，亦称"胡焕庸线"。20 世纪 30 年代，这条线的东南以 36% 的国土聚集 96% 的人口，而西北以 64% 的国土承载 4% 的人口。令人惊奇的是，在历经 80 年的城镇化和各种人口迁移之后，这条斜线的人口分布含义仍然未变。中国科学院的地理学家根据 2000 年第五次人口普查的数据进行测算，发现这条线东南部人口仍占全国总人口的 94.1%，西北部占 5.9%。

"胡焕庸线"在某种程度上也成为目前城镇化水平的分割线。这条线的东南各省区市，绝大多数城镇化水平高于全国平均水平；而这条线的西北各省区，绝大多数低于全国平均水平。李克强同志 2014 年 11 月参观国家博物馆人居科学研究展时指着中国地图上的"胡焕庸线"说，中西部如东部一样也需要城镇化，要研究如何打破这个规律，统筹规划、协调发展，让中西部百姓在家门口也能分享现代化成果。

新型城镇化是突破"胡焕庸线"的一个有利契机。新型城镇化不能把眼睛只盯着建设国际大都市、建设特大城市群，也要注重改变乡村的面貌、改变中西部地区的面貌。应顺应城镇郊区化和逆城镇化发展的趋势，因势利导，善加利用。当然，新型城镇化的大潮会有冲击和荡涤，因此要守住几条底线。

第一条底线是不能损害农民利益。推进新型城镇化的首要目的是让农民普遍富裕起来。只有农民富裕起来了，中国才能真正实现现代化。我国大多数地区人多地少，全国平均每个农户占有的土地仅为欧洲发达国家的 1/60 到 1/80。逆城镇化要为农民创造增加收入的机会，使农村聚居点繁荣起来。在快速城镇化过程中，特别要避免农村凋敝、农业衰败和农民利益受损。

第二条底线是要保持乡土田园风光和地方特色。乡土田园环境是整个国家呼吸的"肺叶"。各地各具特色的乡土田园风光，是活在我们民族集体记忆里的美丽中国，必须通过立法进行永久性保护。所谓城乡一体化和新农村建设，就是既要使农民享有同市民相当的生活品质和公共服务，又要使农村保持田园风光。

第三条底线是要符合长远发展的乡村规划。城乡一体化并不是城乡一样化，不是把农村变成城市，不是要使乡村成为新的水泥高楼的森林。很可惜的是，至今我国多数乡村地区还没有很好规划。城乡基本公共服务均等化，首先是政府服务均等化，包括建设规划、供水、供电、交通、通讯、垃圾处理、环境整治等。应逐步把城乡统一纳入政府公共服务框架，让乡村真正美丽起来，让农民的日子过得更好。

新型城镇化进程中传统村落的文化变迁阐释
——以云南大理诺邓古村为例
曲凯音

如何在城镇化的进程中传承和建设好村落文化，让农耕社会人类文明的载体得以流传，让村落文化不被城镇化的洪流所掩盖和湮没，这是在城镇化进程中，尤其是当前的新型城镇化进程中所要解决的重要议题。
037

研究型文物馆：维续城镇文化力量的认同与更生
王琛发

研究型的文物馆当然是地方文史材料的收集单位，但也可以是研究成果走向产业化的研究单位，或支持产业领域的文化化。在具体的"地方本土"寻找市集中较策略性的一片土地，在上边成立属于地方的文物馆，有利于指引四面八方的人们更系统完整地聆听"我方"，也将更有利于本地区人民聚集智慧、凝聚认同、集思广益。
046

非物质文化遗产：建设新型城市的文化力量
钱永平

作为草根民众文化创造力的结晶，非遗展现了地方独一无二的特色。在新型城镇化进程中重视非遗保护，是着眼于我们所面临的生活困局和每位社会个体的生活品质，向那些把智慧隐藏起来的非遗传承群体学习，这关乎人类生存的自然生态保护、粮食安全和生命健康。
060

新型城镇化进程中古村镇如何保护
牛长立

村落或乡镇是中国社会基层社区的典型单元，是中国社会或文化最基础的部分，是中国传统文化之"根"。古村镇是形成于历史年代，其聚落环境、街巷风貌、民居建筑、历史文脉、传统氛围保存较好，保存文物特别丰富并且具有重大历史价值或者革命纪念意义的城镇、村庄。
069

第二篇　城市化与文化产业、商业发展

新型城镇化与文化产业集群互动发展研究
齐　骥

新型城镇化的本质与核心是"人的城镇化"。文化关照下的城镇化本质，正是寻求城乡文化认同，实现理想身份，消弭心灵距离的"人的城镇化"。从这一维度上看，文化产业是打造城镇化"升级版"的重要引擎。

城市化与海外华人饮食文化的传承：从传统海南咖啡店的变革看马来西亚华人饮食文化的沿袭

祝家丰（Thock Ker Pong）

在民族学的研究中，文化往往被认为是界定民族性的最基本的要素，所以我们常说文化是民族的灵魂。这句话凸显了文化对一个民族的重要性。每一个民族都有其独特的文化标志，其民族成员都以拥有该种文化标志为荣。文化亦可比喻为一个族群的脐带，象征着它的精神资源和力量。

地理学视角下旅游城镇意象空间优化研究
——以黄姚古镇为例

赵巧艳

本文以意象空间优化为研究对象，以典型旅游城镇黄姚古镇为例，结合在 2014 年 6—8 月数次深入黄姚古镇所获得的第一手田野调查资料，在林奇意象五要素理论框架下，从地理学的意象空间角度提出旅游意象空间优化建议。

辽宁省文化品牌建设发展情况调查和对策建议

王　焯

基于文化认同的内在需求，培育和打造辽宁的文化品牌不是一个简单复制或完全无中生有的杜撰过程，而应该是一个结合地域优势和特色、在传统文化的原生形态、制度及其精神文化符号的基础上进行提炼、创新与产业化的进程，并以具有文化认同性和群众喜闻乐见为前提，遵循保护文化多样性规律和市场规律。

丽水市文化产业可持续发展问题研究

方　明　雷心仪

在全貌观的统摄下，为了"绿色崛起，科学跨越"，政府、文化企业、民众均要有高度的文化自觉，切身躬行文化强市与产业兴市的发展战略，真正实现"绿色青山就是金山银山"。

第三篇 城镇化下的社会与人口变迁

老龄化时代的到来，不但是发展水平较高的国家需要面对的问题，还是发展中国家不可回避的问题。我国的养老方式主要是传统的家庭养老和机构养老，同时也日益注重社区在养老方面的作用，社区在老龄化发展和养老事业中的作用越来越重要。

第四篇 书 评

总 论

新型城镇化与民族文化传承发展：
理论探索与实证研究

张继焦[1]

引 言

党的十八大报告提出，要坚持走中国特色新型城镇化道路。新型城镇化的"新"，就是要由过去片面注重追求城市规模扩大、空间扩张，改变为以提升城市的文化、公共服务等内涵为中心，真正使我们的城镇成为具有较高品质的适宜人居之所，而不是简单地建高楼和建广场。

许多人认为："旧城"就是过去岁月留下的破烂摊子，是城市发展的严重包袱，要更新，就要"破旧立新"，就要"快刀斩乱麻"，放开手脚大干，因此，出现了大面积地拆迁旧房，将旧城区的老宅旧屋全部拆光，然后在平地上盖新的楼房。这样做，工作简单、工程上马快，规划设计也容易做。但是，这样一来把城市原来的社会结构、文化遗存、城市风貌以及地方风情，全都一扫而光，也就是把城市的历史文脉全部割断了。

据2012年住房和城乡建设部与国家文物局联合开展的首次国家历史文化名城保护工作大检查显示，全国119个国家级历史文化名城中，13个名城已无历史文化街区，18个名城仅剩一个历史文化街区，一半以上的历史文化街区已经面目全非，与历史文化街区的标准相差甚远。少量承载着丰富历史信息的古旧建筑，落寞伫立，情势堪怜。

在城镇化的过程中，一定要避免和传统文化的断裂，从硬件到软件都应该有

---

[1] 中国社会科学院民族学与人类学研究所研究员。

"文化城镇化"的意识，在城镇化的规划阶段就要为文化预留出发展的空间，规划出市民文化生活的场地，注意保护传统建筑文化的地域特色。我们现在已经是"千城一面"了，千万不能再搞成"千镇一面"。

在城镇化过程中，设法保护处于"断根"之境的少数民族文化，特别是少数民族非物质文化遗产，让民族传统文化能够在新的城镇环境里继续存在和发展。我们应对少数民族文化进行综合研究，尤其是研究不同地域的少数民族文化特色如何能在城镇化过程中变成活的文化基因，变成这个城镇人们的文化生活方式。

我们需要树立科学可持续的发展观念，充分体现以人为本和以文为基，对城市环境、城市历史、空间特征等宏观因素进行研究，确立包括城市空间结构、经济产业结构、文化延续性、自然景观等社会、经济、文化多元复合、分步实现新型城镇化的目标体系，使得新型城镇化成为有中国特色的城镇化。

"新型城镇化与民族文化传承发展"专题会议吸引了民族学、人类学、社会学、经济学、考古学、历史学、环境科学、地理学、艺术设计、城乡规划等多个不同学科的学者参加。

此次专题会议只是中国人类学民族学 2014 年年会 20 个专题会议中的一个，参会代表 30 多人[1]。

一、城市化与文化遗产保护

关于"城市化与文化遗产保护"的讨论，收到了 13 篇论文，作者来自中国社会科学院民族学与人类学研究所、南京大学、马来西亚韩江传媒大学学院、首都经济贸易大学、云南财经大学、上海财经大学浙江学院、广东省民族宗教研究院、中央民族大学、中南民族大学、厦门理工学院、北京化工大学、西藏民族学院、山东兖州文化馆等 13 个学术单位。

中国悠久的农耕文明形成了千姿百态的传统村落，孕育了各具特色的村落文化。由于城市化进程，传统村落快速锐减，村落文化日益成为一种稀缺资源。在城市化进程中，传统村落的命运与保护引起了人们的普遍关注，以冯骥才等为代

---

[1] 中国人类学民族学 2014 年年会，于 10 月 13—15 日在大连召开，参会代表 510 人，中国人类学民族学研究会主办，大连民族学院承办。目前，中国人类学民族学研究会下设 29 个专业委员会，按每个专业委员会平均 30～40 会员，研究会所覆盖的人类学民族学专业人员及其相关学科的从业者大约有 1 000 人。

表的专家学者做了大量呼吁和研究。

　　马来西亚韩江传媒大学学院王琛发博士的论文《研究型文物馆：维续城镇文化力量的认同与更生》认为，从城镇建设到其内部工商业生产和对外旅游业，背后其实都涉及"我方"应如何叙述——本土话语权问题。尤其城镇的旅游发展，不能为了引进大批观光客和外汇，错将整个地区变成国际上参观奇风异俗的猎奇点，让自己人民变成他人的观赏对象。因此，在现实中，正由于文物馆原本作为累积知识的载体，也作为文化价值与产业链的枢纽，它也可以扩大功能，定位在收集与展示之外。研究型的文物馆当然是地方文史材料的收集单位，但也可以是研究成果走向产业化的研究单位，或支持产业领域的文化化（culturalized）。作者也意识到：本文说法带着理想的色彩，是先设地认为城镇规划的主事者对地方人事有诚意也有感情，能尊重与消化具体完整的历史文化事实，并相信他们重视市场倾向与城镇公关的深厚专业知识。

　　厦门理工学院丁智才教授的《新型城镇化与传统村落文化的保护传承——以南宁市缸瓦窑村为例》认为，村落特色文化面临的困境与问题有：1. 城市新区开发对传统村落的破坏；2. 文化空间逐步丧失；3. 文化生态日益恶化；4. 无支柱产业，保护传承难以持续。作者认为，要让文化遗产在城镇化发展中成为特有的竞争力，应促进城镇建设与文化保护的双赢：1. 利用文化资源优势，推进特色城镇建设；2. 营造文化社区，重建文化空间；3. 重视整体性保护，恢复文化生态；4. 合理发展文化产业，推进就地城镇化等。

　　中国社会科学院民族学与人类学研究所木仕华副研究员讨论《城镇上山与东巴进城——城镇化与纳西族东巴文化传承关系论析》，中南民族大学南方少数民族研究中心唐胡浩副教授的论文是《精神黏合剂：新型城镇推进进程中民族传统文化的功能探析——湖北省来凤县"城乡共荣"战略的人类学考察》，上海财经大学浙江学院商军副教授的论文是《新型城镇化进程中的城市文化传承与发展——以金华古子城为例》，广东省民族宗教研究院助理研究员宋永志的论文是《新型城镇化进程中瑶族文化的保护与传承——以广东民族地区为中心的考察》，云南财经大学王东蕾博士的论文是《聚合与疏离——以都市化进程中的昆明顺城街回民为例》，南京大学考古学与博物馆学系牛长立博士的论文是《新型城镇化进程中古村镇如何保护》，北京化工大学文法学院高小岩博士的《妈祖祭典：传统信俗文化遗产在沿海城镇空间的本体映像》，西藏民族学院马宁博士的论文是《论建设人文城市的非物质文化遗产力量》，首都经济贸易大学工商管理学院旅游管理系张祖群副教授的论文是《快速城市化进程中文物遗址保护的困境》。

　　此外，中央民族大学良警宇教授探讨《旧城改造中的民族文化传承和发展与公共空间建设：以 F 老旧街区为例》，以社会模式为研究取向，以社会特征为维度，调查分析了该街区居民的休闲活动的时空特征及对公共空间的使用状况，并在此基础上对旧城改造中的文化发展和传承与公共空间建设问题进行了探讨。

二、城市发展与传统商业（老字号）的传承发展

关于"城市发展与传统商业（老字号）的传承发展"的讨论，收到了 6 篇论文，来自天津社科院社会学研究所、辽宁社会科学院文化人类学与民俗学研究所、桂林理工大学管理学院、马来亚大学中文系、山东大学、广东省民族宗教研究院等 6 个机构。

天津社科院社会学研究所李培志博士的论文是《老字号在塑造城市文化特色中的几点思考》，认为老字号的社会性与文化传承性使其能够成为挖掘和培育城市文化特色的重要渠道。保护和促进老字号的发展与城市文化特色的塑造具有一定的关联性，有助于形成特色、个性的城市文化。老字号既是城市形象鲜明特征的集中体现，也是提升城市竞争力的重要支撑。辽宁社会科学院文化人类学与民俗学研究所副所长王焯的论文《城市发展中的老字号保护与传承——以沈阳为个案》，认为老字号大多位居商业旺铺和黄金地段，然而在现代城市发展进程中却备受冲击。该文借鉴国内外传统商业字号在现代城市发展中的成功经验，提出更好地保护和传承沈阳老字号的若干建议，如文物式保护、建立老字号商业街区、引导老字号开展现代企业营销、优先回迁等政策补偿等。广西师范大学漓江学院赵巧艳、桂林理工大学管理学院闫春合写的论文《文化资本视角下"老字号"的现代性转换——以钦州坭兴陶为例》，认为广西首批老字号钦州坭兴陶凭借自身的文化资本优势，借助文化资本三种基本形态的转型升级，以及文化资本主导下经济资本、社会资本和象征资本之间的联动机制，顺利完成了"传统品牌"向"现代品牌"的转换过程，实现了"文化→资本→文化"之间的良性循环。

马来亚大学中文系祝家丰博士的论文《城市化与海外华人饮食文化的传承：从传统海南咖啡店的变革看马来西亚华人饮食文化的沿袭》指出：由于经历了西方的殖民，马来西亚华人的饮食文化亦受到英国人的影响。其咖啡文化和食用烤面包作为早点和午茶可以说是殖民者的遗留。在 1957 年独立前后的马来西亚，传统华人咖啡店所售卖的咖啡和烤面包，深受华人和友族同胞喜爱。这股咖啡文化不只在本地流行，更流传至华南地区的各地侨乡。马来西亚的城市化不但没有影响传统华人咖啡店的生存，其城市移民和城镇化更赋予咖啡店新的生命。文章

主要探讨马来西亚华人传统咖啡店在城镇化过程如何转型和变革，以应付城市人口和年轻人的需求。

三、城市化、民族文化与文化产业发展

关于"城市化、民族文化与文化产业发展"的讨论，收到了6篇论文，来自中国社会科学院民族学与人类学研究所、中国传媒大学、四川美术学院、西藏民族学院、广西师范大学漓江学院、丽水学院民族学院等6个单位。

中国社会科学院民族学与人类学研究所王剑峰副研究员的论文是《文化产业化——西藏传统文化传承与发展的探索与经验》，认为国家对西藏的定位是：重要的国家安全屏障、重要的生态安全屏障、重要的战略资源储备基地、重要的高原特色农产品基地、重要的中华民族特色文化保护地、重要的世界旅游目的地。因此，西藏的发展面临两大约束因素：一个是生态，一个是稳定。在这两条红线约束下，西藏提出发展净土健康产业的战略。其中，文化产业化是其重要抓手，内容包含民族手工业、民族文化旅游业等，取得了良好的效果，不仅实现了产业结构调整，农牧民增收，同时也促进了传统文化的传承与发展。

广西师范大学漓江学院赵巧艳博士的论文《地理学视角下旅游城镇意象空间优化研究——以黄姚古镇为例》，认为意象空间是人对客观世界的主观理解，是外在形象和内在意蕴的有机统一。以黄姚古镇为例，借鉴凯文·林奇城市意象五要素理论，在细致田野调查基础上，从通道、边界、区域、节点、标志五个方面阐述黄姚古镇旅游意象的空间构成。研究发现，黄姚古镇旅游意象空间呈现要素叠加和层次序列的特点，并存在可意象性和可读性不强的不足，提出应从通道、边界、节点、区域、标志等方面加以优化的建议。

中国传媒大学齐骥博士的论文《新型城镇化与文化产业集群互动发展研究》认为，当前我国城镇化推进面临前所未有的机遇，文化产业也面临换档升级的挑战，在这一境遇下，通过优化城镇空间，加强城镇治理，加快制度创新，提高文化产业集群发展效能、运营效能和政策效能，对于实现新型城镇化与文化产业集群互动共促的良性循环具有重要意义。

四川美术学院设计艺术学院杨林的论文《义利之辩与重庆洪崖洞传统民居聚落再生改造模式研究》认为，城市传统民居聚落是遗存最多的"城市化石"。然而，在轰轰烈烈的城市化进程中，伴随着地产开发商挖掘机的轰鸣，原有地域建筑形体和传统聚落格局被破坏殆尽。较之于散布乡野的受到现代文明侵蚀较弱的古村镇，城市传统民居存续时间短且再生改造难度大，加之未能得到相关法律政策的庇护，在"中国式大拆大建"的旧城改造浪潮中，传统民居聚落处境堪忧。文章以重庆洪崖洞民俗风貌区为例，分析洪崖洞改建方案编制和论证过程中"传统聚落面貌与现代商业模式、政府宏观政策与开发商经营策略、社会期望与企业效益、原住居民迁徙前后的生活状态"等这四对范畴间的关系，重点解读洪崖洞在"民居聚落原样修复"和"面向市场的保留性改建"两种方案之间如何取舍，剖析民居建筑改建中的"义利之辩"，最后上升到对城市化进程中加强对传统民居聚落的保护与更新模式的研究。

此外，还有丽水学院民族学院方明博士的论文《丽水市文化产业可持续发展问题研究》，西藏民族学院刘玉皑的论文《人类学视野下的青藏高原文化线路研究》。

第一篇

城市化与文化遗产的
保护、传承与发展

快速城市化进程中文物遗址保护的困境[1]

张祖群[2]　胡丽萍[3]

一、研究综述与背景

（一）快速城市化进程

城市化是一国经济发展的重要表现形式，推进城市化进程在促进城乡、区域协调发展、解决生态退化问题等方面有重要作用，是推动我国经济发展的根本出路[4]。中国的城市化进程，实现其真正发展是从 1978 年改革开放后开始的，从1992 年开始进入快速发展阶段[5]，1996 年开始加速发展，当年城市化率达到30.48%[6]。这一指标到 2011 年，更是超过了 50%，我国进入了以城市社会为主

[1]　基金项目：国家社会科学基金青年项目（12CJY088，10BGL049）；北京市教育科学"十二五"规划青年专项（CGA12100）；北京市属高等学校人才强教深化计划中青年骨干人才资助项目（PHR201108319）；北京市高等教育学会"十二五"规划课题（BG125YB012）；北京市优秀人才培养资助项目（2013D005019000005）；北京市社科联青年社科人才资助项目（2012SKL027）；北京市社会科学基金项目（12JGB117）。

[2]　首都经济贸易大学工商管理学院旅游管理系，北京 100070。
[3]　首都经济贸易大学经济学院，北京 100070。

[4]　肖金成. 改革开放以来中国特色城镇化的发展路径 [J]. 改革，2008（7）：5-15.
[5]　马长青. 论我国城市化演化与新型城市化模式 [J]. 贵州社会科学，2013（11）：38-41.
[6]　刘立峰. 对新型城镇化进程中若干问题的思考 [J]. 宏观经济研究，2013（5）：3-6.

的新阶段[1]。当然也有一部分学者不同意该说法，认为这一指标存在虚高成分[2]。当前我国城市化进程呈现出以下几个突出的特征：一是城市化水平保持稳中有升的状态，并且继续保持较快速度，但从总体上讲中国的城市化水平是滞后的，与世界其他发达国家还有一定差距；二是城市化发展呈现出明显的区域差异性，表现为东部城市化水平和发展速度明显高于中西部地区[3,4]；三是大中城市发展较快，成为吸纳农村劳动力的主要载体。然而在中国的快速城市化进程中也出现了一系列问题，其中最突出的问题是，在城市化的过程中，大批摩天大楼和现代化设施的建造会对这座城市原有的历史文物遗产产生破坏作用。目前，我国的城市化与文物遗址保护的矛盾十分突出：如果继续进行城市化，大批文物遗址就会被进一步破坏；如果为了保留文物遗址，停止城市新建，则会影响该地区的经济发展和居民生活质量的提高。因此，如何解决城市化和文物遗址保护之间的矛盾显得尤为重要。本文将基于城市化进程中出现的文物遗址保护困境，整理分析，得出解决该困境的方法。

（二）我国城市化进程中存在的问题

1. 我国城市化发展不平衡

从城市人口规模来说，我国除了北京、上海、广州、深圳等一线大城市的人口过多以外，其他中小城市的人口都偏低，且普遍存在向一线城市涌入的问题。导致中小城市的聚集功能和功能效应没有充分发挥[4]，而一线城市已经出现人口饱和的状况，导致了城市化发展的不平衡，使我国的城市化发展进入窘境。

2. 我国城市化发展中规划布局不合理

在城市化发展的过程中还存在着城市布局和功能不适应的现象。在城市建设的规划时期，由于城市结构布局不合理导致一些古建筑被破坏。例如：南京的江

[1] 赵峥，倪鹏飞. 当前我国城镇化发展的特征、问题及政策建议 [J]. 中国国情国力，2012 (2)：10-13.

[2] 肖金成. 改革开放以来中国特色城镇化的发展路径 [J]. 改革，2008 (7)：5-15.

[3] 龚关. 新型城镇化发展现状与思考 [J]. 人民论坛，2014 (3)：90-92.

[4] 宋艳丽. 我国城市化与融资平台可持续发展——基于国际比较视角 [J]. 经济体系改革，2013 (3)：159-163.

宁织造府被破坏后，虽然南京政府在其原址上建立了江宁织造博物馆，并做了仿古设计，但是围绕在江宁织造博物馆周围的是一座座高楼大厦，景象十分不和谐。而在北京的城市化进程前期，大批的四合院被拆除，使得北京又少了一处独特的风景和其背后隽永的文化内涵。

3. 政府盲目追求经济利益

随着城市化发展的加速，政府发现通过出售土地可以获取巨额利益，加之近几年的房地产热，城市大量的土地被用于建设商品房和工厂。文物遗址通常在一座城市中最好的区段，一方面开发商们也都想得到这些黄金地段，另一方面楼房的兴建会增加一座城市的国内生产总值，政府为了追求国内生产总值的增长也在大量出售土地，致使许多珍贵的文物毁于一旦。

（三）新型城市化发展

中国在城市化进程中遇到的一些问题需要我们寻求新的城市化理念，新型城市化概念的提出是对传统城市化的一种提升和完善。党的十六大报告首次明确提出"走中国特色的城镇化道路"，要求逐步提高城镇化水平，并强调大中城市与小城镇协调发展。党的十七大报告把新型城镇化列入"新五化"的战略发展纲领，明确了新型城镇化的内容，为新型城市化发展奠定了理论基础。党的十八大肯定了我国新型城镇化的发展成果，要求新型城镇化与新型工业化、信息化和农业现代化协调发展，为新型城镇化发展指明了方向和道路。2013年中国科学院主持编写的《2012中国新型城市化报告》发布，该报告称，2011年中国城市化率首次突破50%，成为中国发展过程中一个重大的指标性信号。十八届三中全会对新型城镇化发展做出了进一步指示，提出城镇化的发展要以人为本，这是城市化发展中开始注重民生的重要体现。会议还要求更加注重城镇化的健康发展，而不是只关注城镇化发展的速度。2014年全国两会政府工作报告中进一步强调，要坚持走以人为本的新型城镇化道路，更加关注民生问题，对中西部地区的城镇化发展给予更多的支持。此外，两会还提出在新型城镇化进程中要注重历史文化和自然景观的保护，避免千城一面[1]。这表明我国新型城镇化建设更加重视对文物遗产的保护，这是对我国两千多年悠久文化历史的尊重，也是贯彻落实科学发展观的重要表现。

---

[1] 李克强. 政府工作报告 [M]. 北京：人民出版社，2014.

当前，新型城市化建设成为社会各界热议的话题，通过对比研究发现，相较于传统的城市化发展，新型城市化发展以新型工业化、现代服务业为基础和动力，坚持以人为本为核心的科学发展观，实现城乡统筹发展、集约化发展、社会和谐发展，实现物质文明和精神文明同时城市现代化。新型城市化发展有利于解决传统城市化进程中经济发展与文物大遗址保护的尖锐矛盾，坚持新型城市化发展有利于推进我国文物遗址的保护工作。

二、三个典型大遗址保护的困境

（一）京杭大运河大遗址保护的困境

京杭大运河是中国古代文化遗产的宝库，具有"文化长廊"的美誉。其沿线文化遗产具有数量多、等级高、种类全的特点，在国内甚至世界文化遗产中都占有重要地位。水利文化是京杭大运河大遗址的核心，运河航运是其灵魂，失去了这一功能，大运河也就失去了生机和活力[1]。当前，京杭大运河大遗址保护存在一些问题，主要有以下几点：

1. 大运河管理体制不健全，各自为政，缺乏统一有效管理

大运河是一个开放性的遗产，沿线长、流经地区多，还具有航运、灌溉、调水、旅游等多重功能的特点[2]，这也给管理带来了难度。目前，在国家层面，没有一个统一的机构对大运河进行协调和管理，其职能被分散到各个省市和部门，缺乏全局谋划，以至于运河出现问题，很久都无人问津，遗产单体点与线路文化遗产保护内在规律存在矛盾。首先，大运河的管理涉及部门众多，从中央到地方各级政府和部门都对大运河进行不同程度的管理[3]。例如水利部门对河段负主要责任，航道交通分别由航道、运管、港口、海事部门负责，水环境的监测由环保部门负责，文物保护由文物部门负责。此外，国土部门、建设部门和旅游部门分别对自己管辖的事务负责。在航道管理方面，特别在苏北地区不像其他地区那样由各地市交通局航道管理部门直接管理，而是由直属于江苏省交通厅的苏北航务

---

[1] 王健. 大运河文化遗产的分层保护与发展 [J]. 淮阴工学院学报，2008（2）：1-5.

[2] 姜师立，张益. 基于突出普遍价值的大运河文化遗产保护和利用 [J]. 中国名城，2014（4）：55-56.

[3] 周威. 京杭大运河与法国南运河管理体系对比研究 [J]. 旅游纵览，2013（1）：73.

管理处管理，这与此地运河水位落差大、方便统一调度有关[1]。其次，部门之间、地区之间以及部门与地方政府之间管理矛盾突出，各自为政，只为自身经济利益考虑，遇到问题往往互相掣肘[2]。例如水利部门和交通部门对于航道岸坡的利用存在分歧，地方政府利用行政手段阻碍水政监管部门维持正常的水事秩序等。大运河此次申遗成功，那么依据世界遗产的标准，管理规定及要求会更加严格，这一问题应当引起国家的高度重视。

2. 京杭大运河大遗址保护与所经地区经济发展、城市化和现代化建设存在一定冲突

大运河流经我国东部经济相对发达地区，这些地区城市化水平和发展速度也相对较高，在快速城市化进程中面临着遗址保护与经济效益的矛盾和冲突。大运河在农业生产、航运、排污和休闲娱乐等方面仍发挥着重要作用。由于大运河实行的是分段管理，各地区往往重视本地的经济效益而忽视大运河的大遗址保护问题[3]。无论是政府、企业还是居民，在面对着大运河所具有的巨大的潜在利益时，往往倾向于经济利益一方，而不重视文化积淀。

3. 运河盲目改造，现代化气息浓厚，失去了运河遗产价值

京杭大运河历经两千多年的历史而不衰，尽管当前大部分河段已经失去了航运价值，但是运河永远铭刻时代的痕迹。部分河段保存完整，具有重要的历史价值、科学价值和艺术价值[4]。由于各地区对大运河的整治和改造缺乏正确的保护观念[5]，新造景观让古运河失去了原貌。多数对运河的改造是对河堤用钢筋混凝土进行固化，并在两岸围起了栏杆，在运河周围修建广场和绿化带等，使之成为市民休闲娱乐的场所。运河景观变得越来越整齐，越来越具有现代化气息，但同时也失去了原有风貌，越来越没有地域特色，其遗产历史价值逐渐消失。

---

[1] 王元，朱亚光. 试论申遗背景下中国大运河遗产保护管理与对策 [J]. 建筑与文化，2010 (12)：76-77.

[2] 蒋奕. 京杭大运河物质文化遗产保护规划研究——以苏州段为例 [D]. 苏州科技学院，2010.

[3] 刘庆余. "申遗"背景下的京杭大运河遗产保护与利用 [J]. 北京社会科学，2012 (5)：8-12.

[4] 谭徐明，王英华，李云鹏. 中国大运河遗产构成及价值评估 [M]. 北京：中国水利水电出版社，2012：1-269.

[5] 阮仪三，王建波. 京杭大运河的申遗现状、价值和保护 [J]. 中国名城，2009 (9)：8-15.

此次京杭大运河申遗成功，成为我国唯一在用的世界遗产项目，后申遗时代对"活态遗产"的保护任重道远。同时，对大运河的原真性、完整性提出了更高的要求，对破坏大运河原貌、追求美观和整齐的行为应及时制止。文学家舒乙也认为，大运河要尽量保存原貌，古老是第一位的，好看是第二位的。

（二）安阳殷墟大遗址保护的困境

安阳殷墟在2006年就已经被联合国教科文组织批准进入《世界遗产名录》，成为我国第33处世界文化遗产。殷墟具有世界级的价值和影响，其中出土的甲骨文和青铜器在国际上具有深远影响，是当之无愧的全人类共同的文化遗产[1]。殷墟保护区是一个复杂的社会系统，随着城市化进程的加快，人地矛盾，大遗址保护与经济发展的矛盾日益尖锐。安阳殷墟大遗址保护主要存在以下困境：

1. 殷墟大遗址保护限制保护区内经济的发展和居民生活水平的提高

制约保护区经济发展的因素主要表现为以下两点：一是对保护区内工业和农业的制约。殷墟为了取得申遗成功，自2001年以来已经拆除了保护区内78家集体企业、钢材和木材市场等，并将这些用地全部用作绿化，这样就严重影响了当地企业的发展[2]。由于殷墟占地面积广，随着人口的不断增加，人均耕地面积不断减少。殷墟保护区面积已经占到了殷都区总面积的一半，除去安钢集团和安阳电厂用地和基本农田用地，殷都区基本上没有更多的土地用来发展[3]。二是对保护区内居民生活水平提高的制约。由于人地矛盾突出，家庭住房紧张，加之收入水平低，据调查，保护区外周围居民的人均收入是保护区内的两倍，殷墟大遗址保护严重制约了当地居民生活条件的改善[4]。

2. 殷墟大遗址保护的同时，展示效果与游客体验难契合

保护区内遗址展示面积和内容有限，展品多样性不足，展示手段也比较单一和粗糙，王陵区展示氛围不够浓厚，无法再现其震撼性的魅力。宫殿区和王陵区

---

[1] 张丹. 我国大遗址保护与利用中利益冲突问题研究——以安阳殷墟为例 [D]. 郑州大学，2012：15-25.

[2] 李晓莉，马骁. 殷墟考古大遗址公园建设与保护区内经济发展探析 [J]. 安阳工学院学报，2013 (6)：86-87.

[3] 李虎成. 殷墟：保护与发展的博弈 [N]. 河南日报，2008-06-24 (13).

[4] 李晓莉，申红田. 商业时代下的殷墟遗址保护区发展研究 [J]. 浙江建筑，2013 (7)：1-3.

遗址相距较远，专车接送间歇时间长，给游客参观带来不便[1]。大遗址保护大部分采取地下封存与地表植被覆盖相结合的保护方法，这种展示形式无法让游客深切感受殷墟的历史和文化内涵，体会不到身临其境的视觉冲击和心灵震撼[2]。殷墟展示系统不够完善，洹北商城遗址区和后冈遗址区作为阴虚遗址的重要组成部分尚未得到利用，而它们又各有其历史文物价值和展示价值。这都反映出殷墟展示范围有待扩大，程度还有待提高[3]。此外，殷墟保护区内与旅游相关的配套设施不完善，停车场、纪念品店、住宿、休闲娱乐等设施还不能满足游客的需求，从而造成游客稀少，旅游产业落后。

3. 保护区内大遗址保护与土地利用难统一，多重矛盾

殷墟属于城市区域或城乡接合部的遗址，随着我国城市化进程的加快，遗址保护与土地利用的矛盾日益尖锐。当地经济发展必然会利用到土地，而根据遗址保护的规定，保护区内的土地利用受到很多限制，自殷墟申遗成功以来，周围地区的土地价格飞涨，而保护区内土地价格则相对较低，这也加剧了遗址保护区用地与非农用地的矛盾。因此，应适当引导开发企业的规划布局，将周围建筑风格与殷墟遗址相统一，为殷墟的长远发展考虑。

4. 殷墟大遗址保护区内的生态状况堪忧

殷墟遗址在保护中对生态状况的关注不够，在王陵区内有些陵墓之间的栅栏年久失修，部分已经倒掉。保护区内的绿化植被生长状况令人担忧，有些植被死亡迹象明显。按原出土遗物仿制的器皿内被投入了烟头、果皮和塑料瓶等垃圾，用于古物解说的石刻上布满了尘土，部分也已脱色斑驳，甚至为陵墓设置的玻璃钢材墓盖也出现缺失情况。这与保护区内管理体制落后、缺乏科学统一的管理有很大关系。

（三）丝绸之路大遗址保护的困境

丝绸之路沿线遗存大量文物古迹，是融通中西文明的大通道。新疆境内丝

---

[1] 郑子良，官琼梅. 殷墟遗址保护项目实施之现状及进一步改进之对策分析 [J]. 江汉考古，2011（1）：125-127.

[2] 康永波，陈玲玲，刘正威，凌伯雄，孙克勤. 殷墟世界文化遗产的可持续发展研究 [J]. 资源开发与市场，2011（12）：1118-1120.

[3] 芦佳洁. 安阳殷墟旅游开发对策研究 [D]. 西北大学，2010：35.

绸之路遗留下大量历史文化遗迹，并且是保存数量较大、遗址保存相对较好的地区之一。2012 年国家文物局确定的丝绸之路中国段首批"申遗"名单中，新疆的 6 个遗产点被纳入"申遗"名单，分别为北庭故城、交河故城、高昌故城、克孜尔石窟、苏巴什佛寺遗址和克孜尔尕哈烽燧。此次丝绸之路与大运河同时申遗成功，后申遗时代给丝绸之路原真性、完整性的保护同样提出了更高的要求，但是在自然因素和人为因素的双重影响下，丝绸之路新疆段大遗址存在着被破毁和消亡的威胁。在高速城市化进程之前，自然损毁是主要因素；高速城市化进程后，人为损毁上升为主要因素。结合新疆 6 个被列入首批"申遗"名单的遗产点在保护中遇到的困境，从自然因素和人为因素两方面来分析原因：

1. 自然因素

（1）风蚀

新疆处于我国西北干旱地区，风季较长，风蚀成为新疆大遗址的主要破坏因素。上述 6 个遗址点均为砂石、生土结构，所以风力很容易对其产生破坏[1]。风对土遗址的破坏通过吹蚀作用和磨蚀作用进行，尤其是夹带着风沙的强风对土遗址可能产生巨大的破坏作用，成为基础淘蚀的主要外动力[2]。所以，风蚀也就成为 6 个遗产点面临的共同破坏因素。例如新疆北庭故城，该地多西北风和西风，大风频繁，形成了蜂窝状、层状、棒槌墙等典型的风蚀地貌。风沙的磨蚀和旋蚀很容易造成风蚀病害[3]。

（2）地震

新疆境内分布着昆仑山、天山和阿尔泰山等三个地震带，该地区地质构造复杂，地壳活动激烈、频繁且高强度的地震对土坯或夯土结构的古城建筑有很强的破坏性。苏巴什佛寺遗址区位于库车南天山地震亚区和静—拜城地震带中段，地震造成了佛寺一定的永久位移，佛塔顶端对地震加速度存在明显放大现象[4]，结合其他作用往往会对佛塔造成裂隙、坍塌、掏蚀、冲洞等危害。

---

[1] 张安福. 新疆丝绸之路中道历史文化遗存保护现状及对策研究 [J]. 石河子大学学报，2013 (3)：34-36.

[2] 王元林. 丝绸之路古城址的保存现状和保护问题 [J]. 中国文物科学研究，2010 (1)：13-20.

[3] 郭青林，张景科，孙满利，王旭东，谌文武，裴强强，杨善龙. 新疆北庭故城病害特征及保护加固研究 [J]. 敦煌研究，2013 (1)：15.

[4] 谌文武，李鹏飞，梁涛，张宇翔，张景科. 苏巴什东佛寺塔的地震动力响应 [J]. 西南交通大学学报，2011 (3)：374-377.

（3）温湿度差异

丝绸之路新疆段的气候昼夜温差大，急剧变化的气温会导致土建筑墙体的频繁涨缩，偶发性骤雨持续时间短，但降雨量大，加之风蚀、地震等共同作用，很容易造成墙体开裂、泥皮脱落等破坏现象。环境监测结果显示，克孜尔石窟昼夜温差、湿度差异均较大[1]，克孜尔石窟内的壁画受到不同程度的破坏，如壁画颜料变色、墙体出现裂缝、突发暴雨对墙体造成的冲刷等，不利于石窟壁画原貌的保存。

当然，雨蚀和生物病害也是影响新疆大遗址保护的重要自然因素，它们同风蚀、地震和温湿度差异共同作用于遗址，是对丝绸之路新疆段大遗址保护的重要挑战。笔者在科学监测和分析的基础上，运用生物工程和化学工程，对遗址进行加固和修缮，尽量减少自然因素对其造成的破坏。

2. 人为因素

（1）农业耕作造成的破坏

新疆的绿洲农业受到耕地资源相对匮乏的限制，往往使得很多遗址被平作耕地或取土肥地。高昌故城内就曾进行过大面积的农田水利建设[2]，沿着外城墙根部修建灌溉用渠，土体结构稳定性受到很大影响。大量农事活动对高昌故城的危害表现为水漫和掏洞，造成了不可逆转的严重破坏[3]。西部地区农业发展相对落后，居民的遗址保护意识不强，往往从自身经济利益出发开展农业生产活动，而忽视对大遗址的保护。

（2）旅游开发造成的破坏

随着丝绸之路新疆段旅游业的快速发展，越来越多的游客到新疆地区旅游参观，由于遗址保护措施不完备以及游客的不文明行为，对遗址造成了一定程度的损坏。交河故城作为城丝绸之路的重要旅游目的地，故城崖体较矮的地方经常出现游客攀爬的现象[4]。交河故城每天客流量多，加大了管理的难度，游客到处乱跑、随意刻画的行为对其造成了严重破坏。

[1] 严妍，刘成，赵丽，苗利辉，叶梅，邓宏. 从环境监测结果分析克孜尔石窟的主要病害成因 [J]. 西部考古，2012（6）：322-325.

[2] 梁涛. 高昌故城现状及病害因素分析 [J]. 敦煌研究，2009（3）：109.

[3] 柳方. 吐鲁番高昌故城保护研究——兼论新疆地区古城址保护研究思路 [D]. 中国社会科学院，2010：25-26.

[4] 古丽拜克热·买明. 共同保护交河故城——交河故城国家和民间保护的民族志记录 [D]. 新疆师范大学，2013：17-20.

（3）城市化造成的破坏

我国城市化进程已经进入快速发展的阶段，城市化是新疆经济发展的必经之路。城市化的发展伴随着人口规模的扩张，大量的建设，如铁路、公路和厂区等的修建，使用地范围逐渐扩大，由此造成对古城、古建筑的破坏。一部分古城被滥挖、夷平或面积缩减，也有一部分城址存在铁路、公路从中穿越的现象，破坏了遗址的原貌，甚至还出现对旧城墙肆意开拓豁口的现象。新疆上述6个遗产点均不同程度地受到这一因素的影响，如高昌故城北侧紧临公路，交通便利，是城市聚集的理想之地，居民生活对故城或多或少会有影响。城市人口的增多意味着对当地资源消耗的增加，如水资源、土地资源和能源资源等，这些资源的开发和利用，往往威胁当地遗址的保护。

三、三者的异同点比较

1. 大遗址保护困境的相同点

京杭大运河、安阳殷墟和丝绸之路新疆段大遗址保护与城市化高速发展的矛盾都比较突出。当前我国处于城市化高速发展的阶段，虽然具有明显的地域差异，即东部城市化水平和速度明显高于中西部地区，但从全国总体来讲，城市化发展速度均较快，由此带来的问题也具有普遍性。具体体现在：

一是建设性破坏。城市化进程的加快，必然带来高速增长的建设工程，一些大型工程对文物遗址造成了毁灭性的破坏。我国的城市化发展还处在聚集阶段，城市人口规模急剧扩张，人地矛盾突出，经济活动对遗址的影响逐渐加大，再加之人们对遗址保护意识总体不强，导致经济发展与遗址保护成为矛盾的两个极端。京杭大运河、殷墟和丝绸之路大遗址保护均受到这一问题的困扰，不合理的城市化发展模式成为制约区域发展与遗产综合保护困境之一。

二是保护性破坏。随着人们遗产保护意识的增强，对大遗址的保护工作也逐渐展开。但由于缺乏正确的保护意识，对大遗址拆旧建新，不尊重历史的原真性，建设人造工程，造成千城一面的现象。看似是对历史的贡献，其实是对大遗址的保护性破坏。破坏了大遗址的原真性和完整性，降低了大遗址的历史价值和文化价值，在大运河和丝绸之路申遗成功后，这种做法更违背了世界遗产保护的规定。

以上归结为一点：人地矛盾，活人与死人矛盾，经济发展与遗址保护矛盾。

形成了零和博弈，二元对立的思维。

2. 大遗址保护困境的不同点

第一，东部的城市化处于高级阶段，东部的京杭大运河大遗址保护困境主要是如何在大运河的经济价值与文化遗产价值之间取舍。东部地区经济发展水平较高，大运河给某些流经地区带来了巨大的经济效益，一些地方政府对大运河过度或不合理利用，使一部分河道断流或消失。另外，在运河沿线建设大量的商业项目，破坏性建设现象严重，对大运河大遗址造成破坏。尽管政府、企业、居民的遗址保护意识相对较强，但在对遗址的保护过程中往往只注重遗址外表的美观和完善，而忽视了遗址原貌的历史文化价值，有些领导按照自己的想法进行修缮，导致现代气息浓厚，千篇一律的建筑景观对大运河大遗址产生另一种破坏。

第二，中部地区处于城市化的中级阶段，中部的安阳殷墟大遗址保护困境主要是保护区内遗址保护与当地土地利用和经济发展的矛盾。殷墟大遗址最重要的保护困境就是保护区内土地利用问题，殷墟大遗址占地面积大，但居民人均占地面积较小，而且保护区内单纯强调对遗址的保护，忽视和限制了经济发展，当地居民人均收入明显低于周围的居民。同时，保护区遗址展示效果不能满足游客的需求，旅游业发展缓慢，对当地的经济促进作用不显著。当地居民为了自身经济利益往往会做出破坏遗址的行为，占用遗址土地用作生产、生活用地，从而不利于保护殷墟大遗址的完整。此外，生产、生活造成的污染对遗址的参观环境造成破坏，不利于当地旅游业的发展。

第三，西部地区处于城市化的低级阶段，西部新疆丝绸之路大遗址保护困境主要是居民的遗址保护意识淡薄，遗址受自然因素和人为因素的双重破坏。新疆丝绸之路处于我国西部地区，大遗址保护一直是政府主导开展的，当地经济发展水平相对东部沿海地区较低，居民的遗址保护意识淡薄，单纯追求经济效益，不考虑生产、生活行为对遗址造成的破坏。同时，新疆丝绸之路所处的地理位置和气候特征导致地震、风蚀和温差等自然因素对遗址的破坏。

四、如何突破大遗址保护的困境

在高速城市化发展的今天，大遗址受人为因素的影响越来越大。面对大遗址保护存在的困境，找到正确的出路，成为当前大遗址保护的重点。笔者认为，突破大遗址保护的困境主要可以从以下两方面入手：

（一）实现文物大遗址保护的四个转型

1. 实现文物大遗址从包袱向财富的转型

现故宫博物院院长单霁翔在 2006 年广州论坛上发表演讲时提出了这一概念，他认为，文化遗产是城市建设的资本而不是包袱，应将文化遗产科学合理地纳入城市规划中，使其作为一种资源成为城市发展的动力[1]。文化遗产承载着一个城市的历史，城市文化反映城市的文化积淀和文化内涵，也昭示着城市的文化创造。文化遗产保护也要创新，提升自身的影响力，成为推动城市持续发展的力量[2]。文物大遗址作为一种社会资源，在市场经济大潮的冲击下，早已融入城市社会的各个方面，特别是旅游产业的兴起和繁荣，文物大遗址可以通过旅游活动，展示遗址所承载的传统文化和博大精深的民族精神，同时还能带动当地服务业的发展，推动城市产业结构升级，增加第三产业对经济的贡献，给城市带来新的发展机遇。大遗址保护不应该成为城市发展的包袱，而应实现从纯粹依靠地方政府补贴和资助的苟延残喘，向主动地为城市创造财富的转型，只有如此，才能实现良性循环，不仅可以缓解保护经费不足的问题，反过来又可以进一步促进文化遗产的保护，同时使城市的建设更加美好。

2. 实现文物大遗址从二元对立向一元融合的转型

在总结丝绸之路、殷墟和大运河的保护困境的相同点时，归结为一点，即人地矛盾，活人与死人矛盾，经济发展与遗址保护矛盾。它们容易形成零和博弈，二元对立的思维。这种思维只会禁锢大遗址积极保护的思想，以为实现一方的发展而牺牲另一方作为代价，但如果转变思维方式，将两者向一元融合的方向发展，就会实现两者的共赢。找到大遗址新的利用方式，将大遗址保护同改善民生、促进经济发展结合起来，在保留大遗址的历史价值和文化价值的同时，发挥其经济价值，有利于解决各种矛盾，实现其从二元对立到一元融合的转变。

3. 实现文物大遗址从单一保护向立体保护、综合保护、多元投资的转型

文物大遗址保护应改变单一保护遗址本体的思路，向立体、综合保护方向转

---

[1] 单霁翔. 文化遗产是城市资本而不是包袱 [N]. 中国文物报，2007-04-11 (3).
[2] 单霁翔. 城镇化进程中的城市文化建设与文化遗产保护 [J]. 城乡建设，2013 (6)：8-9.

变。在强调本体保护的同时，大遗址所在的周边环境，如山川、地形、植被等有形物体，以及所处地区居民的生活状态，即大遗址的整体氛围和内在神韵，都应成为重点保护的对象，而不是只保护有限的几个遗址或文物[1]。

遗址保护资金匮乏是很多文物遗址保护面临的又一难题，发展遗址产业化可以有效吸收各种社会资金[2]。政府要提高对遗址保护的重视程度，加大对文物遗址保护的资金投入，还应在制定严格的投资政策的基础上，拓宽资金的来源渠道。通过产业化的运营模式，提高遗址自身的良性循环发展。利用社会人士对故土的依恋情怀广泛吸收捐助，引导他们对遗址保护贡献一分力量，构建人文生态和谐的社会发展环境[3]，符合新型城市化发展中以人为本的社会和谐发展的要求。

4. 实现文物大遗址从单一部门向反馈型保护、社区参与保护的转型

当前文物大遗址的保护或由单一部门进行管理，或由不同部门各司其职，并只对本部门负责的事物进行管理，各部门之间缺乏沟通，出现问题往往相互推诿。文物大遗址应向反馈型保护转变，上下级之间、同级的不同部门之间应建立密切的联系和反馈机制，出现问题及时交流，共同解决。

文物大遗址的保护应充分调动社会力量，对于那些与居民生活联系密切的大遗址，应更加注重民生的改善，让居民享受到大遗址保护带来的福利，充分调动社区居民的保护热情。社区参与保护的模式可以提高大遗址保护的管理效率，节约政府等机构的管理成本，将大遗址保护真正融入居民的日常生活中。

（二）走新型城市化发展道路

针对我国当前高速发展的城市化进程，从新型城市化的角度寻求突破大遗址保护困境的出路，成为一种重要的视角。走新型城市化发展道路成为另一个重要的出路。

2014年我国公布的《国家新型城镇化规划（2014—2020）》成为指导中国走新型城镇化道路的纲领性文件，文件中强调，推动新型城市建设要注重人文城市建设，明确人文城市建设重点首先就是文化和自然遗产保护。这也为我们通过走新型城镇化道路来突破大遗址保护困境提供了政策上的支持。新型城市化发展要

---

[1] 徐新民. 保护整体性是大遗址保护的根本 [J]. 中国文化遗产，2005（6）：7.
[2] 王太亮. 城市经营视角下的西安市遗址保护与开发研究 [D]. 西安建筑科技大学，2011：21-22.
[3] 翁天仁. 城镇化背景下乡镇文物保护的现状和对策 [J]. 青年文学家，2013（17）：231.

求将大遗址保护与社会经济发展、城市建设及人民群众生活水平提高结合起来，与环境保护、构建"和谐社会"结合起来[1]，其中大遗址保护与城市建设的结合，有利于营造独具特色的城市文化景观，提升城市的文化形象和地位，为其创造独特的文化软实力[2]。传统的城市化进程往往是功能城市至上，城市物质建设和文化建设不平衡，出现了一系列的"城市病"现象。注重城市文化建设有利于提高文化竞争力，进而提高城市竞争力，坚持以人为本和科学发展观，让城市文化拥有更持久的生命力[3]。

文化遗产是一个城市的记忆，忽视对文化遗产的保护就有可能使城市的记忆消失。每座城市都有其独特的文化历史，城市建设不应趋同，而应建设具有民族风格和地域特色的城市。城市建设应创造物质和文化协调发展的人居环境。城市精神作为城市文化的重要内核，要通过城市文化建设防止其衰落[4]。这是新型城市化理念的应有之义。坚持走新型城市化道路要做到以下几点：

1. 树立正确的遗址保护观念

快速城市化进程让政府与民众更多地关注经济效益，忽视了遗址保护的重要性，缺乏自觉的文物遗址保护意识。即使近几年人们对文物遗址的认识逐渐发生变化，但遗址保护的思想认识偏差会对文物遗址造成更大威胁[5]。文物遗址是一种宝贵的文化遗产资源，改变过去"以保为主"的传统思路，对遗产进行保护的同时加以适当利用[6]，但是任何资源的利用都要树立可持续发展的理念，不能打着"文物遗址保护和利用"的幌子对遗址过度开发和利用，以谋求自身经济利益。通过核心保护区、缓冲区和旅游开发区等的合理规划，实现文物遗址保护与经济社会发展的双赢。

2. 建立有效的管理体制

管理体制不健全，监督机制不完善是制约遗址保护的难题之一。目前遗址保护工作主要由政府主导，地方各部门负责具体实施，文物遗址保护需要各部门协

[1] 赵荣. 陕西大遗址的保护 [J]. 文博，2005（4）：6-8.
[2] 赵荣. 陕西省大遗址保护新理念的探索与实践 [J]. 考古与文物，2009（2）：5-6.
[3] 单霁翔. 城市文化建设与文化遗产保护 [J]. 中国人大，2012（9）：39-45.
[4] 单霁翔. 关于城市文化建设与文化遗产保护的思考 [J]. 遗产视野，2012（3）：59-63.
[5] 曲凌雁，宋韬. 大遗址保护的困境与出路 [J]. 复旦学报，2007（5）：114-118.
[6] 唐仲明. 大遗址资源的保护与发展研究 [J]. 山东社会科学，2013（7）：72-74.

调合作，仅凭文物部门无法应对保护中遇到的一系列复杂问题[1]。创新管理体制，可以借鉴经济开发区的成功经验，建立大遗址保护区。管理上设立独立的管理委员会，直接归省或市级人民政府管理，解决之前部门之间互相掣肘的问题。同时加强监督机制的完善[2]，真正落实相关政策的执行，提高政府办事效率和水平，建立公开透明的监督机制。

3. 实现文物大遗址与城市建设的有机融合

面对加速发展的城市化进程，文物大遗址只有通过与城市建设的有机融合，才能更好地实现自身保护。新型城市化发展道路更加注重文物大遗址的保护，创新保护方式，让文化遗产成为城市建设的有机组成部分。下面是笔者整理的城市建设与文物大遗址的几种融合模式，更好地指导新型城市化进程中文物大遗址保护实践。

（1）博物馆与城市文化建设的融合

我们不仅生活在自然环境中，同时也生活在人文环境中，传统城市化的发展不仅造成了自然生态的破坏，也引发了文化生态的失衡[3]。城市文化建设成为城市建设的重要内容，博物馆文化作为城市文化的重要组成部分，不仅能够宣传和普及文化知识，还能够引领城市文化，弘扬城市精神。在高楼林立的现代城市，博物馆成为城市的"文化绿洲"，提升着城市的文化软实力[4]。博物馆免费开放逐渐获得社会好评，博物馆正在向着平民化方向发展，作为一种社会公益性的机构，更好地服务大众[5]。我们已经进入了一个泛博物馆的时代，整个城市就是一个博物馆，博物馆的发展与城市各方面的发展都紧密相关，成为不可分割的有机体[6]。博物馆不再是仅仅局限于室内和封闭环境中，应该走进大千世界。文物大遗址通过建立博物馆可以更好地发挥作用。作为城市记忆的见证者和记录者，文物大遗址可以更好地为城市文化建设服务。

（2）历史文化街区与历史文化名城建设的融合

我国具有悠久的历史文化传统，许多城市具有丰富的历史文化积淀，作为历史名城，要保护和延续古城原有的城市格局和风貌特色。历史文化街区是历史文

[1] 唐仲明. 大遗址资源的保护与发展研究 [J]. 山东社会科学，2013 (7)：72-74.

[2] 廖荣. 历史文化名城中设立大遗址"保护特区"现象的研究 [D]. 西安建筑科技大学，2009：44-46.

[3] 张德祥. 改良我们的文化生态 [N]. 人民日报，2010-06-29 (24).

[4] 单霁翔. 博物馆的社会责任与城市文化 [J]. 中原文物，2011 (1)：91-103.

[5] 自庶. 让更多观众走进博物馆 [N]. 人民日报，2009-01-16 (15).

[6] 陈同乐. 后博物馆时代 [J]. 东南时代，2009 (6)：6-8.

化名城的重要组成部分，是文物大遗址和居民生活依存的场所[1]。当前我国对历史文化街区的保护还比较滞后，需要引起高度重视。

历史文化街区具有一定规模，历史建筑往往成片存在，相对于静态的建筑和古迹，历史文化街区更能动态地体现历史文化发展[2]。历史文化街区具有整体性，但不能为保持物质结构上的完整而将文化街区的民众迁移出去，这会使文化遗产失去真实性，同时也破坏了文化街区在人文精神方面的完整性。所以不仅要保护物质文化遗产，还要保护与之相联系的传统文化和生活方式[3]。历史文化街区要进行整体活态保护，难点是活态保护。不仅要保证文化街区内文化遗产外在样貌的原真性，也要保留周围的民居等建筑，尊重历史的自然样貌。文化街区不仅具有重要的历史文化价值，同时也能带来一定的经济效益，这就要求对历史文化街区不能过度开发，更不能伪造历史[4]。

（3）旧城改造与城市建设的融合

旧城改造是城市化发展的必然要求，往往涉及文化遗产保护的问题。过去旧城改造过程中没有树立正确的遗产保护理念，导致很多具有历史文化价值的建筑毁于一旦[5]。在新型城市化发展的今天，只有正确处理好旧城改造与文化遗产保护的关系，才能更好地促进城市的健康发展。旧城改造不能实施"推平头"式拆迁，对具有重要历史文化价值的遗产要保留；不能简单建设"穿过式"交通，破坏历史城区道路的格局[6]。旧城改造要以城市规划为主要依据，使旧城改造符合城市建设的目标，避免文化遗产保护与城市建设的割裂[7]。旧城的建筑并非完全失去实用性，寻求旧建筑的再利用，即有机更新理念，延长文化遗产的生命力，同时更好地服务于城市建设[8,9]。对于改造中保护区与非保护区的协调问题，避免衔

[1] 赵中枢，胡敏. 历史文化街区保护的再探索 [J]. 现代城市研究，2012 (10)：8-10.

[2] 孙逊，李雄，唐鸣镝. 城市历史文化街区保护与利用模式研究——以北京南新仓历史文化街区为例 [J]. 云南名族大学学报，2014 (2)：51-54.

[3] 单霁翔. 保护历史文化街区 延续城市发展文脉——在"中国历史文化名街"专家座谈会上的讲话 [N]. 中国文化报，2011-01-19 (5).

[4] 房艳红. 历史文化街区保护的关键与开发误区举要 [J]. 中国名城，2014 (3)：56-58.

[5] 李爱生. 旧城改造中文化遗产保护问题的思考 [J]. 中国新技术新产品，2009 (6)：73.

[6] 刘建华，杨雪梅. 重视对旧城的保护与更新——访国家文物局局长单霁翔 [N]. 人民日报，2011-02-01 (19).

[7] 陈宁，周炳中. 城市化进程下的旧城改造和历史文化遗产保护 [J]. 经济论坛，2007 (1)：39-41.

[8] 吴良镛. 北京旧城保护研究 [J]. 北京规划建设，2005 (2)：65-67.

[9] 吴良镛. 从"有机更新"走向新的"有机秩序"——北京旧城居住区整治途径（二）[J]. 建筑学报，1991 (2)：7-13.

接生硬和过渡不自然。在规划非保护区建设时，可以参照保护区的文化遗产风格，建设与之相协调的项目[1]。城市化的发展加剧了土地利用的紧张关系，建设新区为城市发展提供了大量空间和土地资源。应处理好新城与旧城的关系，明确城市发展方向，更好地协调保护与建设的矛盾，实现两者共赢[2-4]。

[1] 应晓音. 城市旧城改造中对文化遗产保护问题的再认识 [J]. 山西建筑，2010 (2)：26-27.

[2] 单霁翔. 从"以旧城为中心发展"到"发展新区，保护旧城"——探讨历史城区保护的科学途径与有机秩序（上）[J]. 文物，2006 (5)：45-57.

[3] 单霁翔. 从"大拆大建式旧城改造"到"历史城区整体保护"——探讨历史城区保护的科学途径与有机秩序（中）[J]. 文物，2006 (6)：36-48.

[4] 单霁翔. 从"大规模危旧房改造"到"循序渐进，有机更新"——探讨历史城区保护的科学途径与有机秩序（下）[J]. 文物，2006 (7)：26-40.

新型城镇化与传统村落文化的保护传承[1]
——以南宁市缸瓦窑村为例

丁智才[2]

　　不同地域、不同民族所形成的具有历史的传统村落，汇集了多样的文化遗产，蕴含着丰富的文化信息，是地域特色文化鲜活的标本，展现着特色文化的独特魅力。在现代经济社会高速发展的形势下，特别是城市化进程中，传统村落的命运与保护引起人们的普遍关注，以冯骥才等为代表的专家学者做了大量呼吁和研究[3]。新型城镇化一经提出，关于新型城镇化与文化及文化产业的关系研究也逐渐兴起，主要的研究兴趣和焦点大多是新型城镇化中文化建设的意义、路径等问题[4]。而在新型城镇化过程中如何尊重和传承传统村落文化传统，充分保护和利用作为文化空间的村落社会与特色文化更值得关注与探索。《国家新型城镇化规划（2014—2020 年）》提出要努力走出一条以人为本、四化同步、优化布局、生态文明、文化传承的中国特色新型城镇化道路。"文化传承，彰显特色"成为

　　[1]　[基金项目] 福建省社会科学研究基地重大项目"新型城镇化与文化产业融合发展研究"（2014JDZ039）；厦门理工学院高层次人才项目（YSK1406R）。
　　[2]　丁智才（1971—），男，河南信阳人，厦门理工学院文化发展研究院教授，主要研究方向：民族文化产业。
　　[3]　冯骥才. 亟须加强对古村落文化的保护 [J]. 农村工作通讯，2011 (9). 刘士林. 社会的都市化与农耕文化传统的夕阳西下 [J]. 西北师大学报（社会科学版），2008 (1). 曹玮，胡燕，曹昌智. 推进城镇化应促进传统村落保护与发展 [J]. 城市发展研究，2013 (8). 等等。
　　[4]　卜希霆，齐骥. 新型城镇化的文化路径 [J]. 现代传播，2013 (7). 叶晓玲. 新型城镇化进程中如何保护和传承文化 [J]. 大众文艺，2013 (17). 花建. 新型城镇化背景下的文化产业发展战略 [J]. 东岳论丛，2013 (1).

国家新型城镇化建设的基本原则之一[1]。国家《关于推动特色文化产业发展的指导意见》指出：依托各地独特的文化资源，发展具有鲜明区域特点和民族特色的特色文化产业，对加快新型城镇化建设具有重要作用[2]。传统村落特色文化参与新型城镇化是一种物质环境和精神环境的改善，更是其文化的延续，涉及经济、社会、文化与环境等范畴的全面建设。深入研究地域民族特色突出、文化信息承载厚重的传统村落与新型城镇化的关系与路径，有着积极的现实意义和深远的历史意义。

本文以地处广西南宁市五象新区的缸瓦窑村为观察对象。由于特殊的地理位置和文化风貌，缸瓦窑村一方面已被列入城市新区开发规划的重要区域，在城市化进程中面临被解构的过程；另一方面该村又被列入自治区级非物质文化遗产和南宁市不可移动文物的特色文化资源，是南宁市地域特色文化保护传承的重点。如何在新型城镇化过程中保护传承这些特色文化资源，做到发展特色文化城市与保护传统村落文化的互动共赢，这是典型的个案。论文试图从新型城镇化建设背景下传统村落特色文化视角出发，通过对一个传统村落文化的考察，根据村落特色文化的表现方式、生存状况及未来趋势，探讨在新型城镇化进程中传统村落特色文化传承发展的困惑和前景问题。

一、缸瓦窑村落特色文化资源

缸瓦窑村，位于广西壮族自治区南宁市良庆区良庆街西北面，近邻南宁城市新区——五象新区的主干道五象大道，是一个曾经以制作缸瓦为营生并鼎盛一时的村庄，处邕江河畔，风景优美。村庄原占地面积876亩，现有人口1 200人。清朝后期，有制陶艺人梁启圣、董七等从广东佛山石湾镇到此，发现这里土质很适合烧制陶瓷，且当地水路交通顺畅，于是便在此建窑居住从事陶艺制作。20世纪70年代以前，这里生产缸、罐、坛、煲、盘、碗、壶、瓦、排水管道等180多种陶制产品，产品远销湖南、广东、香港、澳门等地。在缸瓦烧制的鼎盛时期，全村有大小20几条窑，每年出缸瓦数百窑，慢慢变迁为今天的缸瓦窑村[3]。村中特色文化资源底蕴深厚，最主要有物质文化遗产缸瓦窑遗址和非物质文化遗

---

[1] 新华社. 中共中央 国务院印发《国家新型城镇化规划（2014—2020 年）》［N］. 人民日报，2014-03-17.

[2] 文化部 财政部印发《关于推动特色文化产业发展的指导意见》［N］. 中国文化报，2014-08-26.

[3] 南宁市良庆区文化新闻出版体育局. 关于良庆区缸瓦窑村历史文化遗产保护的调研报告［EB/OL］. http://www.liangqing.gov.cn/lqqwhxwcbtyj/contents/6700/83603.html.

产香火龙民俗文化等。

缸瓦窑遗址位于缸瓦窑村中部，建于晚清至民国时期，距今100多年。主要包括两个龙窑、两处作坊、两处废品堆、十多间用废弃大瓦缸及其他窑制器物建成的房子和院落，该遗址是南宁唯一的、广西罕见烧制陶缸瓦的古窑址，是南宁市陶瓷工业发展史的重要历史见证。[1]在制陶发达的过程中，缸瓦窑村民还就地取材，以陶产品作为建筑材料，将大小一致的瓦缸叠加起来，修建了一座座颇具特色的缸瓦屋。直到现在，还保留缸瓦屋及院落多间，清末民初的古民居一处。其中，最老的"缸瓦屋"已有近200年的历史。

香火龙民俗文化伴随缸瓦窑村缸瓦烧制的鼎盛而兴起，发源于广东佛山市的制陶古镇石湾镇，由清代传入缸瓦窑村流传至今已经有三百多年的历史，原为"火龙窑"点火前奏的庆典。由于当时陶瓷产品需求量大，水路通畅，物畅其流，缸瓦窑村的窑也越来越多，产量也越来越大，销售渠道也更广更远。当陶坯制好并装窑后，最重要的工序就是烧窑，吉时点火烧窑是一件十分隆重而又令人振奋的大事。为了庄严庆贺这一关乎成败的重要时刻的到来，村民按照那一长列的"火龙窑"形状，用竹篾、树丫编扎成龙的骨架，缠上当地盛产的仙人掌、老虎檬，插上排排香火，做成"香火龙"，在点火烧窑的时刻，准备好"三牲"、糖饼果品等祭品，先到土地庙焚香祭拜一番，然后鸣锣击鼓，穿圩过巷游舞，在夜空中划出光影，"香火龙"舞因此得名。虽然发源于佛山市石湾镇，但缸瓦窑村的香火龙舞比石湾镇的香火龙舞蹈规模更大，更有观赏性，且充满了娱人娱神色彩，目的是借助龙之吉祥，祝贺制陶业腾飞，乡民们生活富足。经过多年的发展，这种在点火烧窑前所进行的的拜祭活动，逐渐演变成民间节庆舞蹈项目——"香火龙"舞，寓意也由祈祷龙神保佑点火烧陶成功泛化成祈求平安吉祥，每年中秋期间举行。其时，在缸瓦窑村及周边地区的四邻乡间，香火龙穿圩过巷，在烟花爆竹和锣鼓声中激舞，耀目的火光，缭绕的烟雾，犹如龙腾云中，气氛热烈，场面壮观。缸瓦窑村形成包括制陶器、烧龙窑、祭窑神，舞"香火龙"等独有的特色民俗文化。

二、村落特色文化保护与传承现状

随着时代的发展，20世纪80年代以后，由于工业制品替代，陶器逐渐退出

---

[1] 文化部 财政部印发《关于推动特色文化产业发展的指导意见》[N]. 中国文化报，2014-08-26.

人们生活必需品行列。缸瓦窑村传承了数百年的民间窑火熄灭了，许多民间老艺人也已作古，缸瓦窑成了废弃的遗址。村里原来有 5 座龙窑，有 3 座已完全拆毁，一座则被破坏比较严重，窑口已被泥土封堵大半，只剩下一弯被杂草包围的半月形窑顶。目前，缸瓦窑村遗存窑旧址中保存最好的是三号火龙窑，坐落在村中央的位置，窑以青砖砌建，坐南朝北，龙窑窑头和窑尾已毁，现存的窑身长约 11 米、高约 2.5 米、宽约 2.5 米，窑身两壁的 11 个加火孔和拱顶存留完整。依坡斜建的这座龙窑，尚可以清晰地看到窑壁和烧结面，弓形的窑背似龙身、投柴孔边的支撑似龙爪，恰似呼之欲出的活龙。尽管窑头和窑尾已毁，但从地上留下的痕迹依稀可以看出往昔模样[1]。其他物质文化遗存，村内还保留有废弃大瓦缸建成的房子院落多间和建于清末民初的古民居一处，以及村民房前屋后，随处可见大大小小的陶缸、陶罐、陶管……被用来作院墙、厢房、厨房、房柱、篱笆、坐凳、米缸、花盆等。走进缸瓦窑村，村子早已不烧窑不制陶，但还依稀可见陶的世界。2009 年第三次全国文物普查，缸瓦窑遗址认定为南宁市不可移动文物。但至今未拨款修缮。

香火龙舞 2007 年 10 月被公布为南宁市第一批非物质文化遗产，2010 年 5 月被列入自治区非物质文化遗产保护名录。自 2009 年以来，良庆区政府连续举办了四届香火龙民俗文化旅游艺术节，旨在以原生态民俗文化为主线，通过"政府主导，商旅结合，文化搭台，经济唱戏"模式，弘扬优秀民俗文化，彰显良庆区的经济社会发展成就。对这一非物质文化遗产的传承和发展起到一定的保护和推进作用。七八十岁的一辈人是缸瓦窑村香火龙第八代传人，大多年事已高，现在香火龙的重任已经落在 40～60 岁的第九代传人上，老一辈传人主要指导龙的制作、舞龙技术等。村里已经有 10 多名年龄在 10～13 岁的第十代传人。南宁市良庆区计划将把"香火龙"民俗文化进一步做大做强，打造民俗文化旅游品牌，弘扬民俗优秀文化，促进良庆区原生态和次生态特色旅游产业的发展。

三、村落特色文化面临的困境与问题

（1）城市新区开发对传统村落的破坏

在当前城市化进程中，传统村落面临着保护与开发的困境，处于城市新区开

---

[1] 南宁市良庆区文化新闻出版体育局. 关于良庆区缸瓦窑村历史文化遗产保护的调研报告［EB/OL］. http://www.liangqing.gov.cn/lqqwhxwcbtyj/contents/6700/83603.html.

发中的传统村落更是面临整体拆迁的危险。缸瓦窑村整体处在南宁市五象新区的核心区，新区建设需要征用和拆迁缸瓦窑村全部土地和房子。其中，核心区58号小部分道路建设和国粮公司A3地块上的建设需要经过"龙窑"窑地址。由于道路等基础建设、堤路园建设和核心区项目建设等规划建设，对不可移动的"龙窑"、"古树"、"缸瓦屋"历史文化资源破坏非常大，有的甚至全部征用、路过上述文物[1]。为此，广西文化厅、南宁市文化新闻出版局相继出台了《关于加强南宁市良庆区缸瓦窑村历史文化遗产的保护的建议》（桂文函〔2012〕550号）、《关于保护缸瓦窑村历史文化遗产的意见》（南文报〔2012〕74号），村落所属的良庆区政府多次组织城区有关部门对缸瓦窑村历史文化遗产保护问题开展了专题调研，但一直未有很好的规划。而随着推土机日益推进，该村面临拆迁困境，高楼林立的高档住宅小区已经建到村落门口。与物质文化相对的是，深层的问题早已显现且更为严重：以前的缸瓦窑村作为传统村落，是一个相对稳定、有一套自身运行机制的村落共同体，村落特色文化对村民有着强烈的内聚力和认同感，传统乡土人情、民风习俗及非正式制度发挥着重要作用。城市化的进程不仅改变甚至将吞并整个村落的土地、建筑，更重要的是打破传统村落原有的平衡，撼动了村落的社会结构，加速改变村落自身的发展轨迹。由于靠近城市中心区，缸瓦窑村民大多不从事农业劳动，更没制陶，去城市打工经商者多，人口流动频繁，土地作为村落文化赖以存在的基础瓦解。城市与村落的日益融合，村民与城市联系不断增多，村落的生活方式受城镇生活方式影响变化，城市文化开始快速进入村民的生活，传统村落文化受到了冲击，村民的价值观念也发生了变化，村落文化的维系力量在不断弱化。在调查中，村民对村落特色文化一知半解，但没有我们想象的那样自豪甚至自信，有的认为遗存窑旧址没什么好看的，香火龙也只是到中秋时热闹一下而已。对于村落的文化记忆，也只是留存在少数年事已高的老人心中，年轻人基本知之不多。

（2）文化空间逐步丧失

文化空间，即定期举行传统文化活动或集中展现传统文化表现形式的场所，兼具空间性和时间性[2]。这一时间和自然空间是因空间中传统文化表现形式的存

---

[1] 文化部 财政部印发《关于推动特色文化产业发展的指导意见》[N]. 中国文化报，2014-08-26.

[2] 国务院办公厅. 关于加强我国非物质文化遗产保护工作的意见 [Z]. 中华人民共和国国务院公报，2005（14）.

在而存在[1]。村落社会文化遗产总是与民间的信仰观念、禁忌、仪式、神话传说等水乳般交融在一起的，具有浓郁的信仰色彩。缸瓦窑村因烧制缸瓦兴盛而得名，香火龙因"火龙窑"点火而产生，这个最初点火烧陶的拜祭活动，慢慢发展成祈福的民俗文化活动。虽然后来民间窑火熄灭了，但村民的信仰与祈福心理还在，香火龙才得以长盛不衰。村民们还踊跃捐资，修了一座"三圣公"庙，终年香火不断，并于中秋前后扎制火龙祭祀。从老一辈传承人访谈可知，以前村民们是每年中秋自愿捐款造龙，插上排香举火龙边游边舞。火龙游经每家每户时，户主出门燃放烟花爆竹欢迎吉龙光临，拿出优质的香给火龙换上，舞龙结束后，村民在龙头处取下三支龙头香，视为吉祥之物，拿回家中祭祀祖先，以保合家平安，六畜兴旺。但近年来随着城市化进程，村民对村落传统的日常生产、生活日益陌生，村落共同体的最后一道堡垒——社会边界逐渐淡化，村民社会关系网络发生变化，村民与村落的互动关系渐渐弱化，传统信仰逐渐减弱，随着工作生活方式的城市化，他们原有的亲缘、地缘关系也由农村扩展到城市。作为传统的民间礼俗和庆典仪式，香火龙在长期的社会发展进程中，历经变迁，其活动内容、方式及文化内涵也不断变异和重构。为了举办民俗文化节，香火龙又被集中到宽阔的城市广场中心区展示，缸瓦窑村虽然在中秋节期间还要举办自己的香火龙舞活动，但在村民心中已没有了以前的神圣感。象征村落共同信仰的三圣公仍留在村落中，也不再具有实质性的象征意义，除了特定时间一些老年人外，拜祭的村民也逐渐减少。

（3）文化生态日益恶化

"传统村落的民俗文化活动，其本初的生发空间，必然是依托自然条件的现实生产、生活环境。"[2]如果具有血缘、地缘特征的"宗族乡村社会"的村落格局被打破，村落社会被解构，村落活态文化遗产赖以生存的社会环境消失，传统村落特色文化的生态就会遭到破坏。作为最初在点火烧窑前所进行的祈祷龙神保佑点火烧陶成功的拜祭活动，在缸瓦窑村传承数百年的民间窑火熄灭后，香火龙慢慢发展成一项祈求平安吉祥的有文化价值的民俗文化活动，其关键点在于精神想象的扩张。村民通过这种祭祀、祈祷的公共仪式，以及与之相关的传说、禁忌和民俗规则，来维系和传承对村落、乡土、族群的认同感。而随着城市社会价值观念的影响，这种认同感在渐渐淡漠，村民以前的虔诚、敬畏、自律的内在精神需要渐渐失落，香火龙文化的活动形式与内容变得简单化、实用化，艺术特色和

---

[1] 方遥，王锋. 整合与重塑——多层次发展城市文化空间的探讨 [J]. 中国名城，2010 (2).
[2] 王宁宇. 传统民俗文化空间的查勘与保护 [J]. 咸阳师范学院学报，2008 (5).

乡土风味在淡化。每年由良庆区文化局下拨经费，由几个传承人负责组织，群众自发参与程度低，很大程度上是为了表演而举办，不再具有文化认同和精神归属的意义。以前有深厚造诣的师傅因年事已高，逐渐退出舞台，有的相继谢世，香火龙技艺也难以得到有效传承。虽然还有少数年轻人参加，但"冰冻三尺非一日之寒"，他们短期内根本不可能精熟掌握香火龙舞的各个表演环节和套路。村中一些年轻人进入城市打工，参加演出活动也越来越少，蜻蜓点水的参与，技艺很难提高。笔者调研发现，制作香火龙的还是以老年人为主，年轻人很少参与，很难将一些制作诀窍传给年轻人，很难实现龙的制作技艺的传承。在龙舞的表演中，一些人都是临时上场的，跟着前面的人来舞动，步伐不整齐等情况比较突出。良庆区文化馆廖中伟副馆长也承认："每年都会给一定的经费，利用中秋节之前让他们办班，对一些年轻人进行培训，先后有 120 人。但舞出来的质量不高，在舞步上，与外边舞出来的龙相比，火候明显不够。"

（4）无支柱产业，保护传承难以持续

传统村落衰败和消失的原因很多，其中关键的原因莫过于传统村落业态的崩溃，村民无法在传统业态各产业链上谋生，只有迁徙到城市谋生，村落文化保护也无从谈起。缸瓦窑村农业土地本来就很少，历史上以制陶产业兴盛，制陶产业退出历史后，大多数村民游离在城市边缘，以打工或经商为主。村落面对被工业化及都市化掠夺大部分资源而无力解决其凋敝的困境。龙窑、缸瓦屋等历史文化资源的保护修缮需要大量资金，这些年来一直没有到位，遑论整个村落的保护。政府没有大量资金投入，而开发商如果投资，看中的往往是土地的利益，所以，这些年来虽然政府、学者做了调研，也有很多相关报道，但遗址依然荒草丛生，村落依然日益被侵蚀。而香火龙的资金问题也一直是其传承发展中的一大问题。虽然赶上了非物质文化遗产保护的热潮，香火龙活动的资金得到政府的资助。从2005 开始，良庆区拨出专款 1 万元，用于扶持、保护南宁香火龙舞，并组织南宁香火龙舞队开展演出活动。2006 年投入 1.2 万元，用于南宁香火龙舞道具的制作，并进一步扶持南宁香火龙舞队积极开展传承演出活动。2007 年城区政府拨专款 0.8 万元，文体局向社会筹措资金 0.6 万元，用于宣传和制作南宁香火龙舞的宣传板报，以及普查和保护的专项经费。[1] 自 2009 年以来，每年一度的"香火龙"民俗文化旅游节，是政府大力支持的结果。如果要将香火龙继续发扬光大，这点资金仍然是杯水车薪，香火龙缺少自我造血功能，难以维持长久。

---

[1]　南宁市良庆区文化新闻出版体育局. 自治区级非物质文化遗产名录项目申报书 [R]. 2010.

四、新型城镇化背景下传统村落文化保护传承的思考

传统村落特色文化包括物质文化和非物质文化，还包括村落文化与自然环境关系，是一个文化的综合体。因此，传统村落的保护，不仅是建筑的保护，还有村落赖以生存的土地和环境，更有非物质的文化传承，只有这样才能延续村落的文化脉络。在新型城镇化建设中，加强传统村落的保护，要让文化遗产在城镇化发展中成为特有的竞争力，促进城镇建设与文化保护的双赢。

（1）利用文化资源优势，推进特色城镇建设

新型城镇化的重要目标是以文化来引导城镇发展，突出城镇特色，树立城镇形象，提升城镇功能。处于城镇化进程中的传统村落应充分利用固有的特色文化，发挥文化资源优势，摒弃大拆大建，在发展规划包括空间布局和内容规划方面，立足于"传承文化，保留风貌，改善环境"，把彰显地域特色的文化元素和符号体现到城镇发展和改造中去。通过发展"一村、一文化、一特色"，利用文化创意的理念，由当地居民发掘原有的地方资源，结合地方地理环境、历史沿革、民俗节庆民俗文物、名胜古迹、休闲景点，运用创意的思维建设特色城镇。缸瓦窑村处于城市新区核心位置，村落特色文化资源丰厚，可便利地利用文化资源实现特色城镇化。通过现代创意，将城市流行娱乐形式与当地自然文化资源结合，在城市化建设中保持村庄的建筑风貌，利用特色文化合理规划，打破单一的、对物资环境的改造观念，在城镇化与村落文化保护之间寻求一个契合点。缸瓦窑村所属的南宁五象新区目标是文化建区，打造一个文化突出的特色城区。按照南宁城市内在的发展规律，顺应城市的肌理，缸瓦窑村围绕特色文化资源做文章，在可持续发展的基础上，实现民俗与新区较好的结合。建设文化旅游特色街区，利用现有的窑址、庭院，经过修复、完善后形成富有创意的民俗文化村，通过传统窑洞、传统建筑等景观协调，营造具有传统风格的居住形式，在景观地、游客和居民之间找到一种平衡，通过传统文化与现代创意相结合，促进村落文化资源与城市文化特色的有机融合。还可吸引国内外艺术家到此进行艺术创作、交流等，形成具有较大影响力的广西当代艺术家群落的文化品牌，甚至建设中国—东盟瓦窑（南宁）国际艺术城、建立瓦窑影视拍摄基地等。最终将处于城市新区包围中的缸瓦窑村建设成既接续传统文脉又富有时代特征的新聚落，提升南宁五象新区的文化品位。

（2）营造文化社区，重建文化空间

新型城镇化着重破解传统城镇化建设中"城镇空壳化"和"人的城镇化"的双重难题，把城市建设成为历史底蕴厚重、时代特色鲜明的人文魅力空间，提高城镇化质量。村落居民是村落特色文化资源的守护者和传承者，理应成为城镇化建设的参与者、城镇化发展的受益者。传统村落的保护不仅仅是物质环境的修复或重建，更需要关注村民的精神世界，修复他们的精神世界，"让村里的人真正认识到，村子里祖辈流传的民间故事与神话，老人们哼唱的小曲、小戏，能工巧匠们制作的木雕、石雕以及灰塑、嵌瓷，是多么宝贵的记忆和技艺。我们在极力寻找、呼唤的，是村民的文化自信，是村民保护故园的自觉"[1]。让村民说话，就是让村落的灵魂说话。合理开发利用村落特色文化资源，要保证居民日常生活正常进行，保留每一个景观地自己的"场所精神"。这方面，台湾的社区营造就是很好的例子，以社区居民为主体，多方力量共同参与、发挥作用，旨在建立社区文化，凝聚社区共识，建构社区生命共同体。房屋建筑保护只是传统村落保护的物质外壳，留住传统村落的居民才是留住文化的根，村落居民的自愿、自尊、自动才是恢复传统民俗文化活动空间的关键。村落的修缮改造，要能给予居民一定的生活舒适度和社会发展度。团结各方力量调动居民的积极性，营造社区共同的文化氛围，发展社区独特产品产业，结合当地发展的诉求，以整个村落作为民俗文化空间，一方面提升了他们的生活品质；另一方面，村民通过参与民俗活动等人文活动的方式，重新正视自己的生活环境及文化资产、搜寻历史记忆、激发对美化空间及未来可能发展的想象、凝聚对村落的认同情感。村民共同参与，自我管理，自发地由下而上推动小区营造，而不是政府指令性行为，这样才能找到属于在地的生命力，找到村落社区的核心竞争力。

（3）重视整体性保护，恢复文化生态

文化的真实性是人类文化——特别是那些比现代的西方消费文化更为传统且意味深长的文化——所具有的纯真和本原的品质[2]。不同地域的村落文化的真实性存在较大差异，这是村落实现特色化发展的基础条件。这种"纯真和本原的品质"是村落文化能够对城市人群产生吸引力的关键。近年来，许多地方的新城建造了大量的文化景观，但吸引力有限，甚至屡遭诟病，原因就是没有文化的真实性。人工搭建的文化景观再逼真，也没有文化灵魂。但在村落城镇化、工业化道路发展过程中，现代文化大潮的冲击而使文化生态恶化，文化真实性也产生变

---

[1] 刘未. 抢救民间文化记忆 守望活态传统村落［N］. 中国艺术报, 2013-12-20.

[2] 宋暖. 非物质文化遗产产业化传承有关问题的探讨［J］. 东岳论丛, 2013 (2).

异。"文化保存最重要的在于保持文化遗产的真实性与完整性，这是确保文化遗产具有永久生命力和永续利用的关键……"[1]香火龙舞属于历史进程中真实形态的文化，与龙窑相伴而生，保存修复制陶窑场，整合展示丰富的古陶实物标本，充分发展其作为古陶艺传承教育不可多得的重要场所，逐步恢复村落文化的本生态。"本生态是事物本质及本质属性与时空环境一起呈现的整体状态，这种状态是这种非物质文化遗产区别于其他非物质文化遗产的特征，也是其生存和发展的基础。"[2]注重培养年轻一代对传统村落的文化认同和文化自觉。在调查组采访的当日，一群学生在老师的带领下，在校园外的墙壁上涂画着香火龙的形状，老师在耐心地教学生画香火龙，讲述香火龙的故事，这是香火龙学校教育传承的一种方式。以学校为媒介和载体，对本土文化进行系统的讲解，使年轻一代对自己的文化有更好的更深刻的理解。只有对自己的文化有足够的认识，才会加强文化传承的自觉，形成持续发展的良好生态。

（4）合理发展特色文化产业，推进就地城镇化

传统村落文化的保护和发展不但不矛盾，反而可以和谐统一，互为动力。尊重历史和创造性发展，缺一不可。文化是激活产业发展动力的创造过程，产业化是对文化的一种再认识、再研究、再开发、再利用、再创新的重生过程[3]。基于两者利益诉求的共同点，文化与产业能够结合在一起，谋求发展。传统村落的保护并不是狭隘地将其博物馆化，更不是将其外观予以翻新，而是要将村落特色文化活态化的一种文化产业项目和行为。村落特色文化的产业化过程需要平衡好文化与产业之间的发展关系，通过发展特色文化产业，推动传统经济向文化经济转型，支撑城镇持续发展。缸瓦窑村在新型城镇化建设中，通过充分发挥自身村落特色文化资源的禀赋条件，大力发展文化产业，成为五象新区中一个兼具民俗文化生态保护和休闲旅游功能的特色城区。建立陶制品展示交易中心，从事城镇文化产权流通、村落特色文化艺术品等文化交易活动，成为文化消费和文化产品加工基地；同时配合地方行销的策略，活化村落经济的繁荣发展，发展经济的同时也维持村落的生态环境和人文传统，避免传统城镇化工业化带来的环境破坏等问题。通过发展文化产业实现村民社会地位和职业的转换，将村民转换为文化产业从业者，实现村民就地城镇化。政府、社会、市场三位一体，建立和完善符合市

[1] 张胜冰. 文化产业与城市发展 [M]. 北京：北京大学出版社，2012.

[2] 宋俊华. 论非物质文化遗产的本生态与衍生态 [J]. 民俗研究，2008 (2).

[3] MacCannell. The Tourist：A New Theory of the Leisure Class [D]. Berkeley：University of California Press，1999：22.

场经济规律的社会化、多元化、市场化的文化产业发展机制，使文化产业日益成为价值创造的重要支点和市场竞争的关键，给新型城镇化建设提供持续的支撑力。

五、结语

中国悠久的农耕文明形成了千姿百态的传统村落，孕育了各具特色的村落文化。由于城市化进程，传统村落快速锐减，村落特色文化必将成为一种稀缺资源。新型城镇化建设应当以这些村落特色文化资源为支点，充分考虑村落自然环境、历史传统、精神状态、生产生活方式、民俗风情、建筑风格等文化内涵，挖掘村落特色文化资源潜力，用特色文化资源促进特色城镇化建设，用卓然不群的地域文化塑造城镇的个性，使城镇化建设具有持续的支撑力，实现文化传承和提升城镇魅力的双赢。缸瓦窑传统村落城镇化的困境与机遇，为新型城镇化建设背景下村落文化保护传承提供了启示：城镇化建设既承继人文历史又面向时代未来，既要保护文化又要发展文化，为村落特色文化保护传承提供契机与新的路径；村落文化保护传承既要坚守传统文化内蕴又要融入现代创意产业，通过特色文化产业推动文化可持续发展，为城市特色的形成做出贡献。

致 谢

论文实地调查和资料收集得到了广西南宁市良庆区文体局副局长李建志、良庆区文化馆副馆长廖中伟、良庆区良庆镇缸瓦窑村香火龙技艺传承人蔡绍邦老人、罗新有等的支持和协助，一并表示感谢。

新型城镇化进程中传统村落的文化变迁阐释[1]
——以云南大理诺邓古村为例

曲凯音[2]

　　城镇化建设是我国现代化建设的重要历史任务，城镇化进程也在发展中逐步加快。在我国从传统的农业社会向现代工业社会转变的历史进程中，城镇化的发展对我国经济社会产生了巨大的推动作用，对促进社会转型、经济转轨都发挥了促进作用。城镇化的发展涉及城镇和农村两大主体，我们在看到城镇化进程所带来的巨大的发展变化时，不能忽视城镇化对另一主体——村落的影响，尤其是对承载了厚重历史文化的传统村落的文化的影响。如何在城镇化的进程中传承和建设好村落文化，让农耕社会人类文明的载体得以流传，让村落文化不被城镇化的洪流所掩盖和湮没，这是在城镇化进程中，尤其是当前的新型城镇化进程中所要解决的重要议题。

一、新型城镇化进程的发展

　　由农村向城市发展、转变的过程最初在国外的学术界被称为城市化，城镇化是我国学术界提出的专门针对我国由农村向城镇转变的历史发展进程。不同的学科对城镇化的含义有着各自的侧重点。人口学上关注的是由农业人口向城市人口

　　[1]　基金项目：国家社科基金项目（12CSH061）；云南省马克思主义理论研究和建设工程课题（201323）。

　　[2]　曲凯音（1977—　　）女，汉族，吉林农安人，云南师范大学哲学与政法学院副教授。

转变和迁徙、聚集的历史过程；经济学上的城镇化关注的焦点是从传统的、农村原有的小生产或自然经济向现代城市和机器大工业生产经济转变的过程；在当前的学术界，对城镇化最为关注的集中在社会学界。社会学上讲的城镇化是指人口向城镇集中的这一变化过程，主要表现为城镇数目的增多和城镇人口规模的不断扩大两种形式，其中也包括人类生活方式的转变，涵盖了人类文明的转变。社会学对城镇化的定义是从宏观角度对人类发展史上这一流动方式和现象的描述。从1978年的改革开放开始到2013年，我国的城镇人口从1.72亿人增加到7.3亿人，城镇人口占人口总数的比重为53.73%，我国城镇化的速度在不断加快。城镇化率从17.92%提升到2000年年底的36.09%、再到2013年的53.73%[1]。我国的城镇化存在着起步晚、水平低、速度快等特点。因此，单纯地以数量和数字来衡量的城镇化进程已经不适应新的经济社会发展趋势，已经不能反映出城镇化社会组织程度和管理水平。在此情况下，以人为本，构建城乡一体、和谐统一发展的新型城镇化建设尤显重要和急迫。

党的十八大报告明确提出了"新型城镇化"概念，指出"坚持走中国特色新型工业化、信息化、城镇化、农业现代化道路，推动信息化和工业化深度融合、工业化和城镇化良性互动、城镇化和农业现代化相互协调，促进工业化、信息化、城镇化、农业现代化同步发展"[2]。所谓新型城镇化，是指坚持以人为本，以新型工业化为动力，以统筹兼顾为原则，推动城市现代化、城市集群化、城市生态化、农村城镇化，全面提升城镇化质量和水平，走科学发展、集约高效、功能完善、环境友好、社会和谐、城乡一体、大中小城市和小城镇协调发展的城镇化建设路子[3]。新型城镇化的核心理念是坚持以人为本，即在城镇化的过程中，要注重人的发展，要以人的发展为最根本的出发点和终极目标，最终要实现"人的无差别发展"。

从上面的分析中可以看出，新型城镇化的"新"主要表现为：一是观念新，即摒弃以往的单纯大力发展工业化、简单地以大工业机器生产的发展来衡量城镇化进程的标准，而是关注城镇化的最主要的主体——人的发展，把以人为本作为衡量发展的关键点。二是新型城镇化的"新"体现为城乡一体、协调统一发展的

[1] 统计局. 2013年中国城镇化率为53.7% [EB/OL]. 2014-01-20 [2015-06-20]. http://house.people.com.cn/n/2014/0120/c164220-24172141.html.

[2] 胡锦涛. 坚定不移沿着中国特色社会主义道路前进 为全面建设小康社会而奋斗——在中国共产党第十八次全国代表大会上的报告 [M]. 北京：人民出版社，2012：9-12.

[3] 方振辉，黄科. 新型城镇化的核心要求是实现人的城镇化 [J]. 中共天津市委党校学报，2013(4)：63-68.

城镇化进程的理路。城镇化发展的终极目的是建立和谐的经济、社会发展和人居环境，不是聚焦在发展的一极——城镇的建设。因此，村落在城镇化进程中的角色不是牺牲者、不是附庸品，而是和城镇一起共享人类发展文明的适宜的人居地。

强调以人为本、城乡一体化发展的新型城镇化进程，将对村落的自然环境、人文社会环境产生深远的影响。新型城镇化首先将带来村落社会自然环境的变化。村落自然环境是村落从农耕时代开始繁衍栖息的地理居住地。从农耕时代开始，村落的自然地理位置就体现了先人与自然相抗争、相生存的智慧，是人与自然相生、相长的时代变迁的产物。新型城镇化的技术创新和社会信息化必将带来对村落的民居、道路、生活设备以及村容村貌的改变。村落的交通设施直接影响着村落和外界的联系，交通道路以及交通工具的改善和提升将在很大程度上加速村落的现代化发展进程，由此带来村落社会自然环境的整体变化和提升。新型城镇化也将带来村落社会人文环境的变化。信息化的发展和普及将带动村落信息技术、信息产品的普及和推广。而信息化的普及是打开与链接村落社会与现代城市社会的重要手段。以科学发展、集约高效、功能完善、环境友好、社会和谐为目的的新型城镇化，归根结底是以人的发展为出发点和最终落脚点的城镇化。因此，新型城镇化的进程是村落社会人文环境发生巨大变革的社会进程。

二、诺邓村盐文化的变迁

云南诺邓村位于云南省大理白族自治州云龙县城西北，是一座具有千年历史的自然村落，被称为"千年白族村"。历史上，诺邓的盐是古村建立与繁荣发展的重要支撑点，盐业的生产与变迁史也是整个诺邓村文化变迁的核心所在。

（一）村落盐文化变迁的表现

诺邓过去被称为"诺邓井"或"诺井"，"井"即为盐井的意思。根据云南史料记载，云南井矿盐业在秦汉时期就已产生。公元前 109 年，汉武帝派兵征服云南，设郡置县，因今之云龙诺邓等地区产盐而专置比苏县。"比苏"意为"有盐的地方"。唐人樊绰写成于公元 863 年的《蛮书》中有"剑川有细诺邓井"的记载[1]。

---

[1] 李文笔，黄金鼎. 千年白族村——诺邓 [M]. 昆明：云南民族出版社，2004：3.

诺邓盐井自汉朝开采以来至今历两千余年。从有明确记述的唐代开始，诺邓村的盐业生产就已具备相当规模。

诺邓的盐井位于谷底村口小河与一小箐汇合处的岔口里侧，上建井房，坚固耐用，井两边沿河砌有坚固堤岸，和几条甬道衔接，分别通往村里。今天的诺邓村河东盐地街有盐局旧址，古代由煮盐的灶户将制成的食盐交到盐局，盐官再把盐分发到各地行销，络绎不绝的运盐马帮在此出发，走"诺盐"远销各地，形成东向大理、南至保山腾冲、西接六库片马、北连兰坪、丽江和西藏的古诺邓"盐马古道"[1]。到明朝中后期，五井提举司年上缴中央政府的盐课银达 38 000 多两。由于盐业经济的发达，诺邓四方商贾云集，百业昌盛，历史上的诺邓村也因盐业的发展而一度成为滇西地区的商业中心之一[2]。

随着历史的发展变迁，诺邓的盐业生产逐渐退出了历史舞台。新中国成立后，随着经济社会制度的变化，国有盐厂成了全国盐业发展和生产的主要形式，一小部分变成了集体企业。众所周知，在盐业的生产中，需要煮盐这一工序，由此导致大量森林被砍伐。高成本的生产因素致使诺邓的盐厂不断地倒闭，最终在 1992 年，诺邓的盐厂全部停产。

目前，村中保存较完整的有古盐井、盐局旧址以及明代五井盐课（国家赋税）提举司衙门旧址。除此之外，村里还留存有井房及煮盐大灶等建筑。目前，诺邓村的村民收入主要以种植业为主，从事盐业生产的仅有零星的四五家农户。生产的诺邓盐大部分用于本村村民制作诺邓的知名特产——诺邓火腿。仅有一小部分诺邓盐被游客买走。诺邓千年的兴衰发展也与其盐业的历史变迁紧密相连。

（二）盐：村落变迁的重要介质

盐在传统村落——诺邓的生活发展史上占据了极其重要的位置，已经不仅仅是村民生活的必需品。在诺邓发展的历史上，盐已经演变成了一个文化特质，是最集中地体现诺邓古村从建立、繁荣到相对衰退的文化符号。通常引发文化变迁的因素主要被归纳为内外两种情形。一是外在的自然环境、社会环境所引发的制度、政策的发展变化所引发的文化变迁；二是文化变迁的主体内在的因素如思想意识、价值观念等所自发引起的文化变迁。诺邓村盐业的兴衰变化属于前者，即是由外部客观因素的变化所引发的文化变迁。马克思、恩格斯曾经指出，物质生

---

[1] 舒瑜. 从清末到民国云南诺邓盐的"交换圈"[J]. 西南民族大学学报，2010 (7).

[2] 程龙刚. 云南诺邓：中国盐文化原生态博物馆 [J]. 中国文化遗产，2009 (1).

活的生产方式是基础，它制约着包括社会生活、精神生活和政治生活的全过程。在物质生活过程中，经济基础又起到了重要的决定作用。历史上，诺邓村曾经的繁荣就几乎全部归结为盐业的生产。在盐业没有被收为国有之前，诺邓曾经是被誉为"富甲一方"的古村。也正因为此，经济的相对优越也为古村创造了其他方面的发展优势，在教育上的优势尤为明显。诺邓自古即馆塾林立，吟诵相闻。洪武十六年，五井提举司建于诺邓，翌年，浪穹儒学建立，诺邓即行设学祀孔，随之科第渐开，童生相与入泮[1]。到清朝末年，村里有"二进士、五举人、贡爷五十八、秀才四百零"，这在诺邓历史上甚至中国的村落教育史上都是极其突出的成就。而作为文化特质的盐正是在其中扮演了重要的角色，垄断的物质资料的生产为村落的经济发展带来了巨大的生机。但是，当外在的社会客观环境发生变化时，这种外在的条件促使村落文化在一种被动的情况下发生了变迁。当盐业被收归国有，不再是村落的垄断的经营资本时，村落经济失去了重要支撑，由经济基础的变革也引发了一系列的文化变迁。

三、诺邓村建筑文化的变迁

古村诺邓文化厚重，这一点在村庄的建筑文化上尽显无疑。古村建筑的模式变迁总体不大，但是却凸显了现代村民需求与现实之间的矛盾。

（一）村落建筑文化变迁的表现

诺邓的建筑文化主要有民居建筑和古代殿宇寺庙等两大类。诺邓村现存有一百多座古代民居。由于诺邓村属于白族村寨，白族民居所素有的"三坊一照壁"、"四合五天井"等传统的建筑布局在诺邓古村的民居建筑中依然有所体现。依山而建是诺邓民居最大的特色，平面组合都结合山形地势特征。诺邓民居建筑重视工艺精美，门、窗、木梁等讲究雕刻图案的美观精细，院墙上都有绘画或图案[2]。诺邓民居建筑中"大门"式样最为丰富，门向和门的大小、款式也不尽相同。现存民居建筑中，主要有明、清时期的建筑，还有一部分是民国的建筑。诺邓村现存庙

---

[1] 李文笔，黄金鼎. 千年白族村——诺邓 [M]. 昆明：云南民族出版社，2004：110.
[2] 王莉莉. 云南山地白族诺邓村的村落空间解析 [J]. 昆明理工大学学报（社会科学版），2009
(12).

宇建筑及牌坊、祠堂建筑十多处。"万寿宫"是诺邓古村现存最古老的建筑。"万寿宫"为元代时期的古建筑，当时是外省（江西省）客商的会馆，留作客商在此商议、聚会之用。明朝初年，"万寿宫"被改作寺庙，不再做会馆，名称也被改为"祝寿寺"。明末清初，"祝寿寺"又被改名为"万寿宫"，但此时已经不再做商会的会馆。

今天，随着城镇化进程的快速发展，在社会变迁中，诺邓村民的生产、生活方式也在发生变化。外出务工是诺邓青壮年村民的主要选择，是村中大部分家庭的主要生活经济来源。在这样的变迁中，如今长期定居在明、清老宅中的都是上了年纪的老人和一部分村里的留守儿童，更有一部分的古民居已经处于无人居住、无人修葺的状态。由于诺邓村是依山而建，从山脚到山腰的民居全部是台阶，民居也是建在山腰和山顶[1]。因此，在诺邓居民的日常生活中，水资源是极为稀缺的。虽然日常的饮用水不成问题，但是洗澡等用水就显得紧张。也正因为此，历经多年的古民居已经不再适应现代人的居住需求，年轻的诺邓人不愿意再居住在陈旧和不方便的老宅中。如今的"万寿宫"是村中一对年近八旬的老夫妇的住宅，已经年久失修，尽显破落与衰败。偶尔有游人来参观，老夫妇因此在自家手工自制香烛，以几元的价钱卖给游客，但是收入寥寥。随着古村保护和旅游资源开发的进程，2010 年，为了保护诺邓古村，由县政府和村民共同出资修葺了村里的部分古老民居。而且现有村民也被告知，新修建的住房要和村里的古老民居建筑的风格保持一致，要做到"修旧如旧"。即使是这样，目前新修建民居也被严格地控制，目的是尽量保存古村中古老的民居建筑原始群落。

（二）民居：村落变迁的矛盾焦点所在

文化是人类先祖在漫长的与自然相抗争与适应的历史进程中积累和留存下来的，具有一定的对客观环境的适应性。因此，当客观环境发生变化时，与之相适应的文化也会随之而来，于是，新的文化形态就会应运而生。美国著名历史学家博厄斯曾经强调，每个民族都有独特的历史，也因此形成了文化的特殊性。并且认为这种特殊性既取决于社会的内部发展，也取决于外部世界对它的影响。功能学派的创始人、英国著名人类学家马林诺夫斯基指出，人类社会是由各个相关的整体系统组成的，各个系统都有自己独特的功能，所有子系统的正常运转也是社会系统正常运转的前提。因此，社会文化无论发生怎么样的变迁，社会系统总是

---

[1]　杨宇亮. 村落文化景观形成机制的时空特征探讨——以诺邓村为例 [J]. 中国园林，2013（3）.

趋于稳定和均衡的状态。在当前诺邓古村的变迁中，建筑民居的变迁就体现了与此理论不相称的一面。诺邓古村依山而在，从山脚到达村里没有平路，都是古时就修建的石板台阶，整座古村在高出平地约一百米的山上，建筑民居因此也都是依山建造。村民自古以来的交通工具就是马匹，靠着马匹驮运生活、生产物资上山。今天，村民外出的工具已经变为现代化的摩托车，但是那只是从山脚开始联系外界的交通工具，所有物资运到山上的居民家里，依然是依靠古老的交通工具——马匹。在此情形下，古村最大的发展局限是水源的供应。民居建筑也是历史上适应自然环境的产物。随着物质生活水平的提升，村民对古老的民居提出了改建以更好适应现代社会生活的要求，但是地理位置的局限性、自然资源的限制都对此产生了发展的阻碍。不但如此，在进行传统村落保护的今天，政府也开始对民居进行保护，提出保护性的修建政策。但是，只在原有民居基础上的保护性修建已经不再适应现代化村落的发展。对古村民居的保护无可厚非，这也是村落文化变迁中首要应该留存下来的历史记忆。但是，村落主体——村民的生活发展需要，既是发展村落文化应该首要考虑的议题，同时村民也是古村文化的继承者与发扬者，在他们身上，承担着更多的留存和传承历史记忆的任务。

四、诺邓村山地白族传统文化的变迁

诺邓村属于山地白族村寨。先民自元、明以来由南京、浙江、福建、湖南、江西、山西等地陆续因移民或经商或仕宦之故迁徙而来，在同当地原住民融汇结合后，形成了诺邓村现有居民诸家族。

（一）村落山地白族传统文化变迁的表现

经过几代人同原居住民融汇，也同当地的主体民族——白族结合为一个新的群体。清代至今，诺邓村民已全部成为白族居民，他们一直保持着完整的白族语言和白族风俗特征。虽然同属于白族，但若严格区分，诺邓村的白族属于山地白族，在民族风俗上和传统的白族还是存在一定的区别。在宗教信仰上，白族的本主崇拜在诺邓村具有极其重要的影响作用。诺邓的本主信仰被称为"三崇本主"，据称是明朝时期三征麓川的将领王骥。"三崇本主"信仰至今在诺邓古村中占有重要的地位，是村民信仰的主体。除此之外，佛教、道教也被村民所信奉，形成了古村"三教一体"的信仰格局。对于道教的信仰，在古村的宗教活动和庙宇建筑上体现得尤为突出，如古村的"道长月台"等建筑。带有儒道两门特色的信仰主要体现在旧时古村所举行的祭祖、迎神赛会、节庆典礼等诸多活动中，如道教的传统洞经音乐演奏等。古村也是儒家文化忠实的信仰者。诺邓古村现存的古代殿宇——孔庙即是见证之一，这是中国少有的村落中建有孔庙、对儒家信仰的见证。诺邓旧时尊孔习俗相当浓郁，祭孔活动都十分隆重。

如今，诺邓村的主要民族传统节日除了和汉族相同的春节、端午、中秋等外，还有自己的祭财神节。在每年的农历三月十五日，村民早早地带上祭祀用的公鸡、蜡烛、香等来到村里的财神庙，祈祷财源广进。受到汉文化的影响，诺邓白族的财神雕像是骑着老虎的造型。在接近一天的祭祀活动中，人们分工明确，各司其职，整个祭祀活动有条不紊。另外，村里从 2008 年开始恢复了祭孔活动。每年的农历八月二十七日，村里都要举行隆重的祭孔仪式，目前仪式已经在村委会的资助和统筹安排下进行。可见，传统的对儒家文化的尊崇和信仰，在古村诺邓一直留存并在逐渐恢复以致繁荣之中。

在城镇化的快速进程中，诺邓村的盐文化已将完全退出历史的舞台，不再扮演昔日举足轻重的角色。诺邓的古建筑也已经不再适应村民日益发展、不断提高的物质生活的需求。只有诺邓的山地白族的传统文化，在历经千年的变迁中，仍然具有愈发顽强的生命力。儒家的文化传统在古村也被很好地传承和发扬。由此可见，村落的物质文化的表征可以在变迁中逐步改变原来的面貌与痕迹，但是精神层面的文化符号是一个民族最独具特色的记忆，即使历经岁月的变迁，仍然是一个民族鲜明的表征。

（二）传统文化：村落变迁的灵魂

在所有的文化变迁的种类中，传统文化的变迁最能集中地体现一个族群的发展变化的历史走向，诺邓古村也是如此。作为传统的山地白族，诺邓村民一直坚守着本民族的民俗和礼仪。在现代化的发展进程中，城市文化的传播、村落文化自身的变迁都在一定程度上相互交融，但是无论文化的交汇与融合的结果如何，传统文化仍然是引导整个村落变迁的灵魂所在。传播学派侧重于研究文化的横向散布，认为文化的传播过程就是文化的变迁过程，文化变迁主要发生在文化传播之中。诺邓传统文化最为集中的变迁体现在当代的祭孔仪式上，这是传统儒家文化在古村的复兴。这种民俗仪式的复兴集中体现了经济社会发展到一定程度，人们对于传统文化在精神领域中的重要引领作用的认可与重视，以及对于儒家思想的尊崇与发扬的期许。曾经以传统文化的发展立足于世的诺邓古村，在新的历史发展进程中，依然把传统文化摆在了村落发展的重要议程上，这也是村落在现代社会依然有其独特魅力之所在，依然是现代社会的宝贵文化留存之所在。

新型城镇化的发展和村落的变迁与发展建设是紧密相连的。从新型城镇化发展的目标来看，"以人为本"的终极理念涵盖了对人类发展的尊重，对人类文明的尊重。而村落正是凝结我国农耕社会人类发展与文明成果的最好的实物载体。因此，从这个层面上讲，新型城镇化和村落的变迁与发展是融为一体、相互共赢的。

研究型文物馆：维续城镇文化力量的认同与更生

王琛发[1]

一、文化资源：从前人的思考启发眼前视角

英国社会学者迈克·费瑟斯通（Mike Featherstone）在《消费文化与后现代主义》（Consumer Culture and Postmodernism）书中讨论市镇文化，认为"城市总是有本身的文化，它们创造出独树一格的文化产物、人文景观、建筑以及独特的生活方式"[2]。同样的论断应该也适用于任何"地方"，包括大都市内部的大小地区，也包括乡镇地区，各自的精彩都可以亦复如是。每一处聚落、每一座城镇，乃至每一个小社区的形成，都不是几个人一朝一夕的努力，它们之所以作为"当地"，都有赖于各自居民互动的营构与形成熟悉的本土风貌。换个角度，不论是有史以来形成乡野聚落，或者当代市镇的规划与形塑过程，其间由于部分人的意志而出现的有形或无形、固定或演变的事物，包括某些足以形成地标的事物，也可能会连续地造就地方风情与大众生活习惯，又者组构与转化成为当地居民以及外来者对这个地方的记忆与印象，这就是所谓的"地方本土文化"（Local culture）。而一切"当地"，也都依靠地方的整体面貌，全景式地呈现和叙说"当

[1] 马来西亚孝恩文化基金会执行总裁，大同韩新传播学院学术委员会主席，教授。

[2] 迈克·费瑟斯通（Mike Featherstone）. 消费文化与后现代主义 [M]. 刘精明，译. 南京：译林出版社，1991：139.

地"和其他地方的共同点以及差异性。只要一方土地的整体景观综合地展现出它与他人共同的、相似的、差异的各种因素，它们的"地方风貌"也必定呈现为互相混凝的整体，散发出来的也是整体味道，这就是每一处"当地"之所以成为"本地"的独特。

迈克·费瑟斯通接着上述文字说下去："我们甚至可以是带着文化主义的腔调去论述，把城市里头的空间形状、建筑物之间的布局与设计，都视为恰恰是在展现具体的文化符号。"[1]进一步看地方本土文化如何展现，我们可以从物质、制度、精神三个层面去分别叙述，但也必须注意，这三个层面在人们真实的日常生活中从来不可能分开展现，各种因素必然会错综复杂地紧密结合。这其中，物质层面可以展现为地方景观，包括简单的住家或商铺建筑、马路、交通工具、公园、坟场；制度层面可以包括地方上的家庭制度、经济制度、政治制度，体现为地方人民日常的人事关系以及其间的运作规律；而精神生活层面则包括地方上流传的道德伦理、价值趋向、信仰生活与终极关怀、文化艺术思潮与鉴赏观念。

若根据已故城市规划学者、历史学者、社会学者兼文学批评家刘易斯·芒德福（Lewis Mumford，1895—1990）所思，其《城市发展史》（The City in History）认为，每一处"当地"其实都具备着贮存、传承与演变文化的功能，每一处"当地"都不可能单靠一项因素形成其"地方本土文化"的整体面貌。刘易斯·芒德福尤其注重聚落历史与人类文明史的交织，认为城市的主要功能是，可以把人群的动力转化成为形态、把社会各领域的权能转化为文化、把会腐朽之物转化成为活泼的艺术造型、把人类的生物性繁殖转化为艺术创新。因此，一处聚落演变到形成一座城市，其中本来应然凝聚文明与文化力量，如同地方上的独特遗传基因，提供城市历史久远且不断创新的生机[2]。按照刘易斯·芒德福的思路，每一处地理范围，本具贮存、传承与更生文化的功能，"当地"又是依赖持续贮存、传承与再创造文化不断与时俱进；因此，地方上文化资源的贮存、传承与更生/再创造，理应相应于"地方本土文化"的维续与增值，受到人们，尤其是相关利益者（stake holder）的主动重视。刘易斯·芒德福的论述其实也在总结：地方文化资源等同"本地"历史到当代不断运作的总和，是"当地"自身创造，以及形塑那个"地点"（place）之所以成为"地方本土"（local）的原料。

---

[1] 迈克·费瑟斯通（Mike Featherstone）. 消费文化与后现代主义［M］. 刘精明，译. 南京：译林出版社，1991：139.

[2] 刘易斯·芒福德（Lewis Mumford）. 城市发展史——起源、演变和前景［M］. 宋俊岭，译. 北京：中国建筑工业出版社，2005.

而欧洲的查尔斯·兰德利（Charles Landry）更重视如何发掘地方文化资源以及转化其中的价值，让它们呈现出来。查尔斯·兰德利自从在 1978 年创立了 Comedia，这家机构长期被视为欧洲最权威的文化创意规划机构，其《创意城市》（The Creative City：A toolkit for Urban Innovators）曾总结，文化是资源的华服，文化资源作为社会凝聚力的创意系统，是城市的资产，也是它的价值的基础[1]。他认为，每个地方的文化资源反映"当地"处在怎样的位置，为什么它现在是这样，其中有否潜力带动其新方向？他因此归纳说："文化遗产是以往创造力的总和，而维持社会运作，并促使它向前迈进。"[1]由此可以总结，一处地方社会自历史以来积累的文化资源，渊源于先民创意的积累，也可以经由现代人对之深厚认识以后产生的创意，创造新的价值。

可是，在现实世界，城市发展理应常态承载本土文化资源的情景，并非延续不变的。当代许多改造城镇或者形成新兴城镇的经验，总是出现大片地方本土文化受到摧残的图景，又或者是地方上的文化资源被保护、被参观、被记录，却缺乏再生产/再创造的更生空间。参考地理学者大卫·哈维（David Harvey）的《资本的空间——批判地理学刍论》，他是以学术话语的形式叙述城市为何能影响人们的思想，告诉大众资本主义会如何扭曲、诠释、消音或再"生产"任何"当地"的社会与文化记忆。大卫·哈维在书中收录了原刊于 1989 年的《从管理主义到企业主义：晚期资本主义都市治理的转变》，文章便提到：一个地方发生都市化进程，意味着该处地理范围会不断积累新的人造物，城市即是由这些人造事物各具特性的营建形式，产出空间和资源系统，共同组织成当地独特的空间形态，从而引导出许多实质的社会过程，并建立起某些制度性的安排、法律形式、政治和行政系统、权力阶层等，令城市必须受到"客体化"的限制；它们会是怎样的组合，就可能形成主导市民行动历程的日常实践的客观环境，也限制其后续形式。最后"都市居民的意识也受到经验环境的影响，感知、象征阅读和渴望都从经济环境中浮现"[2]。

而大卫·哈维会感到当代自由经济世界的"城市"概念变化得很不稳定，主要是由于他关注到当代城市发展的主导观念有所演变，从都市管理主义过渡到都市企业主义。后者的运作核心理念是"公私合伙"，是以政府以公权力整合传统

　　[1]　查尔斯·兰德利（Charles Landry）. 创意城市——如何打造都市创意生活圈 [M]. 杨幼兰，译. 北京：清华大学出版社，2009：51.

　　[2]　大卫·哈维（David Harvey）. 资本的空间——批判地理学刍论 [M]. 王志弘，王玥民，译. 台北：群学出版有限公司，2010：510.

的地方振兴主义，企图给外部资金更多方便以至于奖励他们。可是，企业的精神相对于从公共利益角度出发，企业是必须面对风险的，公部门的主轴则在于纯粹考虑如何更合理计划以及协调发展工作。企业为了减低风险，一旦进入实质的公私合作，不可避免地会要求最大的利益，以及要求公部门尽可能消解与吸收其风险。大卫·哈维的论证也在此展开。大众可以发现，一旦企业参与开发城镇的计划失衡，包括黑箱作业、贪污、滥权造成了缺陷与失败，公部门的承担其实意味着相关城市的市民，以至于全国人民必须承受，集体埋单。公私合作的考量往往为了企业乐意合作而满足其需要，就可能牺牲许多全盘考虑；远较于考量整体区域（territory）的全盘利害关系，企业主义更贴近关系他们经营单独的场所（place）的利益；企业甚至可以撇开对整体区域（territory）的直接必要责任[1]513-515。

简单地说，大卫·哈维是在透彻的说明资本主义积累主宰了社会生活的历史地理之霸权状态[1]536。按其思路，不论一处地理范围最初有多大，它持续演变与扩展成为一座城市的过程，是个具有空间基础的社会过程；其演变期间会产生包括房屋、街道、公园、庙宇、墓园等无数种物质设施，形成各式各样交错互动的公共与私人空间。但是，为了资本扩张的需要与运作，大众眼前激剧转变的城市面貌，往往导致地方公民即使居住原地，也可能失去自己的原来家园、原来社会、原来文化，甚至原来思想，他们会因城市化的影响，离开自己的亲友、离开自己熟悉的环境，最重要的是离开自己的记忆。当人们逐渐失去上述一切，他们也正在和历代祖先留下的历史文化断裂，子孙也正在告别先辈流传的各种记忆[2]。但是，也正如大卫·哈维的预见，这许多城市互相仿效对方成功的投资设计，最终足以导致任何城市系统的竞争优势转瞬消失，以及导致他们鉴于竞争的强制法则，不论对生活风格、文化形式、产品和服务组合，甚至是制度和政治形式，都实施蛙跳式创新，以致以都市为基础的文化、政治、生产与消费的创新，通常陷入刺激性和破坏性的大漩涡[1]526。

综合上述诸说，可见一座市镇甚至乡村，从负责公共管理的政府机构的日常运作，到个人生活在其中的日常生活，都是联系着"地方本土文化"的生存。可是，任何地区或它们周遭其他地区都可能经历城市化进程，也都有可能产生企业利益与社会公益的矛盾。大都市内部的资本主义运作，一旦和人心贪婪挂钩，会

[1] 大卫·哈维（David Harvey）. 资本的空间——批判地理学刍论［M］. 王志弘，王玥民，译. 台北：群学出版有限公司，2010.

[2] 王琛发. 搬走记忆"公民"何在？——阅读大卫·哈维的随想（上篇）［N］. 南洋商报，2012-12-15.

一再陷入大卫·哈维所警告的状况，实不出奇。这样的过程当中，文化资源既是可能消失的社会构成，又是可能发挥和创造新价值的无形经济力量。为了"当地"在成为一座城市的同时，保护好原有地理位置上的"具体文化符号"可以继续满足大众的文化认同与心灵踏实，也为了能保障地方本土文化资源的独特，以及它们的延续与更生能耐，不论改造旧城镇或建设新城镇，都不能忽略在城镇本身内部建构机制，加强刘易斯·芒德福所谓的城市贮存、传承与更生文化的功能。

二、文化建馆：本土产物增值的途径

当前全球化趋势的结果之一是，更多人注意到全球多元文化的既存状态，又互相感受到保护各地本土文化实在不容易，如此也有利鼓励世界舆论更倾向重视如何能维续地方本土文化与社区意识。全球主流视角认为，保存与再现地方文化遗产，目的在阐释地方历史文化，不论对促进社区认同、观光事业，或者地方产业和产品的品牌，都可发挥极大功能。

回归历史，不论新旧城镇，很多原来都有过老商业/作坊区现场。单从建筑物本身的形式看，任何"当地"建筑物，其实只是一栋又一栋包含着特定设计空间的结构实体。可是，历史留存下来的老商铺/作坊区，不可能只是由系列商铺/作坊单调组成社会。所谓"市集"，其最初面貌正如在《易·系辞》中所形容的"致天下之民，聚天下之货，交易而退，各得其所"，不论在城镇或乡村，由数条老街组成的老店新铺形成市集，为了应付大众的方便，也必可能发展出其他各类功能的建设，包括零星住宅、庙宇、邮局、旅馆、戏院、诊所，以至于地方上的行业公会会所，或是其他各种公共场所。以东方社会来说，某些街头角落可能会留下过去善长仁翁为车夫和大众修建的休憩凉亭，又或者有人还记得某个角落早年曾经是提供大众免费茶水的解渴亭，某些街上甚至可能保存着刻写"敬惜字纸"木箱，提醒大众回顾古人敬重文字神圣的态度。一旦这些建筑物在城市集体记忆中被人们视为互相联结的群体，它们集合的共同位置是处在一定的人文环境和历史传统之中，结合着人们历代生活在其间的情感、记忆和创造意识的存在，这就形成"当地"。

如果较深入思考人类的消费习惯，消费行为不可能仅仅取决于产品的功能与价格，人们是基于"价值"去购买，每一回的消费行为往往决定于消费者的价值取向，个人在何时何地何种情景何种心情下消费，是影响消费意愿的关键。观察任何城乡老商业店铺或作坊区的维续方式，或会发现，任何老商业或作坊营业，也不仅建立在业主使用自己资金作为成本，当地工匠生产/买卖生意之所以能维续运作，除了依赖业者可计算的金钱成本，还依赖许多外部因素（external elements），包括整个地区一代接一代人共同创造、共同积累与使用的地方历史文化、民情习俗、社区风貌，从建筑物到整个地区经由岁月洗涤的美感与沧桑，作为历史文化积累，都是地区共享的无形文化资本、社会资本。这可能是新城镇缺乏的，却又是可以提早纳入市容规划的考虑因素。简而言之，消费者的意愿是受购买时的感情影响，他们想要感受和拥有价值，不仅是价格；而"价值"永远是消费者在"价格"背后的真正判断标准，因此，从城市到村镇的各类商业投资，尤其文化资源的开发与投资，往往是"价值"增值的前提。

从这个方向思考，特别要警惕大卫·哈维在《资本的空间——批判地理学刍论》中的批判成为绝对的事实，不论是老城乡的改造、新城镇的开发，都不能单纯地歧视或遗忘原来土地上老商业/作坊地区的生意经，反过来崇拜任何以数目吸睛的"投资"，让城镇的土地成为少数私人资本短程牟利的大型空间。不要在有意无意间牺牲比金钱成本更加庞大有值的许多外部因素。

要是从商学的角度说，老商业/作坊区的店铺位处构成它们本身的地域性商圈的核心地带。若再从市集发展的角度说，繁华的市集逐渐就形成地方民众会聚与互动的社区中心。老商业/作坊区长期保存与发挥的历史文化感染力，是既能倾诉以及提升其商圈范围内居民消费者生活品位，同时又可以加强消费者认同意识，形成地区本身对内对外的品牌效应。要能活化地区上整体的不论有形或无形的文化遗产，尤其是那些能够作为人们体验享受异文化的观光区，使之成为大家得以共用的新兴资本，确实会比其他地方多了几分"老"本钱。任何地区对外联系愈频密，其市集场所不仅是应付居民日常生活的聚集往来地，也有很大机会成为"当地"城市化过程最先应付"全球化"的小区域，日益增加应付外来访客的机会。

但是，经历传统岁月润泽或洗涤的老店新铺，既要维持"当地本土文化"的面貌，又要应付当前新年代的商业世界，若想长远经营下去，应付旧雨新知，也许应该考虑如何选择商区内具备策略性的地点，设置属于大家的文物馆。

从地区历史角度看，人类往来更为频密的全球化时代，更多社区对文化产业的理解是奠定在人类共通的价值、利益与认识态度上。新旧城镇里的老商业/作坊区，以及其相应形成的市集，一直以来便是邻近居民来往频密的老区。从最早有先辈到当地形成市集买卖，到演变为现代的社区生活，老商业/作坊区的原来地址上延续与重叠过一次接一次的悲欢离合、生老病死。由此可知，街市的所在地区本身即是"生活的博物馆"（Living Musuem），不论其现存建筑物抑或街区整体场景，都是继续在延续早期市民生活的历史场景。如果承认老商业/作坊区蕴藏历史文化的价值，又要让这股源自历史文化的价值得到最极致的发掘与实现，以至于转化为地区商业文化的当代价值，并扩大其效应，所欠者也许就是市集最热闹的街头角落要有一间文物馆，向自己的居民和外来者展示城镇的综合内涵。

这样一种"文化造城"或"文化造乡"的做法其实并不新鲜。记载新市镇过去地方历史的新设文物馆，性质可以是属于地方上的公共建设，最佳的落脚处应是街市人来人往密集之处，其展示内容与经营概念也必须能有机地结合社区历史文化生活，侧重推广当地文化遗产。其实，早在20世纪70年代，法国博物馆学家 George Henri Riviere 便提出过，地方上设立生态博物馆/文物馆（Ecomuseums）的目的在于"去中心化"，以科际整合结合社区参与呈现特定地理区域的集体记忆，可以使文物馆成为地方政府与当地居民互相孕育、形塑与运作的工具。他主张，经营这类地方性质的博物馆/文物馆，政府应一贯提供人员、设备与资源，而地方居民则展现抱负、知识和个人力量，让相关场所成为人们观照自己的一面镜子，发现自我形象，也寻求对自然、文化遗产，以及更早先民生活的解释，同时也可让参观者深入了解当地的产业、习俗、特性[1]。

这样，这类文物馆即使并非营利单位，还是有利于城镇商业地产和其他行业发掘、凝聚、呈现原来潜藏在地方名义中的深厚历史文化财富。它们作为地方文化的"文化眼"，提供大众学习、公益的活动，付出成本以后并不一定给本身带来收益，但可取之处在于它发挥了沟通与吸引参观者的魅力，有助于促进地方整体认同，又是对外窗口，对促进地方工商业与文化的繁荣是可以起到作用的。不论它们是由政府支持，抑或必须由城镇工商业领域利益的共同体自行合力支撑，无疑有利于保存整体区域的文化资源，并且可能在此基础上创增新的价值。

在日本，仓敷小镇保留百余年前的布染街坊，配合着百年美术馆，每年吸引着上百万观光客人去品味其原乡风格；在法国，巴黎市区内的 Bercy Village，彰显着历史上老酒厂改造成为新兴艺术休闲商业园区的新旧交融。两处典型文化造镇案例，都有力协调促进了地方商业与文化氛围[2]。在东方一般的小城镇，又或者遇到本土商圈范围较小的老旧商业/作坊经济区的街市，添加一两所"文物馆"企图"文化造区"，不单能点活了街道的风采，也有助于活化整个市镇的历史与文化感情。

---

[1] Riviere, G. H.. The Ecomuseum: an evolutive definition [J]. Museum, 1985 (148): 182.

[2] 黄光男. 博物馆企业 [M]. 北京：文化艺术出版社，2011：87.

换句话说，一条或数条老商铺街道组成的商业文化区是多元而复杂的，由一整组传统建筑建构的老街区最能吸引人的地方也在于它的"传统"，它们承载着一个地区在不知不觉中保存下来的文化记忆。而商业区所在社区、所影响商圈的人群，对地方商业活动、居住、食物、风俗、历史、故事与传说的再现与保存，若能让当地居民寄托感情，有益于大众心灵中的城镇记忆，将光荣和温馨延伸到未来，反过来也有利于促进大众对社区当前和未来文化建设拥有明确的共识。所以，不论老城镇改造或新城镇建设，城乡地区老街市善用老建筑商业化营运，固然是给了老建筑新的使用方向，又是对街区和其中的传统建筑进行必要的改造。但是，在改造当中保护下来，要保护城镇的灵魂，赋予它新旧交织的文化内涵，而且可以向内部居民和外人统一说明，市集繁华地点的文物馆就得负起重要的任务。它不仅是大众休闲场所，还要让人在最短的时间内简练精确地认识当地文化历史。其目标不仅是使人带着休闲的心情加强学习地方历史，启发新的知识和认识，并能在文物馆呈现方式显现出的可信程度上，建立起安居乐业的价值观。

若从商业角度去说，改造老城镇或建造新城镇的过程，整理和挖掘当地老商铺/作坊区的历史文化价值、历史记忆，匹配其当代商业优势，确可增加当地商业产品的无形价值。其营造出地方商业文化的品牌认同力，也会强化当地相比其他地区的不共有工商业特征。如此就有可能产生独特的客群，促进商区整体销售能力的增长。到老商铺/作坊区消费的客群，不见得仅仅是为着购物而消费，他们走动在人们各自忙碌的街区，也是在享受着参与和感触地方整体人文生活景观的乐趣。以文物馆的总体设计作为集中表现城镇生态的空间，进一步营造深度提炼与高度凝聚整个历史文化的场景，便因此更加符合了内部加强社区营造以及对外促进商业观光的品牌效应需要。最可贵是，这样一种品牌建设建立在总结实在的自我认识。

尤其从观光事业的视角看待文物馆的重要性，它是通过建筑本身和内部展示"景观化"地方的历史文化记忆，文物馆本身因此成为文化产业，而且进一步活化与点亮整座城镇其他文化产业，在商品价格以外，创造了顾客之所以愿意购买商品的附加价值。可见，它的功能包括促进人们购物侧重心态的良性变化——消费者因此会不单重视买到什么，而且乐意回味自己在何处购买，以及愿意说明这种购买行为很有意义。

三、文资定位：地方上对外竞争的优势保障

改造老城镇和开发新城镇都得兼顾居民在经济层面与精神层面的活络。

城镇的商业观光区和出口品若要稳固，首先还得考虑如何彰显本土特色，这是增值的基础。改造老城镇或建设新城镇，如果要开发新兴商业区，仅仅依靠年代浅薄的历史，或以人造的风采支撑观光购物的繁华，确不可能。可是，引进其他因素是否有利于城市经济？却是还待实践检验的。然而，从地方原来历史文化内涵去掌握与发掘文化产业发展，也不能停在美好的设想；成败与否，就要看它是否能拉动商业经济，同时又要能推动本地民众感染地方历史文化内涵。若能设立相应单位，有效地深度挖掘老地方的商铺/作坊与其街市地区历史文化构成的商圈内涵，复兴得当，则不论其整体改造规划如何经营，或者个别商家借用其整体氛围营利，都比新兴开发的人为添加"文化"的商业地产，更可能再孕育消费者购买感情的先天条件，让人们感觉到在当地消费有价值。

　　一个地理区域的居民普遍欣赏其老商圈的历史文化内涵，喜欢地方商圈文化特色的氛围，日常都想要到当地走走，就更有可能吸引外地来访者闻风而至，锦上添花。如何提醒、教育、召唤他们的认同，也正反映出选择地点对于设立文物馆意义重大。

　　回归商业地产规划与开发的立场。商业地产作为系统性的开发项目，是融合定位、设计、招商、运营等各方面的全产业链过程，从选址到定位、到招商，再到营运，中间涉及包括建筑设计、品牌宣传等环节，环环相扣，专业和资金达到要求以后，还得看规划方对历史文化的认识与心态，其市场风险系数不可谓低。而城镇规划，保留以至于复兴原地老商区，可能是有益确保经济利益的方案，但毕竟离不开从定位到设计、从设计到招商、从招商到营运，基本上要求人们拥有改造地区的财力和投资财力，要成功地完成项目也还得依赖多种专业的知识去支持正确的心态。因此，严格地说，地方文物馆从资料研究到展示内容与方向设定，都不宜是城镇改造或许多大型开发项目定位以后的事，最佳做法是文物馆的研究部分从一开始即支持与配合城镇定位、设计、招商、运营的规划。

　　在生物学，"群聚"（cluster）原本指各种生物群集在特定区域或者环境下互动共生。1990 年，管理学者麦克·波特（Michael E. Porter）写作《国家的优势》（The Competitive Advantage of Nations），首先将同一名词转借到经济地理学使用，借以探讨企业在地理空间上彼此群聚化所产生的无数多边交互作用，并讨论竞争力和创新能力在其中的影响。按波特的说法，产业上的所谓"群聚"，就是同行企业因应地理方便，相近的集中在特定地区，互相形成既是竞争又须合作的关系。他认为，由交互关联的企业、专业的资源供应、相关的各种机构，形成产业在特定领域的竞争条件，全世界都是常见[1]。依据波特的理论去参照世界各地的产业状况，确可发现某些城镇或乡区的居民文化习俗相似、拥有共同的历史记忆，甚至会有许多人集中在某个小区从事相同行业，确实是类似"群聚"的生态。因此，落实到地方发展的层面，一旦现代的文物馆必须重视文化策略，以及回应当地主要产业的企业"群聚"共同之需要，每一间"当地"性质的文物馆就不仅仅是外人观光的焦点，它作为文化价值与产业链的枢纽，性质会有所强化，促使它的工作定位不可能停留在收集与展示。

文物馆的定位包括建议大众如何看待与善用文化资源，它除了可以作为当地文史材料的收集单位，也可以是研究单位，其研究的成果也是可以走向产业化，或支持产业领域的文化化（culturalized）。我们也许应该重视文物馆的工作可能朝向的几种方向，包括重建与落实当地文化历史本土话语的学术研究，或者寻找与保留在地文学/民俗活动的文献、口述历史、传说；又或者从事多种媒体的出版与影像制作，还有在地方推动社区营造或介入成人与学校教育活动，以至于经营文化创意的商品或服务业。亦即说，城镇的建设中，投入建设以当地本土生态为正太的研究型文物馆，是为了助益地方文化资源的发掘与整理，确保地方文化资源的再生产，以转化出新的价值。

而现实中，在具体的"当地"设立地区文物馆，尤其对那些经历过殖民统治的亚非拉各国有意义，其价值超越纯粹的经济效应，并不只是产业因文化增值。无论文物馆的建馆主题是侧重在地方历史、艺术还是手工业，当它的具体内容面对当地人以及外来者，其实都是以维续与展示城市或村镇的当地历史文化元素为目标，负担起对内对外认真建构自我认识的真相。要知道，殖民主义的特征不一定在欺凌、摧残被殖民者的文化，而是会按照殖民者的思想模式与利害关系去影响被殖民者的自我认识。与此同时，当年欧洲各国跨国殖民的范围，也为被殖民者带来他们祖辈料想不到的广大外边世界，促进他们从各种角度对外面世界进行重新认识与交流，由此带动正面与反面的因素也都会反映在文学、艺术、手工艺等领域。这样一来，在当代的前殖民地国度，在自己建设的城镇布置的文物馆，就等同地方的眼光兼喉舌，既有义务带动地区上生活的人们的凝聚力，在一起重新认识自己，也在建议着四方来客如何倾听"我方"的叙述。文物馆这样一种"重构"与"再现"本土记忆的功能，长远来说，有助于地区在走入观光事业之际把持自我定位，不致扭曲了应有的自我认同，确保城镇能有较充分的准备根

[1] 麦克·波特（Michael E. Porter）. 国家的优势［M］. 李明轩，邱如美，译. 台北：天下远见，1996.

据，分析当地在全球市场如何占有优势。因而，文物馆的存在，为城镇人民提供了更多寻找"当地"本身独特因素的机会，发挥了对外交流的吸引力。

当然，若按波特的理论，国家、地区或者企业的竞争力与竞争优势，并不是单单凭靠地方上有文物馆或其他单独的因素。波特在《国家的优势》一书中，最主要是提到"群聚"较容易达致"钻石体系"所形成的交互作用的强度。所谓"钻石体系"，是指"生产因素"、"需求条件"、"相关联、支援性质的企业"、"企业策略、结构、竞争"四大条件互相间的多角互动，这四大条件所包含的各种因素如果都是对企业本身有利，互相又可以相互掩护与支援，企业就有最大发挥竞争优势的可能。[1]至少，按照这套理论，一所相关课题的文物馆在"群聚"之间是发挥着"相关联、支援性质的企业"的功能。文物馆在相关地方产业的主题，最基本的作用是它作为积累与反思相关经验与知识的单位，可以努力完成完善与充足的信息库；它也可以进一步有针对性地研究所谓"钻石体系"四大条件内涵的各项具体因素，包括组织跨学科的专题研发，加大贡献。

四、文化创值：用智慧与诚意保证可持续发展

文化资源的动能只能是在受到开发的情形下才会发挥价值，也才有可能转化出可发挥作用的各种相应产业。坦白地说，地方文化价值本非"价格"，属于经济学上的所谓"外部成本"（externality），很难用数学概念标准化，常会在人们的会计方法之中被省略。因此，各个地方的"当地"文化资源固然可以是受到引导而开发，但也可能是位处眼前具有功利意义的数字之外，不曾被纳入计算，历经各种决策的考验而消失。这样一来，地方文化价值也许实际上过去长年累月一直支撑起地皮价格，但是看重地皮价格的人们却不一定看到在背地里保障价格的价值，也未必会考虑此后的地皮"价格"是否还能持续对称原来的地方文化价值。或者意想不到的是，在开发土地拉动经济的设想下，原来长期保障地皮价格的地方文化资源已经悄然贬值。

也正因为地方文化资源缺乏开发，地方文化价值难以彰显和实现，所以每一个"当地"要保持历久弥新的成长力，包括维持其相对于其他地区的核心竞争力，就显得千篇一律的难以强求。最明显的惯例是，当地文化价值在人们脑海中

---

[1] 麦克·波特（Michael E. Porter）. 国家的优势［M］. 李明轩，邱如美，译. 台北：天下远见，1996：127.

被更强势的消费文化以虚假价值观去消解或代替。正如大卫·哈维的批判都市主义企业崛起与后现代爱好之间链接的特征："偏好碎片式的设计而非全盘都市规划，偏好时尚风格的转瞬即逝而非永恒的价值追寻，偏好引用和虚构而非发明和功能，以及最后，偏好媒介多于讯息、影像多过实体。"[1]

某种消费文化若是在商业上便于复制，能够成为营利模式，其实会很容易鼓励各地人们以相同模式去消费，相同模式的生活方式显得千篇一律，使得文化资源深藏无用，还可能逐渐离开大众记忆，其价值就只能是隐藏起来，或日益消减。最终，当地文化资源无从为地方发展提供基础、原料、动能，使得城镇缺乏特色，就会带来内部的生活素质明显贫乏。一旦大家对邻居、对环境、对地方上的风土人情，都习惯长期远离传统而慢慢地转向陌生，肯定少了乐在其中的感受。这样的地区，走到所谓的"现代化"或"全球化"，表现在其居民对周遭环境难以感性认识，最常见的娱乐休闲是跟随电视节目调整情绪，肯定也就再难以吸引外人欣赏的眼光。

很多反面例子都在说明，改造后的城镇，地方文化价值不一定会随着观光业的兴旺而增值，反而会被强势的市场风气代替或消解。最显著是地方工匠的转型，他们为了应付旅游业与创造更多财富，会把需要自身操劳的手工艺减少，换上到处是仿制手工艺品的工业产品。可是工匠转向工业化，不只会引发手工日久生疏或失传的隐忧，当地名义的为了工业产品继续增产创收以防停滞亏本，最后往往都只能走入国内以至国际市场竞争。但是，当工业品成为在商业上便于复制的营利机会，其实是不止鼓励来自同个手工艺村以相同模式生产与消费，这样一来，许多手工艺村都变成由各自工厂生产同类产品到城中的市场互相竞争，使用虚假的历史与文化说法支撑商业产品的竞争，最后导致联系"手工艺"概念的产地名称再难以成为工业品的品牌保障。当然，观光者也不可能重视千篇一律都在生产城中同类产品的"手工艺村"，不会在它们之间进行选择。原来的文化资源深藏无用，便可能逐渐离开大众记忆，其价值是隐藏或日益消减。

此外也应注意，某个地方的"当地"文化资源固然可以通过计划去引导去开发，但也可能因眼前功利而衰落。一旦某处城乡凭着观光地或手工艺成名，固然是造就旅游业发展，却也必然导致大量的观光客、大量的旅馆和新兴观光行业出现，配搭而来的是大量谋生的外来人口，以及大量本地青少年的眼光转向外边世

---

[1] 大卫·哈维（David Harvey）. 资本的空间——批判地理学刍论 [M]. 王志弘，王玥民，译. 台北：群学出版有限公司，2010：526.

界，这也意味着地区上陆续会发生各种新的问题，最后可能导致观光地区的原住人口以及他们的文化都受到外来者"稀释"，使得地方文化资源原有"价值"不保。经历数百年历史的老市集可能会被宣布为"文化遗产"或"古迹"。可是若侧重观光旅游的功利，我们难以想象它会有益于当地人民维持精神素质——市政的重点也许是要疏通市集周围超过人口数目的车辆，处理超过全城家用消耗几倍的垃圾。更要小心，我们的青少年在外来游客包围下渐离传统，留下的居民又成为外来游人满足好奇和新体验的注视对象。这让人想到了动物园，里边圈着的是乡亲父老。

查尔斯·兰德利在 2000 年撰写的《创意城市》中，谈到人类从当下到未来应如何重启城镇的生活魅力，这样诉说："我们可以稽核城市较古老的手工艺，并评估如何调整，好符合现今的要求。我们可以参考失业年轻人热衷的事物，瞧瞧是否能从他们的消遣中创造出具有经济可行性的事业。为了吸引海外观光客，我们可以浏览历史及传统，寻求发掘能协助城市建立品牌的地方佳肴，或是手工艺潜能。"[1]到如今，人们热切谈论"城村特色"、"文化遗产"、"文创产业"等时髦名词，他那些话再听起来也许有点老生常谈，但是好在犹未过时，还可以重温谨记，指向未来。

不要忘记，建议全球城镇与乡村通过"文化创意"寻求再生的崭新概念，首先重视如何深刻地保存、认识和善巧发挥地方上的文化资源，以期在不违反前边设想原则的情况下，重新创造地方上的经济竞争力。联合国教科文组织于 2004 年推出全球创意城市网络（Creative Cities Network）提出，要认可与交流各城市促进地方文化发展的经验，达致在全球化环境下倡导和维护文化多样性。说到底，鼓励大众主动意识到必须充分认识"当地"文化资源，并且提升与发挥文化资源的最大作用，将资源转化为各类走进市场的资产，最终意味着文化资源的增值，同时也在扩大着保存与发展文化资源的空间。

文化资源是多样性的，是否可能增值却取决于如何详细把握，也取决于更多人拥有看到地方价值而不仅是地皮价格的远见，配合投资方略与公共政策互动的智慧。查尔斯·兰德利在书中接着提到爱尔兰的德里（Derry），说当地曾经是长期发生族群动乱的核心地带，所以当地的文化价值也就体现在这个地区追寻和平的丰富经验，此地后来创设的"冲突解决中心"（Center for Conflict Resolution）世界闻名，已经成为人们研讨与学习建设和谐社会的主要名胜。[1]

---

[1]　查尔斯·兰德利（Charles Landry）. 创意城市——如何打造都市创意生活圈 [M]. 杨幼兰，译. 北京：清华大学出版社，2009：248.

五、后语

说到底，从城镇建设到其内部工商业生产和对外旅游业，背后其实都涉及"我方"应如何叙述——本土话语权问题。尤其城镇的旅游发展，不能为了引进大批观光客和外汇，错将整个地区变成国际上参观奇风异俗的猎奇点，让自己人民变成他人的观赏对象。因此，在现实中，正由于文物馆原本作为累积知识的载体，也作为文化价值与产业链的枢纽，它也可以扩大功能，定位在收集与展示之外。研究型的文物馆当然是地方文史材料的收集单位，但也可以是研究成果走向产业化的研究单位，或支持产业领域的文化化。在具体的"地方本土"寻找市集中较策略性的一片土地，在上边成立属于地方的文物馆，有利于指引四面八方的人们更系统完整地聆听"我方"，也将更有利于本地区人民聚集智慧、凝聚认同、集思广益。尤其是长期经营兼顾收集实物与调研议题的研究型文物馆，会带来长期社会、经济、文化等方面提升的综合效应，绝不能从思考短期商业效益的角度去判断。文物馆每日的存在，不只会支持与协助地方产业因文化增值，也有机会为传统寻求创新奠基。

当然，本文说法带着理想的色彩，是先设地认为城镇规划的主事者对地方人事有诚意也有感情，能够尊重与消化具体完整的历史文化事实，并相信他们重视市场倾向与城镇公关的深厚专业知识。一座城镇要被人欣赏，以至于其产品开拓外边世界的市场，"激发购买欲"的关键词首先在"高度感触"，而不是"强势包装"。地方上建立的文物馆所诉说的"当地"故事必须是真的，才能确保整个地区的商誉不是别人打假的对象。否则，纸包不住火，自己说着说着全无感情，只是误导了自家地方居民子孙万代，别人听着听着也哈哈大笑，反而是弄巧成拙了，到头来是萎缩了原来商圈的辐射范围，甚至连原来自家居民的消费忠诚度也被解构掉。

换言之，改造旧城镇或建设新城镇，选择那片地理范围曾经是老街商业区建立城镇新市集，包括考虑应在哪一个角落建设什么形式的文物馆，都是涉及确保地区整体增值的"知识"经济。很多时候，不是看谁财大气粗，而是看谁真的懂得发掘和运作历史文化的元素。

非物质文化遗产：建设新型城市的文化力量[1]

钱永平[2]

  城镇化是指随着非农业产业的不断发展，人口从乡村逐渐向城市聚集的过程。2014年3月，党中央颁布了《国家新型城镇化规划（2014—2020年）》（以下简称《规划》），是指导我国新型城镇化的宏观性指导纲领。此次"城镇化"增加了"新型"二字，着力打破以往城镇化建设服务于经济增长的单一模式，突出"以人为本"的理念，注重构建和完善城市"安居乐业"的"硬件"和"软件"生存体系。在我国现有城镇化建设过程中，地方文化特色的消失有目共睹，让地方文脉延续下去已是社会各界共识。《规划》提出，新型城镇化基本原则之一是注重"文化传承，彰显特色"[3]。在这一背景下，通过保护非物质文化遗产（以下简称非遗）是留住乡愁的重要手段。

  目前，我国城镇化规划编制及执行主要由城乡建设部门负责，从已有的城镇化指导意见中我们可以看出，涉及文化的城镇化规划内容多从物质基础设施入手，对文物资源保护和文化服务所需的物质设施做相关规划。虽然有些文件提及

---

  [1] 本文是山西省高等学校哲学社会科学研究基地项目：非物质文化遗产整体性保护研究——以晋中国家级文化生态保护区为例的阶段性成果之一（PSSR，项目号：201340）；山西省文化厅艺术科学规划重点项目（2012年）：山西城镇化进程中的非物质文化遗产活态传承对策研究——以晋中国家级文化生态保护区为例阶段性成果之一；教育部人文社会科学重点研究基地重大项目：非遗保护与文化生态保护区建设研究阶段性成果之一（项目号：14JJD850002）。

  [2] 钱永平（1977— ），女，山西祁县人，晋中学院晋中文化生态研究中心副教授，博士，研究方向为人类学、非物质文化遗产学。

  [3] 国务院. 国家新型城镇化规划（2014—2020）[Z]. 北京：人民出版社，2014：57.

非遗保护，但所占的分量和能被贯彻的程度仍值得商榷。在物质至上主义的年代，社会资源并没有向非遗倾斜。要改变这一倾向，我们首先应意识到非遗在城市发展过程中发挥的重要作用。

显然，人们在城市中不止工作，还要生活和休闲。在城市中生活得是否幸福，生活品质是关键。"生活品质是一个难以量化的概念，对不同的人有不同的意义，人们是否愿意迁入一个城市定居、工作、休闲，这个城市的生活品质是最重要的考虑因素。生活品质是指一个地方基于自然、历史、文化、社会等方面产生的吸引力"[1]。以生活品质为切入点，新型城镇化进程与非遗的关系不止于乡愁情怀。许多非遗与居住、工作、休闲在城市中的人们如影随形，是吸引人们留在城市的重要因素之一，这是下文阐述的重点，以此论证新型城镇化规划有必要在非遗保护上迈出实质性的一步。

一、保护自然生态

在当代，都市生活依赖的能源来自全球，城镇化程度越高，全球能源消耗越大，对自然生态的破坏越强，从而引发一连串的灾难：气候变化，自然灾害频发，生物多样性消失，土壤退化，生物没有了栖息地。这对极度依赖于环境和原料的非遗也形成极大威胁。国宝级非遗——茅台酒传统酿造技艺，其原产地茅台镇三面环山，拥有独特小气候、复杂地质结构及特殊水文地理的赤水河，是酿造茅台酒不可复制的微生物群落核心位置。随着小镇人口及企业的增多，造纸企业污水、酒作坊发酵粮食产生的有机废水等未经环保处理便排进赤水河。极具讽刺意味的是，酿酒者又继续从赤水河中取水酿酒。无独有偶，国家级非遗汾酒传统酿造技艺因周边煤焦能源工业的存在，面临水源紧张、大气污染、高粱原料短缺的威胁。不止传统酿酒类非遗，许多传承已久的非遗因原料产地受到污染，品质水准急剧下降，传承团体被迫自建原料生产基地，以确保非遗的品质。人们可能觉得这与自己没有关系，但长远来看，本地人是当地环境污染负面代价的承担者，更多的人则可能遭遇不可知的健康隐患，患病风险极高，生活质量大打折扣。

事实上，与民众日常生活相关的非遗对周围自然生态从来就有着很高的要

---

[1] Joanne Petitdemange. 面对改变的策略——生活品质. [M] //Ruth Rentschler. 文化新形象：艺术与娱乐管理. 罗秀芝，译. 台北：五观艺术管理，2003：133-134.

求，这使得非遗保护与自然生态保护有重叠之处。而城镇化建设不可避免地要对自然资源进行利用和改造，若要使人们继续享用高品质的非遗产品，就必须有意识并强制性保护一些与非遗有关的地脉、水系等自然资源系统以及生物生命系统，避免自然生态遭到不可逆转的破坏。一个最基本的做法就是城建、环保等政府部门进行环境评估，并就此做出控制性规划，任何建设项目危及这些地理和生物系统的良性循环时，政府审批、监督部门有权调整、控制直至禁止，维持非遗与地方自然生态循环系统的平衡。

而且，非遗"有关自然界和宇宙的知识和实践"是世居某地的民众与当地自然生态和谐相处的结果，储存着大量自然生态保护方面的有效信息。如山西晋中许多酿造技艺由来已久，背后有着民众长久以来积累而成的对土壤、杂粮作物种类、种植、虫害、气候方面的丰富经验，与之相配套的社会关系和互动方式则包含了维持生态环境平衡的观念和管理方式。

因此，面对当代城镇化进程中自然生态恶化的严峻挑战，以非遗保护为契机，梳理和重新评价农业、自然生态、价值观、日常生计方式等地方日常生活知识，认定为非遗，将世代传承的人与自然和谐相处的传统知识及与之相关的人、社会制度背景纳入现代社会运行体系中，修正城镇化过程中出现的不利于自然生态保护的社会机制，实现社会与自然生态的可持续发展。这是新型城镇化进程中不能回避的工作，虽然实施起来困难重重，但必须思考如何将此种理念化为实际可行的方案。

二、保障粮食安全和生命健康

目前现代社会城镇化程度虽越来越高，但市民的日常饮食却只能依赖于种类越来越单一的粮食作物。而经常食用单一粮食作物对人类健康的负作用也越来越明显，最常听到的观点就是"饮食精细化，膳食结构失衡"，社会正在为由此引发的各类疾病付出高昂的"医疗成本"。

随着工业化和城市的蔓延，生活节奏加快，速度是各行各业最普遍的追求目标。快餐时代来临，化肥、农药、生长剂等技术应用于提高动植物的生长速度，微生态系统遭到破坏，天然有机的食物成为奢侈昂贵的商品，为一般民众难以企及。人们亲自制作食物并与亲友分享不再受追捧，社区中人与人的亲密信任感和人与自然的和谐关系逐渐瓦解。这种趋势令人担忧。

那些远离标准化食品工业的传统农业知识经验和传统食物加工方式，是缓解这一趋势的有效措施。全球不同地域在日照、温度、土壤和常规气候方面都存在差异，因此各地选种、农具使用、害虫防治等传统农耕方式也相应不同。不同地区农民累积的丰富传统农业知识和经验，是粮食作物多样性保存和利用的重要知识资本，这也是从"舌尖"源头上决定了城市市民能吃到多少种食物，吃到的食物花样有多少。

而用于加工食物的传统技艺，既是人们日常生活多样性的表现，也是保证身体健康的重要手段。传统食物加工倾向于选用本地自然生产的杂粮和时令蔬果，将其制成各类小吃、酱菜、果脯、酒、粉、干菜等，从不同方面平衡了人们的膳食结构。由于种植这些作物和加工的成本都比较低，所以是普通民众容易获得的食品，继而在补充人体必要的能量、微量维生素、矿物质等营养元素方面占有优势，是缓解城市"亚健康"的重要食品，更能最大限度地降低日常饮食对粮食的浪费程度。这些家常传统食物制作方式，以现代食物营养的观点看，高温烹煮的食物流失了许多营养元素，腌渍菜中的盐成分则有致癌的风险，但其远没有大棚蔬菜和工业流水线上加工的食品那么有杀伤力。

各地民众还能用一种粮食做出不同口感的食物来，如千变万化的山西面食。在此基础上，食物加工技艺向艺术迈进，体现出民众惊人的文化创造能力。那些由普通妇女慢工细活制作出来的精美花馍和面塑就是山西面食在艺术上的升华，给人以美的视觉享受。玲珑精致的地方小吃，传统烹饪技艺下的美食，一起悠闲进餐的快乐，正是城市市民享受美好生活的体现。

传统医药则是不同地区的人们在认识植物特性的基础上，从生物种类、使用分量等方面出发，结合自然变化，组合出不同的药方，治疗不同的疾病。许多经过时间考验的传统医疗实践和治疗理念，给城市生活压力日益增大的人们提供了更多选择。在新型城镇化进程中，对传统农业知识、食物加工技术和好的传统医疗实践予以重视，有意识地关照这些非遗在城市的传承，推进城镇化进程时不人为强制地剥夺这些非遗相关传承者继续生存的条件，是关乎自然生态安全和人类健康的百年大业。

三、塑造城市形象

以修建富丽堂皇的摩天大楼、宽阔马路、大型购物中心及地标性建筑为代表的城市美化行动，在拆除屋棚、街巷的同时，也摧毁了世代存在的邻里关系、民俗习惯、社会价值观，导致城市风貌趋同，人情冷淡，文化低庸。人们慢慢意识到，一座城市好不好，在于城市的内在品质和市民的生活感觉，如果漂亮的硬体结构、昔日的历史古迹是城市外貌的话，非遗就是城市的声音、血和肉，传送的是有"人气"的城市形象。成都那些令人眼花缭乱的川菜、功效不一的美汤，背后都有口口相传的有趣故事、著名文人的小品散文，记录着他们与这些特色饮食的故事，点点滴滴，慢慢渗出来的是城市内在的文化性格。这正是融入人们想象力、创造力的非遗从人的最平常的感觉上营造出的城市文化形象。

在城市外貌日趋相似的当代社会，较之物质遗产，从每天重复的衣食住行中诞生的非遗更能呈现所处城市的独特性。许多源自乡村的非遗项目，如山东潍坊风筝、广西壮族民歌、苏州刺绣早已成为潍坊、南宁、苏州的城市形象标志。没有了这些高品质非遗，实际是我们生活质量下降的表现。换言之，城市中传统美食、艺术、节庆活动的丰富程度和市民在多大程度上能获得它们，是评价一个城市生活品质的重要指标，是构成城市形象不可或缺的因素。

基于上述论述，如何培养民众对本土文化的嗜好是此类非遗世代传承的关键。广泛征求多方意见，展开多种形式的讨论，以此对非遗与城市的关系做出多角度的评估分析，将不同的素材和观点汇集起来，在新型城镇化规划中制定更具体的方案，使非遗更好地贡献于城市的可持续发展。这一做法，本质上使进入城市的民众不仅只是适应城市环境，也可以让他们有机会自主设计、规划他们的新生活，把自己对生活的见解表达出来，把他们以往日常生活的优秀文化肌理移入新环境中，使新环境更人性化，也是在延续并再创造传统。

四、助益城市文化民主

诸多非遗在很长一段时间内处于社会边缘阶段，其传承者无论生存还是社会地位，都没有获得主流话语的承认和尊重。在西式生活方式与城镇化进程几乎同步的背景下，许多非遗传承日显困难。目前，我国政府对不同价值的传统和民间文化表达形式授予不同级别，给予不同程度的资助。同时在政府的协助下，不同非遗传承人及其作品有机会参与在城市举行的各种展览表演，这不仅增强了非遗在城市公众中的熟悉度，也增加了城市公众中出现决定某一非遗未来发展的人物的概率，是文化民主的体现之一。

更值得注意的是，从乡村进入城市的非遗得到很好传承和有意识的保护时，是在满足不同社会阶层的文化趣味，增加了公众可以自由选择的文化种类和机会。表演性较强的音乐、舞蹈、戏剧、曲艺非遗，可满足不同阶层市民的视听需求；传统技艺、传统美术非遗，可制作出兼具审美和实用价值的艺术品，满足不同阶层市民的实用、收藏需求；传统体育、游艺与杂技，如围棋、象棋等，更是普通老百姓生活中常见的环保型休闲益智活动。灯会、庙会等民俗活动，是人们在传统节日的集体活动。这些非遗源自乡村，不像瑜伽、健身舞、保龄球、高尔夫球那么让他们"高不可攀"，对从乡村进入城市生活的村民有着明显的亲和力，而且费用成本低，不仅有助于人们平等地享有文化权利，还能有效缓解城市人的精神压力，避免染上恶习或沉溺于不良嗜好，促进城市的包容性发展。

照此下去，借助非遗，进入城市的农民可提升在城市的生活能力和文化趣味，建立起内在的自我尊重感。我国正在开展的非遗保护，在这方面正日益显现出其效果。例如，2014年5—10月，位于晋中国家级文化生态保护区核心地带的祁县组织剪纸大赛，全县有101人参加，290组剪纸作品参加了初评，题材以祁县风土为基调，时尚与传统并重，剪纸手法细腻，充满了儒雅、清丽的乡土气息。剪纸创造者受到民众的尊重和追捧，激发起民众对非遗的兴趣，推动了非遗创意向可视成果的转化。可以说，人在城市的聚集就是人的智慧创意的汇集，作为一种"身体性文化"，有生命力的非遗融入城市，是在把不同民众每天的点滴创意汇集起来，为城市新的文化产业和服务提供了有力基础。这既能提高民众的生活品质，又能展现这一城市的创造力指数和发展信心，这是文化民主的最终旨归。

五、形成城市认同感

文化认同感有两个层面：第一个层面是指对他者创造的文化的尊重和喜欢，有时这种认同感会被认为是对外来文化的崇拜。但如果他者文化的确能引起我们的共鸣和热爱，就已表明其有自身独特的魅力。第二个层面是指对自身所在社群创造的文化的欣赏和热爱，它有别于对他者文化的那种尊重感，因为文化创造者的来源是不同的，是产生文化自豪感的根本。本地存在已久的名胜古迹和民间信仰、传统节庆、歌舞音乐、特色食品等都是民众文化创造力的产物，是形成自我认同感的重要形式。但普遍存在的一个现象是，当地人虽都知道本地的名胜古迹，不过鲜少造访，而传统节庆、歌舞音乐、特色食品却频繁和周期性地出现在人们日常生活中。这说明，较之物质遗产，非遗对人们自我文化认同感的形成更具决定性影响。

在城市急剧扩张的今天，很多城市都有"城市病"，城市管理混乱，交通拥堵、环境恶化、生活压力大。但普通民众对这个城市的美好印象常与非遗有关。如太原特产"宁化府"老陈醋，其老字号作坊"益源庆"最早是明朝太原宁化王府专用醋坊，后变为公开向市民出售。在长期的发展过程中，宁化府老陈醋养生保健功能已为市民所认识，生活在益源庆附近的市民很少感冒是这一城市津津乐道的话题。更为有趣的是，太原市民闻着醋香便能找到老字号所在小巷，排队专打宁化府散装醋，这种场景在春节前后尤盛，是太原独有的城市风景。由于宁化府醋选料、酿造技艺独特、酿造时间到位，甜绵香酸的醋味被外出的游子视为故乡和家的味道。

与乡村的"熟人社会"不同，城市是一个以陌生人际关系为基础的社会空间，穿梭在城市街道中，人与人擦肩而过时，彼此并无任何关联，这是城市生活的常态。非遗却是这些互不相识的人们的文化认同纽带，作为经人身体五官体验后形成的认知体系，人们一旦从感觉上形成对类似宁化府老陈醋等非遗有关的记忆和认同，就意味着对这些文化形式具备了一定的认知和鉴赏度，这种记忆会固执地与身体一起成长，成为一个人难以消退的认同感。

长久以来，我们以他者文化作为价值参照，不断放弃和摧毁历史和传统文化根基，事实证明，这是难以行得通的。在太原这个城市，有什么能取代老陈醋与各类饮食的完美搭配而让年轻一代也发出内心的赞美呢？中国每个城市都有类似老陈醋的非遗，正是此类非遗使城市变得如同人的身体一样有了温暖的感觉。真正融入了传统精粹的非遗，进入城市后，仍有着强劲的生命力，让民众愿意去体验和品味它们，是凝聚市民自我文化认同的活力点。

六、留给城市未来的礼物

目前许多非遗源自乡村，迈入城市后这些非遗是否还能继续传承，是否还有必要保存？如果说文化遗产是留给后代的礼物，那么这些问题的答案也只有在未来才能揭晓。

我们可以用今天的事实来回答一百多年前人们提出的类似问题。19世纪欧洲在城市改造、拆迁过程中，把那些世纪古堡、教堂、名人居所等建筑和历史街区等保存下来，一百多年后，这些历史遗产逐渐显现出巨大的文化魅力和旅游观光吸引力，本地人引以为豪。也就是说，过去保存下来的不同风格和价值的历史遗产，与不同时代的人们的创意结合后，历久弥新，释放出巨大的文化魅力和经济能量，成为一个城市新的人流汇聚地，是当地人必向外来游客推荐的地方。

这提醒我们，文化的实用效益往往是一两代人都难以看到的，保护文化遗产所产生的各种实效更是当代人难以看到的。文化的成长如同一个人的成长，其成效的显现是一个比较漫长的过程。与一个人的生命相比，文化发展的周期更长。今天的人们若要对得起生活在未来的子孙后代，在文化层面思考"为后代留下些什么"，务实和有担当的做法就是自觉保护和传承各类遗产。

同为文化表达形式，非遗也遵循上述发展规律。2010 年，西班牙弗拉明戈舞入选联合国教科文组织（UNESCO）"人类非物质文化遗产代表作"。"弗拉明戈"是阿拉伯文"逃亡的农民"的意思，这一舞蹈形式源自 15 世纪末，移居西班牙南部安达卢西亚地区的吉普赛人颇受歧视，法律禁止他们从事农耕之外的行业，将他们驱逐到山区。吉普赛人便以自己的歌舞表达抗争。后该舞蹈进入城市，从即兴娱乐逐渐走向了职业化，从形式到内涵逐渐发生变化，成为慷慨、狂热、豪放和不受拘束的生活方式的象征[1]。迄今，马德里城市街巷的不同角落都活跃着弗拉明戈舞，舞蹈动作充满了激情和张力，是人们释放压力的有效方式，作为一种娱乐健身方式被忙碌的城市人演绎着。

当然，从乡村迈入城市，能否留在城市，成为城市未来生活的一部分，需要各方力量的努力。相比其他不断萎缩的传统表演艺术，我国东北二人转成功地在城市扎根立足。东北各城市都有二人转专门演出剧场，演出内容以改良后的风趣、幽默见长的二人转为主，掺杂一些综艺节目，各剧场上座率每天都在 80%以上，日观看演出的观众近 8 000 人，票价从 10 元到 120 元不等，每天的效益非常可观[2]。杨朴指出，城市中二人转的表演较之在农村中的表演，表演时间变短，强化了丑角的戏谑表演，娱乐性和趣味性主题被大大强化，这些变化，是城市观众参与二人转创作的结果。[3]二人转在城市有如此的发展空间，首要因素是传统二人转表演功过硬的实力派演员的不断涌现，其次则是十几年间二人转与影视联姻持续培养受众的结果，换言之，二人转的成功是许多组织和因素无意识作用的结果。因此，从保护的角度出发，我们必须重视利于非遗在城市传承的内部和外部的立体支撑体系。

因此，在当下新型城镇化进程中，有意识地把各种传统节庆仪式、故事、手工艺、经验知识等视为非遗，以各种方式保护起来，使其流传于城市人群中，有

[1] 冯霄. 观西班牙弗拉明戈舞 [N]. 人民日报·海外版，2013-02-05（08）.

[2] 长春市二人转特色文化 [EB/OL]. [2012-04-07]. http://www.cchcyy.com/diamondnews-how.asp? ID=236.

[3] 杨朴. 戏谑与狂欢：新型二人转艺术特征论 [M]. 沈阳：辽宁人民出版社，2010：196.

时它们只是市民的某种业余乐趣，却能带来多种演变方向，能有效提升人们的生活品质。城市文化的创新，一方面应从非遗中汲取创意灵感，另一方面也把非遗融入现代各类元素和想象过程中去，使非遗以另一种方式得以传承。

七、结语

当下人们对非遗保护仍有很多误解。伴随着城市化进程，一个显而易见的事实是，许多非遗即使被保护了，也很难再传承下去。但保护非遗的初衷本来就不是要保护所有传统和民间文化，保护非遗项目本身，这是对非遗保护的最大误解。在新型城镇化进程中重视非遗保护，是着眼于我们所面临的生活困局和每位社会个体的生活品质，向那些把智慧隐藏起来的非遗传承群体学习，这关乎人类生存的自然生态保护、粮食安全和生命健康。作为草根民众文化创造力的结晶，非遗展现了地方独一无二的特色，在城市中保护和盘活非遗，就是要从人们每天切身体验的生活中塑造城市形象和文化认同，让迈入城市的人们过上有品质的生活。

新型城镇化进程中古村镇如何保护

牛长立[1]

一、新形势——古村镇：城镇化中的共同记忆

村落或乡镇是中国社会基层社区的典型单元，是中国社会或文化最基础的部分，是中国传统文化之"根"。古村镇是形成于历史年代，其聚落环境、街巷风貌、民居建筑、历史文脉、传统氛围保存较好，保存文物特别丰富并且具有重大历史价值或者革命纪念意义的城镇、村庄。古村镇的价值在于其乡村智慧。乡村智慧是乡村生活整体所蕴含的智慧，是在乡村环境中，经过长期的历史积淀和优化选择的结果。利用乡土知识和民间智慧建设当代农村，不仅有利于社会稳定和人口安全，还可以克服城市生活的弊病，重建乡村传统、乡村生活价值，使乡村仍然保持活力并能够可持续发展，守护人类的"精神家园"[2]。

我国幅员辽阔、历史悠久、民族众多，多样地理、多种气候、多元文化，孕育了各具特色的古村镇。这些朴实、生动、鲜活、极富文化内涵的古村镇，历经朝代的更替，见证历史的变迁，反映独特的民风民俗，是中国传统建筑精髓的重要组成部分，真实地反映了农业文明时代的乡村经济和极富人情味的社会生活。作为区域内多种历史文化的综合载体，古村镇不仅有充满地域特色的乡土建筑、

---

[1] 南京大学考古学与博物馆学博士。
[2] 徐赣丽. 乡村智慧：古村镇文化遗产的价值 [N]. 新华日报，2012-05-22.

文物古迹等物质文化遗产，也附着着当地的民俗风情、服饰语言、宗教信仰、节庆礼仪、表演艺术等多样的非物质文化遗产。古村镇凝聚了劳动人民的智慧，沉淀了民族的优秀文化，传承了丰富的历史信息，代表了人类历史的缩影和文明的结晶，是了解一个地区历史人文环境的重要见证，在历史文化、科学考察、艺术欣赏、社会、认知、生活等方面具有十分重要的价值，是中华民族不可再生和不可替代的历史文化遗产。

直到 20 世纪初，中国的乡村还是世界上最美的乡村。100 多年前来到中国乡村的瑞典人奥斯伍尔德·喜仁龙在《北京的城墙和城门》中如是说，"中国的每一个居民区，甚至小镇和村落，都筑有城垣"，反映出外国人对中国乡村风貌的独特美感产生的印象深刻。不过，自五四运动以来，中国社会的文化和知识界逐渐形成了一个否定"传统文化"、把它看作是"现代化"的阻碍、因此视其为革命对象的话语体系。20 世纪二三十年代，中国的乡村逐渐没落了，中国农村经济萧条、民生凋敝的状况日益严重。此后直至新中国成立前，国家的动荡导致中国的乡村缺乏发展的动力。"文化大革命"在一定程度上也是以"传统"为革除对象的最为激进的又一轮社会实践，它把以村落为基础的"中国传统日常生活世界"作为批判的对象，认为它是"沉重的"、"封闭的"和"狭隘的"，因而也是需要"变革"的，由此古村镇及其民间的各种乡土文化也被认为给人以"封建"、"落后"的印象，甚或作为"负面"价值的物质载体而成为"破四旧、立四新"的革命对象。在以"除旧布新"为基调的现代化经济建设中，那些尚存的传统生活方式的痕迹和生活节奏从外部世界看来依旧悠然舒缓的古村镇，迅速地解体、凋敝和消失，日渐变得稀缺。

但是，国人对古村镇的保护从未停止过，保护工作也逐步走向规范化、制度化。20 世纪二三十年代开始的"乡村建设运动"中，包括梁漱溟、晏阳初、黄炎培等在内的一批有识之士，为拯救没落的农村开始奔波，他们或注重农业技术传播，或致力于地方自治和政权建设，或着力于农民文化教育，或强调经济、政治、道德三者并举，旨在为破败的中国农村寻一条出路。改革开放以来，"文化自觉"中形成了"古村镇热"。它是在改革开放取得初步成功、经济高速增长持续有日、人民生活实现温饱和初步富足、人民可自由支配的时间增多、市民社会的闲暇生活方式逐渐确立、全体国民的民族自尊心和文化自信心空前高涨、全球化进程促使国际文化交流空前活跃等一系列大背景下自然而然地形成的。20 世纪 80 年代村镇保护研究始于江南六镇的保护工作，开创了我国村镇保护的先河，至 90 年代建筑领域的学者逐渐从聚落景观、乡土建筑、民居改造等方面对村镇保护进行研究；到 90 年代末期，地理领域的学者也着手对历史文化村镇进行研究，主要集中在古村镇空间意象等方面。同时，许多地方政府陆续进行了历史文化名镇的保护工作；一些历史文化村镇内保存较完整的传统民居建筑群，相继被列入全国重点文保单位加以保护。21 世纪以来，随着 2000 年"皖南古村落"申报世界文化遗产的成功、2002 年《中华人民共和国文物保护法》关于"历史文化村镇"保护的明确规定、2003 年中国首批历史文化名镇（村）的公布、2005年《中国古村镇保护与发展碛口宣言》和 2006 年的《中国古村落保护西塘宣言》，以及同年国务院发布的《关于推进社会主义新农村建设的若干意见》，提出村庄治理要突出"乡村特色、地方特色和民族特色，保护有历史文化价值的古村落和古民宅"，把古村落保护也纳入到"新农村建设"的题中应有之义。截至2014 年，全国已公布了六批中国历史文化名镇和中国历史文化名村。

21 世纪初开始的新型城镇化建设为古村镇保护创造了新的机遇。古村镇及其民间的各种乡土文化在城镇化进程中日甚一日地变成了不可多得的文化财富，变成了抢救和保护的对象，变成了可供开发的资源、可供欣赏的景观和需要予以发扬光大的传统。古村镇保护与发展决不仅仅是当地的局部问题，而且是关系到整个国家甚至全人类的文化延续与发展的全局性问题。新型城镇化建设、新农村建设、美丽乡村建设，旨在美化乡村面貌，改善农村生产环境，提高农家经济收入，优化农民生活品质。在美丽乡村建设中，实施古旧建筑的修复改造、历史文化的挖掘提炼，意在弘扬、传承先祖的精神风格、血缘情怀、聪明才智。同时，保持古村镇的高品位、高美誉度，对旅游者才会有更大的吸引力，对周边乡村的社会主义新农村建设就会有更大影响力。在新型城镇化进程中，古村镇肩负着双重的使命，一方面它要保护古代特殊的艺术和技能不至于断绝，另一方面要从更深层次上弥合古代文化与现代文化的裂痕，重新整合开创出中国真正意义上的现代文明。从这个意义上讲，古村镇的保护主要是指对古代特殊的艺术和技能的保存和传承，而古村镇发展则包含着两个方面的含义，一方面指物质文明的进步，另一方面则是指继承和发扬古代的优秀文化遗产，使之重新融入我们的现代生活中，成为一个自主创新的文化中心，不断地补充和整合中国现代文化。

二、新挑战——古村镇：城镇化中的适度开发

随着经济社会的发展和人们生产生活方式的改变，尤其是城镇化进程的快速推进，传统文化的生存空间日益狭窄，古村镇及其依托其间的本土文化受到强烈冲击。具有多重价值的不可再生的古村镇文化遗产，受到自然损毁和人为破坏的

双重威胁，主要形式有：一是开发性破坏，短视的政绩冲动，不合理建设、过度开发利用的"人工化、商业化、现代化"倾向，传统古村镇的中心地段大多数被改造为商业集贸街区，无节制地扩展空间，严重破坏原型的空间形态、传统格局及古建筑。二是生活性破坏，由于居民生活方式的改变，对居住空间与环境质量改善的要求，传统居住空间不能满足生活需求导致对传统建筑空间与形式普遍进行改造，失去传统原型的意义及文化性特征。三是自然性破坏，传统的建筑多为木结构、土筑墙木构架或砖石木构，年久失修而腐朽破坏[1]。四是建设性破坏，近年来古村镇成为旅游经济发展的重要资源，由于利益的驱使，同时缺少必要法规及合理的开发计划与规划设计，新农村建设中产生的"拆旧建新"、"求新求洋"的"新村庄建设"偏向。五是保护性破坏，保护规划制定与实施不到位，或古村镇保护规划不够完善、缺乏科学性和可操作性；或执行规划随意，朝令夕改，缺乏严肃性；或"先开发后规划"、"先破坏后治理"；加之保护理念、管理机制、资金来源、合理利用等方面都有许多障碍，导致在"保护"旗号下，古村镇中的特色街区被夷为平地，大体块、单一模式的住区在古村镇中不断立起，新、旧肌理的不协调日益凸显，古村镇失去了往日的特色，古村镇居民失去了原有的生活氛围[2]。

古村镇自然损毁和人为破坏致使文化遗产面临着诸多挑战，比如环境容量饱和、空间超负荷，居民社会结构变异、周边土地资源过度开发，过度商业化、商业色彩过浓，旅游开发模式单一、旅游资源同质化、旅游开发"克隆"现象严重、千镇一面、万村一貌的"特色危机"，不合理的门票收费、利益分配扭曲的问题，各自为阵、伞兵作战等共性问题[3]。这些问题的存在，不仅与遗产保护发展目标相悖，而且丰富多彩的古村镇遗产资源也没能得到有效利用[4]。

战争、政治变革和经济发展是古村镇遭到破坏的三大原因，其中经济发展破坏力尤大。我国目前古建筑、古遗址面临的主要威胁是经济发展破坏，多数保护规划的制定都有明确的功利目标——社会效益和经济效率，由此导致无序开发、盲目开发建设。加之保护意识淡薄、保护措施不力，一些地方片面理解社会主义新农村建设，全国各地的历史街区、古镇、古村落等，确实是大面积地出现了主

---

[1] 巫纪光，邱灿红. 传统古村镇的保护与旅游开发问题的浅探 [J]. 中国勘察设计，2002 (10).

[2] 杜锦，万艳华. "体验"视角下信阳地区古村镇形态认知体系初探 [A] //第三届"21世纪城市发展"国际会议论文集. 2010：285-292.

[3] 江济农. 古村镇保护现状及改善方法 [J]. 中华建设，2012 (2).

[4] 邵秀英. 汾河流域古村镇景观分异与旅游发展模式研究 [A] //中国地理学会2012年学术年会学术论文摘要集. 2012：110-111.

动或被动拆除、改变旧有风貌和向现代城镇迅速变迁的发展走向。老百姓渴望现代化的生活，不少地方的基层政府和村镇干部擅长和习惯于"形象"、"政绩"工程，于是，把以"生产发展、生活宽裕、乡风文明、村容整洁、管理民主"为目标的"新农村建设运动"仅仅简化为"村容整洁"，由此出现一味求新、进一步大拆大建的倾向并非全无可能。古村镇保护和发展中还存在一些误区，首先是保护的目标偏差，如博物馆冻结式保护；旅游优先、都是旅游（一切为了旅游）；新的形象工程；贵族化现象，等等。其次是保护的技术偏差，如文物建筑之外，皆为非法定保护；保护纪念物，忽视历史环境；保护物质环境，忽视社会环境；再现××时代风貌[1]。

古镇浓浓的文化底蕴，该如何延续？我们应该在不可逆转的城镇化进程的大背景下，理解包括古村镇在内的整个中国社会与文化变迁的大格局。我国政府长期面临着严峻的"三农问题"，一直在致力于推进小城镇的发展和城市的规划与建设事业，而新一轮致力于解决"三农问题"的努力便是当前的"社会主义新农村建设"。城镇化进程中的乡镇正处于不可逆转的城市化的进程中，一部分重新集聚，一部分正在衰退或萎缩，一部分正在成为城市的一部分从而改变其社会存在形式。与此同时，建设部、国家文物局及一些地方政府共同为保护为数众多的"历史文化名城"以及"历史文化名村（镇）"发布了很多法规和政策。关注和"重新"发现古村镇的社会文化运动，实际上是有国家行政的介入与推动，其背后更深刻的原因体现了经济建设、现代化发展和保护传统文化遗产之间密切而又复杂的关联。我们必须清醒地意识到，古村镇历史文化遗产是极其脆弱和不可再生的。虽然我们在保护方面做了一些工作，但形势依然严峻，保护古村镇已经成为国际社会达成广泛共识的迫切任务，势在必行、刻不容缓。

三、新思维——古村镇：发展是最好的保护

迄今我国制定了数部古村镇保护的纲领性文件。一是建设部和国家文物局2003年10月8日发布的中国历史文化名村或中国历史文化名镇评选办法，评选内容可概括为历史价值、完好程度、规模要求和管理要求四个方面。二是2005年建设部、国家文物局联合制定了《中国历史文化名镇（村）评价指标体系（试行）》，指标体系分价值特色和保护措施两部分。其中，价值特色部分包括历史久

---

[1] 胡春明. 生或者灭：古村镇的当代命运［N］. 中国建设报，2005-10-11.

远度，文物价值（稀缺性），历史事件名人影响度，历史建筑规模，历史传统建筑（群落）典型性，历史街巷规模，核心区风貌完整性、空间格局特色及功能，核心区历史真实性，核心区生活延续性，非物质文化遗产等 10 项评价指标。保护措施部分包括规划编制、保护修复措施、保障机制等 3 项评价指标。三是 2008 年 4 月 1 日通过的中华人民共和国国务院令第 524 号《历史文化名城名镇名村保护条例》，分为总则，申报、批准，保护规划，保护措施，法律责任和附则六章。全国古村镇保护的理论与实践深化了保护措施中的规划编制、保护修复措施、保障机制的认识，分述如下。

（一）规划方面

科学的规划是古村落保护和开发利用的先决条件，关系到一个古村落能否持续发展的问题。保护规划方面，贯彻保护第一的原则，合理利用，进行适度的开发。采取整体保护、不同级别分区保护、政府与居民共同参与的保护方式；旅游规划方面，提升古村镇知名度，特色旅游规划，采取科学的经营管理[1]。规划要求，规划制订的过程中以及完成后都要吸收当地居民的参与：要召开专门的老人座谈会，吸收当地代表参加由规划者、主管部门代表等组成的建筑遗产评估，邀请村镇干部和居民代表一起踏勘地形。规划经批准后，在镇或乡的人民代表大会上向代表报告，并可考虑由代表拟定相关的乡规民约。推动当地乡贤和有识之士成立保护古村镇文化遗产的民间组织，协助文保员和村长、乡政府等对规划实施监督，鼓励由他们联合同乡获得民间的保护资金[2]。

首先，保护规划要体现如下基本原则：一是保护历史文化的真实性，突出自身的文化特点，尊重历史、保存原貌、修旧如旧，切忌重新包装改建。二是保持环境的整体性，在古建筑的保护和旅游基础设施的建设时，应与周边的环境相协调，明确保护范围和重点，协调古村新区发展或旧区保护的空间关系，划定保护范围和建设控制地带，规定古建筑风貌、形态的保护要求，规定核心地段建筑物或构筑物的高度、体量、形象和色彩等控制指标。三是坚持可持续性发展，前期的规划应科学合理，并且要为后期发展留有空间。四是环境优先原则。按照规划逐渐恢复古村镇的生态环境，包括自然的地形地貌和环境。五是宁缺毋滥原则。

---

[1] 晋美俊. 古村镇发展对策探析——以山西丁村保护性开发构想为例 [J]. 中国建设信息，2010 (23).

[2] 朱光亚. 古村镇保护规划若干问题讨论 [J]. 小城镇建设，2002 (2).

单个古建筑物的恢复重建不必一蹴而就，应进行充分论证和详细规划设计，成熟一个、实施一个，时间服从质量。六是低密度原则。新建建筑与整个古村镇的氛围相协调，宜采取低密度的松散布局，防止古村镇特色的丧失[1]。

其次，各级政府要提高认识，做好古村古镇的保护利用规划。不仅要抓紧编制古村古镇保护规划，更要将古村镇保护纳入城镇化总体规划，列入当地经济社会发展规划，明确保护地段、保护街区、保护对象、保护规划的法律性，制定相应的规划实施保护措施，安排专项保护资金，并鼓励社会力量参与古村镇保护。同时加强文物文化部门与建设、土地、园林、宗教、旅游各部门之间的协调和沟通，一方面在实践中不断修改完善，提高保护利用规划水平；另一方面加强和发挥联合执法作用，确保保护规划顺利实施。

再次，正确处理古村古镇保护与加快村镇建设的关系。一要严格执行古村古镇保护规划，村镇建设必须服从古村古镇保护规划需要。基础设施、传统民居和古建筑的改造、改建或再开发，必须符合整体规划要求（如高度、色彩、容积率、外观材料、细部等），对民居院内的建筑风格、色彩、生活设施、装饰装修标准方面可采取一定的灵活性，但传统民居、古建筑及外在基础设施的改造应尽量维持原有街道的走向、尺度及特色，尽可能保持古建筑的原貌。二要将古村古镇保护与加快新农村、新城镇建设结合起来，多渠道筹集资金，加快新农村和城镇新区建设，逐步搬迁古村、古镇古街区内的住户，达到保护利用的最终目的。

最后，积极探索古村镇保护发展模式。一是古村镇的空间发展模式，或避开原址建设新区的"圈层式"蔓延模式，或"跳跃式"发展模式。二是古村镇的经济发展模式：核心产业应该是既要有高品位的雅文化，也要有通俗化的商业文化的文化产业，基础产业是发展经济的旅游业，支撑产业是服务业和手工业。三是古村镇集群保护模式，古村镇通常会以某种关联形式在一定的区域范围内集聚，古村镇集群保护最核心的是构成集群体系的"组团"保护。在组团保护之上的是宏观集群体系的保护，确保集群体系的顺利运作，包括统筹文化品牌战略、构建游览系统、完善解说系统三个方面。在组团保护之下的是个体保护，主要是在价值体系、风貌特色体系和遗存规模体系的指导下制定相应的保护要求[2]。四是全国知名度较低的地方性古村镇的保护模式，把乡村旅游和休闲农业类型建到周边农村去，将乡村旅游与休闲农业发展与特色农业、生态农业、循环农业和外向型

[1] 王湘，王富春. 安徽池州"杏花村"源考及其保护性开发研究［M］//不可再生的遗产：中国古村镇保护与发展碛口国际研讨会论文集. 山西：山西人民出版社，2005：130-139.

[2] 邓巍. 古村镇"集群"保护方法研究［D］. 武汉：华中科技大学，2012.

农业发展相结合，与建设现代化农业示范基地和园区建设相结合，与农村环境整治相结合[1]。五是建立严格的古村镇开发资格审查制度，确保开发商在计划期限内能给古村镇带来经济效益，规避投资风险，达到古村镇资源的原生态利用[2]；同时，开发企业须承担优先解决当地居民就业，出资参与古村镇的保护维修，支持古村镇非物质文化遗产保护和开发活动，缴纳一定费用用于改善公共环境、完善公共设施、改善居民生活等义务。六是实施古村镇保护的制度、经济、文化协调发展策略。其中，制度协调策略包括通过上下级制度的衔接，制定符合当地特点和实际需要的古村镇保护条例、管理办法和相关的保护规划；通过论坛、委员会、微博网站等互动平台，实现政府部门与古村镇保护发展的基金会、志愿者、社区组织的沟通交流、平等对话；通过建立统一的管理部门、形成公开透明的监督体系和及时有效的信息反馈。经济协调策略包括通过加大基础设施建设，提供优惠政策，借助区域之间的合作，实现古村镇经济与所在区域总体经济水平的协调；通过调整古村镇产业结构，因地制宜发展特色经济；通过对古村镇居民的教育培训，实现古村镇经济发展与古村镇内部的社会环境相协调。文化协调策略包括通过对传统文化和现代文化的整合创新，在弘扬本土文化的同时与其他多元文化和谐共处[3]。

（二）保护修复措施方面

我们分文物古迹登记建档、保护修复规划、对居民和游客的教育三点分别叙述。

1. 登记建档

一是深入调查古村镇，发动专家和社会各界推荐，找出拥有传统建筑、传统选址格局、丰富非物质文化遗产、具有保护价值的村镇，不断丰富古村镇资料信息。二是对全国范围内尚存的古村镇进行勘查，全面搜集、记录和保存古村镇的历史文化信息，全面掌握古村镇的数量分布、保存状况和使用管理情况。有重点有针对性地制定保护规划和实施方案。三是对历史环境中现存的所有建筑逐一进

---

[1] 邓运员，杨载田. 地方性古村镇的乡村旅游与休闲农业发展研究——以湖南衡东县为例 [J]. 广东农业科学，2011（9）.

[2] 郝从容. 古村镇"因护返贫"现象及减贫方略研究 [J]. 农业经济，2014（4）.

[3] 何洁玉. 古村镇保护与发展的协调研究 [D]. 长沙：湖南师范大学，2012.

行甄别、分类、定级。既对历史上的环境结构和传统建筑予以充分的保护和尊重，又对晚近的具有时代典型性和再利用价值的公共建筑、工业建筑等有选择地加以保留与更新，对历史环境中新建筑如何体现城乡新景观的品位和环境形象进行探索，把不同文明阶段的遗产和要素整合起来。四是依托于中国传统村落的评选，抓紧制定地区古村镇认定标准，开展评审认定工作，建立古村镇名录。对已登记的传统村落进行补充调查，完善村落信息档案。五是极鼓励科研单位和个人围绕古村镇保护和利用，开展多学科、多视角的考察研究，并推出更加行之有效的保护机制、措施和方法。六是发动专家学者开展古村镇研究，激励社会学、人类学、考古学、民俗学、民族学、建筑学、城市规划学、地理学、旅游学、经济学、生态学和历史学等学科的专家学者跨学科交叉研究，研究古村镇保护与旅游的文化载体，同时注重对古村镇可持续发展中诸多参与要素的深入研究，开展对社区居民的文化自觉、游客与东道主之间的符号互动以及古村镇的旅游管理的地方感理论研究；研究深度上关注人的需求问题，古村镇遗产载体的文化公平问题、传统与现代的问题、文化创新、文化转型等问题，研究方法上进一步突破古村镇遗产保护与旅游研究以描述性、实证研究为主的研究常态，开展来自于研究者经验资料与实践调查资料的扎根理论的运用，以及历时态与共时态结合的研究[1]。

2. 保护修复规划

规划要坚持分类保护原则，根据古镇、古村落的历史价值和建筑风貌保持的完好程度，按照"历史真实性"、"生活真实性"、"风貌完整性"进行分类保护。存古，就是对保护尚好的重点村庄、集镇，遵守不改变原状原则，进行保护性修缮，坚持"修旧如旧，以存其真"。复古，就是对建筑物质量尚好但局部损毁、不能适应现代生活的、具有保护价值的民居，在恢复其原来风貌的基础上，对内部进行更新改造，重新定位其功能，可以考虑建设民居博物馆、民俗博物馆或者发展旅游的纪念馆。创古，就是在继承大量历史文化"基因"的基础上创新式修整复兴。同时，坚持整体保护原则。古村镇既要保护古建筑物质形体，又要保护周边环境与氛围[2]。

明确"三个重点"，担负起历史文化名村名镇保护的历史责任。一是文物管

---

[1] 马海燕. 古村镇遗产保护与旅游发展研究论略 [J]. 盐城工学院学报（社会科学版），2012 (4).

[2] 杨水荣. 谨防对古村镇建设性破坏 [N]. 中国建设报，2007-06-29.

理部门按"抢险第一、保护为主"的方针和"修旧如旧"的原则，对古建筑进行保护和维修；二是"原貌保护"，对历史街区、历史村镇这一较大地域范围内原有建筑及其历史环境的外观保持其建造之初的原貌，或大致按原貌来修复，但建筑物的内容可以更新，可以改变用途来适应社会的发展；三是"风貌保护"，在特别重要的文物建筑周边地段或城市的"景观走廊"中，对新建工程实施高度控制和建筑风格协调。

保护措施的技术要领包括保护层面、技术层面和外部环境三个方面。首先，保护层面上，保护规划将古村镇划分为三级保护区来保护。绝对保护区：包括政府公布的各类级文物古遗迹、古遗址、古建筑物、古构筑物、名居和民宅及其历史环境都必严格按法规和规划保护，严禁任何形式的改造和拆除。只允许严格按文物法规及有关国家修复古建筑的技术要求修缮、修复。重点保护区：修建房屋，其房屋结构、高度、体量色彩和风格都必须与周边环境协调，确保绝对保护区外围环境得到有效的保护、控制。一般保护区：在此规划区内建设其他设施等，在性质、形式及体量、总高度、色彩等方面建设与重点保护区相协调。完善古镇区的给排水等市政设施，电力、电讯等线路均隐蔽设置。创建与古村镇相一致的公共公益场所。

其次，保护古镇的具体技术方法上，修复：对结构和形体已经破损、变形的古建筑物在执行古镇保护等技术法规的前提下，按原有结构形状、造型、格调进行维护修理。或将传统建筑物之外的其他建筑修缮整治成原有形态，使之与周围历史传统建筑物相协调。改善：对有一定保存价值，传统风貌较好，并且建筑质量稍差，平面使用不适宜等类型的传统建筑，可允许其内部进行修缮、更新，以提高居住条件；但建筑外观必须保持原貌，只做极少的修整性改造。更新：对无保留价值的原有建筑物、民居以及有碍景观的茅厕、粪坑予以拆除，重新规划设计，使之适应新的用途，并且建筑式样、比例必须与周围环境相融合。保留：对现状质量较好的古建筑或近几年新建的传统风貌能与古镇街坊相协调的建筑，基本不做调整，继续使用。整治：对名镇内部环境进行整治，特别是对一些乱堆乱放、乱搭乱建行为进行综合整治，整治中适当布置晒场和外观为传统式样的公厕，使之满足居民生活的需要，又树立名镇的良好形象。

最后，保护的外部环境上，建立健全社会保障体系，消除古村镇的贫困，让古村镇居民共同富裕，共同把保护古村镇作为居民应尽的权利和义务，共享古村镇厚重的历史文化。对于各级各类古文物保护单位，应适时地逐一申报升级保护，修缮、修复与挖掘历史文化内涵并重，以便提升各文物保护单位的品位，争取各方面的保护经费。古村镇的保护应为动态的、积极的保护，"凝固式"的保护政策对非农产业发展的限制，"非弹性"宅基地政策对居民住宅条件的改善的限制，外源性开发利用中的居民利益边缘化倾向，静态的被动的保护，对个体古建筑进行修缮和恢复以及对建筑环境进行保护和维系都是必不可少的手段。

3. 对居民和游客的教育

深入开展新型城镇化进程中古村镇文化遗产保护的宣传教育工作，唤起公众对古村镇重要地位和多重价值的社会认知，认识到保护利用古村古镇等历史文化遗产是人类社会进步、文明发展的必然要求，是促进当地经济社会可持续快速健康发展的重大举措，是现代村镇建设的重要部分。同时，引导和鼓励广大民众自觉参与古村镇文化遗产的保护[1]。

拓宽古村古镇保护利用的宣传和动员途径，调动社会各方面保护古村镇的责任感和积极性。可以利用走村入户、广播、印刷品、大型平面广告、文艺晚会、电影晚会和专题宣传片播放及专家讲座等多种群众喜闻乐见的形式，宣传古村古镇保护利用的目的意义，宣传古村镇保护政策法规和相关知识，使普通群众和各界人士关注历史古迹，自觉参与保护、积极监督执法、主动反映违法行为。也可组织古村古镇村民、居民代表到国内其他保护利用效果显著的古村古镇参观学习，以看得见、摸得着的典型事例，宣传、教育、感染、引导和动员他们自觉、主动、积极参与古村古镇的保护利用。古村镇还要利用自身的社会知名度和社会影响力，努力开展面向大众的古典文化教育普及活动，成为文化研究和创造的中心。政府也要做好宣传工作，努力塑造一种尊重文化、欣赏文化的人文环境。

（三）保障机制方面

我们从保护管理办法、保护机构和人员、保护资金三点分别叙述。

1. 保护管理办法

各级政府应高度重视古村镇的保护，在国家法律的基础上建立健全法律法规和规章制度，省级人大制定古村镇保护实施意见和管理办法，同级政府制定相应的地方性法规、规章，市县级行政主管部门也要制定具有地方针对性的规范性文

---

[1] 陈悦. 中国古村镇保护与发展获港宣言 [N]. 湖州日报，2013-06-07.

件、完善地方法规，为古村镇保护提供有效的法治保障。执法部门加大执法力度，增强各级文物保护机构的权威性，强化建设规划部门依法审批、许可古镇村旅游开发项目的严肃性，实行依法保护开发古村镇[1]。同时，充分发动当地群众，增强其主人翁意识；呼吁全体公民应遵守古村镇保护的法律法规，尊重古村镇的风俗习惯、乡规民约，自觉加入到古村镇的保护事业中来。

制定完善古村古镇保护利用的政策规定和保障措施。制定实施古村古镇保护利用实施办法、奖励办法、开发利用优惠政策及古村古镇领导政绩考核奖惩办法，以政策规定促进古村古镇的保护利用。定期开展古村古镇保护利用评比活动，实行动态管理，给予物质奖励和精神奖励，提高村镇领导和居民保护和开发利用的积极性和主动性；把古村古镇保护利用与领导任期内的政绩结合起来，强化当地领导责任意识。

地方政府、旅游开发商、当地居民三者找准各自定位。作为古村镇保护主体的政府，一要坚持"科学规划、严格保护、合理开发、永续利用"的原则，以古村镇旅游资源的产权特性为基础，建立完善的经营权转让机制、理顺收益分配机制、完善法律保障体系和强化监督约束机制，充分尊重古村镇居民对当地旅游资源的所有权，保障旅游开发商的完整经营权，积极行使政府的监督管理权[2]。二要探索旅游发展模式，如政府主导模式、政府主导的项目公司模式、经营权出让模式等古村镇遗产保护与利用模式，探索可持续发展管理模式研究，包括政府的旅游政策管理、古村镇旅游营销模式、旅游经营管理模式。三要探索"政府规制"的路径，实现政府规制由"硬"到"软"，由不公开、不透明转向透明化、公开化，由不断变更向连续性和稳定性方向转变，强化政府规制职能，构建高效规制体系，在质量规制和经济规制产生协调共赢的基础上，积极引入激励性规制；加强政府规制监管，完善政府规制框架，加强政府自我监督[3]。

古村镇的发展，最关键的是人的发展。建立和完善合理的社会体制，促进当地居民、上级政府、开发商、非营利性的民间保护志愿组织共同参与决策，公平协商，实现基层管理的民主化。作为传承主体，古村镇中大多数传统建筑的所有权、使用权拥有者，以及促进古村镇活态展示的文化持有人，当地居民对保护和维修负有不可替代的责任，加强居民教育和鼓励公众参与古村镇保护至关重要。

---

[1] 张铁梅. 浅析山西沁水柳氏民居古村落的保护和旅游开发［M］//不可再生的遗产：中国古村镇保护与发展碛口国际研讨会论文集. 山西：山西人民出版社，2006：106.

[2] 陈英. 古村镇旅游资源的产权问题研究［D］. 南昌：江西财经大学，2006.

[3] 李伦富. 古村镇旅游开发中的政府规制研究［J］. 价格月刊，2011（12）.

古村镇旅游开发离不开政府的核心管理、本地居民的活态展示以及外来资本的注入。一是古村镇应根据主客观情况选择合理的门票收费模式，封闭式收费模式更多地取决于资源的品级和居民的合作程度，而开放式收费模式更多地取决于区位的好坏、客源市场的特点、未来的产品取向和商业价值[1]。二是旅游营销上，包括媒介（网络、电视、广播、印刷品、大型平面广告）营销，旅游产品多样化，拓展旅游产品文化内涵；合作营销，利用价格杠杆调节旅客量，组织节庆活动；红色旅游营销，参加旅游展销会、博览会，加强对旅游纪念品的宣传，强化服务，加强会议宣传；针对性（休闲度假型、观光游型、商务游型、学生游客）营销策略[2]。三是经营模式方面，纵向上细化市场资源，提升古镇的市场化程度；横向上开展多样性的投资，降低经营风险。旅游产品开发方面，发展多种形式和内容的旅游，向休闲型、体验型转化；旅游产品要立足自身的特色，体现差异化[3]。

2. 保护机构和人员

建立"政府为主、企业为辅、社会参与"的保护新机制，发动社会各界、全民参与古村保护与管理。加强文物保护管理机构和队伍建设[4]，成立古村镇保护管理专业部门，配齐文物保护管理人员，加强管理。发挥政府统一协调的作用，协调保护、规划、建设等各部门关系，在政策、管理、资金等方面统筹协调，建立长效工作机制，形成合力。完善古村镇文物保护管理体制，切实加大管理力度和监督力度。建立专家队伍，以普查的方式到各村镇进行考察、论证，为文化遗产及时保护提供依据；建立村落民俗志或村落非物质文化遗产志[5]。

此外，规范村干部在古村镇保护开发中的职务行为。随着古村镇保护开发的不断深入，村干部作为古村镇发展的带头人，是凝聚古村镇居民的核心力量，是连接上级政府与居民之间的桥梁，在古村镇保护开发中担当着不可替代的角色，发挥着越来越重要的作用。古村镇村干部在具体工作中所代表的利益主体不同而

[1] 吴文智，张利平，邱扶东. 古村镇旅游门票收费模式及其影响因素——基于江、浙、沪、皖四地案例研究 [J]. 旅游学刊，2013（8）.

[2] 樊鸿瑜. 论古镇开发的旅游营销——以碛口古镇为例 [M] //不可再生的遗产：中国古村镇保护与发展碛口国际研讨会论文集. 山西：山西人民出版社，2006：82.

[3] 马素萍. 关于古镇旅游发展经营问题及趋势的探讨 [M] //不可再生的遗产：中国古村镇保护与发展碛口国际研讨会论文集. 山西：山西人民出版社，2006：64.

[4] 市政协调研组. 关于我市古村镇保护和开发利用的建议 [N]. 六盘水日报，2012-07-30.

[5] 苗向东. 新城镇建设要保护古村镇 [N]. 北海日报，2011-09-22.

履行三类职务行为，即完成国家行政任务、管理古村镇集体资产和组织古村镇公共产品供给。激励村干部履行古村镇保护开发中的职务行为，应在规范古村镇村干部的教育培训体系、搭建古村镇村干部的自我实现平台、增加古村镇村干部的荣誉供给、加强古村镇的人力资源管理、建立古村镇村干部的综合评价指标体系等方面加以考虑[1]。

3. 保护资金

积极探索建立适合古村镇文化遗产保护的资金投入机制。设立古村镇保护专项资金和专门账户，专款专用，并提交财政、审计部门监督。坚持"以政府补贴为辅，以市场运作为主"。坚持政府投入为引导，社会投入为主体，接受企业捐助、采取群众筹资等方式和谁投资谁受益的原则。政府可以整理出可供交易的房产档案，统一打包整合历史风貌建筑遗产，将古村古镇保护利用纳入招商引资项目库，加大招商引资力度，对从事历史古迹保护的开发企业建立投资、建设和运营体制，通过政府投资、财政补贴、价格体系的相互协同，完善企业合理投资回报机制。将古村古镇保护项目与周边房地产经营开发项目捆绑起来，把古村镇保护核心区外的土地以优惠政策交给那些愿意为古村镇保护出资出力的开发商经营开发，相关管理部门严把资源保护与旅游规划关，以市场化运作方式实施古村古镇的保护与开发利用[2]。

---

[1] 潘莹. 古村镇保护开发过程中村干部职务行为研究 [D]. 西安：西安建筑科技大学，2012：47.
[2] 天津市建设工程技术研究所. 传承津卫文化留住城市之魂——天津市历史建筑及古村镇保护的研究 [J]. 城市，2014 (1).

第二篇

城市化与文化产业、
商业发展

新型城镇化与文化产业集群互动发展研究[1]

齐 骥[2]

引 言

新型城镇化的本质与核心是"人的城镇化"。文化关照下的城镇化本质，正是寻求城乡文化认同，实现理想身份，消弭心灵距离的"人的城镇化"。从这一维度上看，文化产业是打造城镇化"升级版"的重要引擎。文化产业集群是优化文化产业发展的一种空间组织形态，集群通过吸收集聚稠密的文化经济能量，催生了文化消费的活跃和文化市场的繁荣。集群更好地促进了城镇间的分工、合作、重组，在依托文化禀赋的前提下催生了具有专业化特征的生产系统或创新系统的空间载体，是文化产业增加值的主要集中区域，是新型城镇化重要的文化节点和内生动力。

[1] 基金项目：本文为北京高等学校"青年英才计划"课题"我国文化产业集群调查研究"（YETP0598），国家社科基金艺术学青年项目"文化产业园风险管理体系的实用性研究"（13CB132），文化部"'十三五'时期新型城镇化进程中文化发展重大问题研究"（HW14118），中国传媒大学优秀中青年教师培养工程"新型城镇化进程中农业文化遗产传承与创新研究"、中国传媒大学"基于文化资源的新型城镇化发展战略研究"（CUC14A34）阶段性研究成果。

[2] 齐骥（1983年— ），女，汉族，山东潍坊人，中国传媒大学新型城镇化研究中心副主任，博士。文化产业（中国）协作体青年创业指导委员会委员。主要研究方向为城市文化经济、文化产业规划、文化产业集群管理与运行。

新型城镇化和文化产业集群都是文化经济集聚的结果，两者相互促进，共同通过提高中心地带的竞争力和经济效率推动区域经济发展。城镇化加速了文化产业集群空间的分化与重组，其所倡导的智能化、集约化发展方式，对区域发展提出了知识驱动的要求，而文化产业集群是全球资本、技术和人才等要素流通最迅速、对创新和创造成果的应用最敏捷的地区，它们通过经济文化发展轴线相互串联，星罗棋布地构成了全球文化经济的空间网络，其知识驱动型的特征和规律，为城镇化升级提供了新的动力。新型城镇化与文化产业集群的互动发展，破解了传统工业推动城镇化的旧有模式无法使城市持续更新并富有竞争力的瓶颈，破解了旧城改造和新城建设中城市复兴、环境再造和文化重生难以协同发展的瓶颈，破解了产业集群单打独斗、破坏城市整体规划和宜居、宜业难以并行的集群发展障碍。

一、新型城镇化与文化产业集群发展的关系

（一）新型城镇化对文化产业集群的推动作用

1. 城镇化拓展了文化产业集群知识创新与共享

知识宽度在文化产业集群发展中的核心在于把知识的获取、共享、创新和应用建立在开放的平台上。新型城镇化加速了交通网络和信息网络的完善，有序规范了城镇建设用地规模，合理控制了城镇开发边界，优化了城市内部空间结构，提高了国土空间利用效率，为文化产业集群提供了文化创意资源的开发整理与重塑，有效推动了文化创意和技术创新等要素的跨界整合，从而实现了文化要素的自由流动与高效配置，有效破解了区域经济发展瓶颈，打破了区域行政壁垒制约，拓展了文化产业集群的知识宽度。

2. 城镇化推动了文化产业集群知识产业链升级

知识强度在文化产业集群发展中的核心在于推动基于知识产业链升级及契合或引领市场需求的消费升级。新型城镇化是以城乡统筹、城乡一体、产城互动、节约集约、生态宜居、和谐发展为基本特征的城镇化，这意味着新型城镇化加速了文化产业集群对要素结构、需求结构和产业结构的综合优化与配置。同时，由于城镇化对消费的刺激和扩张，又在一定程度上促成了集群文化生产消费链条形

成良性循环，使文化产业的资源配置和要素流动打破了城乡二元经济地理结构，重构了城镇文化产业空间形态。新型城镇化对空间形态的重塑，推动了文化产业集群基于产业本身知识价值链基础上展开分工与合作，有效节约了文化产业的运行成本，提高了文化产业发展效率，提高了文化产业集成创新能力和消化吸收再创新能力，推动了文化产业集群知识产业链的升级。

3. 城镇化加速了文化产业集群的隐性知识创新

知识深度在文化产业集群发展中的核心在于推进隐性知识创新及隐性知识显性化所创造的产业附加值。一方面，新型城镇化过程中的人口集聚、生活方式的变革、生活水平的提高，促进了生产要素的优化配置、三次产业的联动、社会分工的细化，推动了文化产业集群的专业化水平；城镇化带来的创新要素集聚和知识传播扩散，增强了创新活力，为文化产业集群知识创新提供了动力。另一方面，新型城镇化促进了服务业的发展，而通过生产性服务业的作用，将人力资本以及专业化和迂回生产转化为现实的生产力，所带来的隐性知识创新形成了高度背景化和个性化的知识信息，它们在创意设计、生产、流通等各个环节实现灵活的专业化分工和松散的耦合，形成非线性的、多层次、多功能的网络合作关系[1]，这种多层次的、灵活的网络关系加速了文化产业集群创新的效率。

（二）文化产业集群对新型城镇化的支撑作用

1. 文化产业集群提供了优化异地城镇化的路径

基于人口流动的城镇化基本模式包括异地城镇化和就地城镇化两种。前者指一地的农村人口，主要是农村劳动力流向外地，促进外地城镇化发展的形式；后者则是指人口和聚落未通过大规模的空间迁移而实现向城镇转变。从异地城镇化的实现逻辑看，文化产业集群在空间选址上往往出于"成本"因素，即在集群形成初期，以低成本地租的方式运行，使生产者获得生存的空间从而形成地理集聚，随着产业化和市场化过程，生产者通过有组织的专业化分工与合作，以生产低成本产品而获得市场空间。例如处于城市边缘的北京通州小堡村和深圳龙岗大芬村，以便宜的房租和相对安静的创作环境，集聚了一批难以承担城市化背景下城区愈加昂贵房租而不断迁徙的艺术家和以模仿复制商品油画为主营业务的技术

---

[1] 余晓泓. 创意产业集群模块化网络组织创新机制研究 [J]. 产经评论，2010 (4)：5-9.

画师。随着集群的发展，以艺术原创、设计，艺术品拍卖、艺术培训、画廊展销和旅游观光为核心的文化产业链逐步形成。产业的集聚在一定程度上推进了城镇化进程，宋庄文化创意产业集聚区和大芬油画村逐渐成为消弭城乡界限的文化枢纽，进而通过政府的适时、适度介入，进行产业的培育和根植，促进了城市"产业生态"和"社会生态"的重构，创造出拉动区域产业升级和推动城中村再生的"异地城镇化"模式。

2. 文化产业集群促进了就地城镇化的实现

依托文化产业集群实现就地城镇化的过程，是将文化融入城市并改变城乡生活方式的过程。地脉与文脉的有效融合和相互作用，标榜着一种基于传承的城镇化发展理念，标榜着市民与城市在历史文化个性与其走向现代化、国际化过程中的共性、和谐与梦想，是城镇化走向"深水区"的重要条件。文化产业集群促进就地城镇化的方式主要有两种：一是依托传统手工艺形成专业城镇。例如景德镇陶瓷文化博览区、嘉祥石雕文化产业园、广西百色靖西旧州绣球村、苏州苏绣文化产业群等文化产业集群，依托古法手艺和传统技法，在运用经济规律配置文化资源，通过商品性的劳动或服务进入市场，实现文化的生产、流通、交换、消费各环节市场化运作中，将传统形式生产活动在市场化的环境下转化成为文化商品，依托手工艺实现了生产方式和生活方式的转变，成为"就地城镇化"的典型地区。二是以自然村为单位，以农民为生产主体，以休闲农业经营为主业，创造出城乡融合、产城一体、文化生态与文化旅游结合的新业态。例如成都市三圣花乡、云南丽江古城、山西平遥古城、安徽西递、宏村古村落、浙江荻浦村等，通过发展乡村文化旅游促进了当地农民增收致富，实现了"就地城镇化"。

3. 文化产业集群推动了城镇化圈层式扩张

文化产业集群是文化产业的一种空间经济形态，集群的分布规律既符合文化产业要素集聚和流动的一般规律，又与区域发展，尤其是城镇创新空间的形成与演进紧密关联。在区位比较优势作用下形成的以文化产业集群为圆心的区域中心地，不断吸引着相近或相似产业（企业）的集聚，企业的集聚又带动了城镇配套产业的发展和完善，进而推动了城镇空间由内向外圈层式地扩张，从而加快了城镇化进程。在圈层空间中，集群往往在基于"向心力"形成生产集中和居住集中后，达到一定的区域要素承载的饱和状态，再进行基于"离心力"的分散扩张，最终在区域内形成相对稳定合理的均衡空间，缓解了中心城区或城市核心区域用地紧张、资源稀缺、成本高昂等现实问题，推动了城镇化的圈层式扩张。

4. 文化产业集群带动了城镇化单极式扩张

文化产业集群以文化创意、资金、技术和品牌等突出优势，不断延伸产业链，吸引下游的配套企业和相关的服务企业集聚于本地，并通过逐步扩大产业规模增强集群影响，促进本地相关产业的发展和就业的增加，形成地方产业集群。因此，从空间结构看，这种城镇化的扩张模式是以区域内的外资企业为核心的，呈现单极式扩张的态势[1]。文化产业集群形成的增长极在新型城镇化进程中，不断盘活文化存量和创造文化增量，如同"经济马赛克"一般，呈现出星罗棋布的分布格局，从而成为消弭城乡差距、填补城乡之间灰色空间的创新节点。这些创新节点的落脚点是生活、生产与生态三大功能的平衡，并在此基础上实现产业与城镇的一体化发展。因此，最终形成了"产城一体单元"，推动了城镇化的单极式扩张。

二、新型城镇化与文化产业集群互动发展存在的问题

（一）城镇空间失衡与集群空间失衡

1. 文化产业集群发展与城镇空间不匹配

文化产业集群的发展与城镇化水平密切相关。然而，当前城镇化进程中，一方面，土地城镇化快于人口城镇化，建设用地粗放低效。一些城市"摊大饼"式扩张，过分追求宽马路、大广场，新城新区、开发区和工业园区占地过大，建成区人口密度偏低。另一方面，城镇空间分布和规模结构不合理，与资源环境承载能力不匹配。部分特大城市主城区人口压力偏大，与综合承载能力之间的矛盾加剧；中小城市集聚产业和人口不足，潜力没有得到充分发挥。前者导致了大规模文化产业集群在城市边缘地区或城郊空间因行政主导而迅速涌现，往往存在产业集中度低、特征不明显的问题。"泛地理集中"的概念往往取代"地理集中"的概念，从而出现"统计出的集群"现象，偏离了构建产业集群的初衷[2]。后者导致文化产业在区域之间发展不均衡，例如东部城镇密集地区资源环境约束趋紧而

---

[1] 王雷. 产业集群的城镇化发展模式及优化路径 [J]. 重庆邮电学院学报，2006 (5)：698-702.

[2] 宋昱雯，刘利. 我国发展虚拟产业集群的问题初探 [J]. 宏观经济研究，2006 (11)：57-63.

导致文化产业同质化，中西部资源环境承载能力较强地区的城镇化潜力却发掘不足而导致现代文化市场体系难以构建。

2. 文化产业集群在城镇地理空间中处于弱势

文化产业集群的发展与城乡市场发育程度密切相关。中心城市或区域中心具有"经济集中度高、社会分工发达、智力密集、是技术创新与扩散的中心、是区域经济的控制和决策中心以及第三产业比重大"等特征，是文化产业集群竞争力的核心。但从当前文化产业集群的地理空间看，集群选址往往处于非中心区域，距离中心城区或者城市商务中心区较远，与文化产业发展密切相关的金融、商务、技术和公共配套难以获得便捷共享及健全配套。此外，由于"人口城镇化"滞后"土地城镇化"，在地理空间处于弱势的文化产业集群，尤其是消费型集群，难以获得拉动产业发展可持续的消费能力，严重制约着文化产业多元功能的发挥，亟待通过不离本土的就地城镇化路径提升文化认知能力和文化消费能力，通过产城一体化的集群开发路径提高城镇的文化功能和文化品质。

（二）文化特色缺失与文化服务缺失

1. 城镇建设同质泯灭了文化产业集群的特色

文化资源保护和传承是新型城镇化的前提，也是文化产业集群发展的基础。新型城镇化是为适应产业结构调整和经济发展需求做出的战略调整，是为创造优化合理的生存空间、消费结构做出的发展布局。综观当前的城镇化进程，泯灭文化特色、淡化文化传统、消解文化基因的开发方式十分普遍。一些城市景观结构与所处区域的自然地理特征不协调，"建设性"破坏不断蔓延，城市的自然和文化个性被破坏；一些农村地区大拆大建，简单用城市元素与风格取代传统民居和田园风光，导致乡土特色和民俗文化流失。在这一境况下的文化产业集群规划与建设，难免在空间分布上遍地开花，在产业形态上盲目跟风，在产业结构上同质严重，文化产业集群难以实现通过内涵式发展提质增效、换档升级。

2. 城镇发展粗放制约了文化产业集群的发展

文化服务的建立和健全是新型城镇化"以人为本"的发展实质，也是文化产业集群发展的保障。拓展城市功能和承载能力的城镇化需要通过增强公共文化服务能力，构建兼具时代性、创新性和开放性特征的公共文化服务保障体系。尽管我国城镇化发展速度较快，但从国际比较的角度看，我国城镇化水平依然与工业化水平和同等收入国家的城镇化水平有着较大差距，城镇服务业发展也比同等城镇化水平和同等收入水平国家远为滞后。城镇化配套的落后导致城乡文化消费水平不均衡、区域文化资源分布不均衡，进而导致文化产业集群发展缺少产业支撑，例如某些产业集群的产业选择缺乏产业支撑和规模收入，或者缺乏产业集聚度，因而成为政府持续补贴的对象，政府负担持续加重。还有许多城镇的新城开发中，因产业集群的孤立存在而造成"产城割裂"现象，浪费了大量公共资源，文化产业集群也难以获得城镇消费带来的持续性成长。

（三）城镇治理低效与集群管理低效

1. 城乡文化治理薄弱导致集群管理欠缺规范

文化具有社会治理的功能。文化价值观与人们的生活方式融合，形成了外部的文化治理能力；文化价值观与行政管理模式结合，形成了内在的文化治理能力。而当前城镇化进程中，"文化治理"却十分薄弱，以政府主导代替市场作用，盲目规划和治理城镇空间的现象普遍，导致城镇的空间布局与资源环境承载能力不相适应的问题愈加突出，过度依赖土地支持的城镇化发展方式已不可持续。这种没有长远规划和综合规划的治理行为，体现在文化产业集群发展中，表现为严重的文化设施建设重复、文化业态发展同质、产业间未能形成好的协同模式等无序竞争现象。许多文化产业集群的空间载体大于内容载体，存在形式大于存在意义，集群并没有因为集约的物理空间而在资源和平台共享方面拥有更多的便利，而是利用城镇文化用地价和税收等优惠条件，将竞争的核心转变为低价格要素成本的竞争。因此，发挥文化在城镇治理中的功能，提高文化产业集群的治理能力，是新型城镇化的当务之急。

2. 城乡文化机制落后导致集群发展存在误区

机制创新是现代文化治理体系建设的关键。现行体制机制下，产业增加值及产业增速一度成为衡量经济社会发展效果的重点指标，各级地方政府在追求国内生产总值增长的驱动下，往往出现大量的无效投资和投资浪费，并且人为地加快了固定资产的损耗速度。文化产业发展自然受其影响，文化产业集群竞争力评价体系难以遵循市场规律和文化产业发展规律，而盲目追求用地规模、投资规模，并且由于大量投资项目缺少顶层设计和科学规划，投资失败或低效，生产能力未能相应提高，产业投入产出比不断降低[1]，产生了"集聚不经济"的现象，反而降低了产业集群的发展效率。因此，立足创新、以人为本的城镇化"顶层设计"和因地制宜、循序渐进的文化产业集群发展规划迫在眉睫。

三、优化新型城镇化与文化产业集群互动发展的路径

（一）优化城镇空间，提高文化产业集群发展效能

1. 集群发展与城镇化进程耦合

产业集群的竞争优势主要来自于集群效能的耦合。这是因为缺乏产业支撑的城镇建设在区域经济发展中无法主宰自身定位，而产业集群式发展产生出的强大的溢出和扩散效应，可使城镇经济实力不断增强，城镇发展与区域经济相得益彰，融为一体[2]。产业集群效能的提高还来自于通过协同创新与区域合作形成互补，使比较优势转化为竞争优势。值得注意的是，随着文化产业发展走向"深水区"，文化产业行业之间"无边界"的问题也将进一步凸显，城镇化促成跨区域的文化要素的流动，有利于形成以文化集群为核心的跨地域文化经济圈，进而形成区域核心文化竞争力以吸引更广泛的市场，集群发展与城镇化进程耦合带来的正效应也将更加突出。

2. 集群要素与城镇化配置协调

产业集群的集约化发展方式在一定程度上推动了传统产业的转型和升级，而城镇化则通过加快人口集聚和提高人口密度为集群创造了消费和就业空间；同时，产业集群促进了地域性质转化、基础设施和环境条件完善，而城镇化反过来又促进了与产业集群相关的配套设施的健全。因此，文化产业集群的发展必须与城镇化资源配置协调发展，以文化产业集群为空间枢纽，通过土地整合、城市公共设施和文化服务设施的植入、文化特色的挖掘和活化、农民社区就业的整体解决，一方面可以使城镇的公共服务更迅速地扩展到有条件步入城镇化的农村地

---

[1] 林民书，张志民. GDP 增长、投资低效与居民福利提高 [J]. 福建论坛：人文社科版，2007 (4)：10-15.

[2] 赵冰琴. 以产业集群式发展助推城镇化进程 [J]. 石家庄经济学院学报，2011 (12)：47-50.

区，另一方面可以使文化产业集群发展所衍生的产业氛围、创意空气和城镇化的生活方式渗透到农村地区。

（二）加强城镇治理，提高文化产业集群运营效能

1. 顶层设计：有序规划产业路径

文化产业集群运行效能的提高首先来自于城镇治理能力的提高。文化产业集群的发展不仅应保护文物古迹、历史环境、非物质遗产，还应以实现整个区域的自然、经济、文化可持续发展为目标，将"顶层设计"与"产业路线图"结合。这就需要在国家城镇化顶层战略指导下，建构省域、市域和县域相互关联的城镇地域结构一体化网状体系，才能赋予每个城镇以新的生命和价值。作为一种"约束性的城镇化战略理念"，"合规风险管理型城镇化"是城镇文化治理的有效方式。它要求城镇化发展战略和规划，除了传统的空间布局和公共服务配套等内容外，要形成完整的综合规划模本和范式[1]。更进一步说，需要进一步转变经济发展方式，优化集群产业结构，通过合理的产业与就业系统规划、紧凑型土地优化利用系统规划、公共福祉和社会保障系统规划、历史记忆保护系统规划、生态循环发展系统规划和人的现代化行动纲领规划等，实现新型城镇化与文化产业集群发展的协同创新。

2. 文化治镇：激活集群内生动力

新型城镇化对城乡发展过程中文化的传承、文脉的延续和历史的记忆提出了新的使命和要求，以文化自觉推动城市化进程，以特色文化资源的市场化与资本化进程驱动特色产业集群的形成，为新型城镇化提供了有益的实践和有效的模式。随着经济社会的发展，城镇空间资源开始呈现出高度的稀缺性，传统文化的生存空间和拓展空间均受到将"土地财富"转化为"快速增长的内需"的商业化挤压而变得更加局促。在这一背景下的文化产业集群开发，不能以牺牲文化遗产和破坏文化生态为代价，也不能承包或变相出让文化资源而获得经济增长。因此，必须加强城镇文化治理能力，提高文化产业集群运营效能。一方面，要充分发挥文化在城镇治理中的功能，重视新型城镇化建设中文化综合实力的作用，让每个人都能有参与到文化产业集群的发展中，将"单向度"的治理变成"多元

---

[1] 张鸿雁. 中国新型城镇化理论与实践创新 [J]. 社会学研究，2013 (3)：43-48.

化"的参与，激活文化产业集群的内生动力；另一方面，将当前城镇治理主体从传统的"内部参与"单一政府主体转换为"内外共同参与"的复合主体，通过机制创新和模式创新，使得这一治理结构能够有效运转，实现城镇化与集群发展的效能耦合。

（三）加快制度创新，提高文化产业集群政策效能

1. 政策耦合：从单一到立体

文化产业的种类繁多，在国民经济中涵盖多种行业和门类，其复杂性对制度建设和管理提出了更高的要求。新型城镇化对集群重点的重构和重点产业的衍生，也为文化产业机制创新提出了新的命题。因此，文化产业集群发展的政策重点在于，充分发挥市场主导作用，以制度激励代替行政干预，以产业集群政策代替或优化补充产业政策，不但可以促进区域文化产业竞争力的提高，而且可以有效规避因为过度关注规模化扩张而忽略了集约化和专业化的发展误区。文化产业集群的发展具有产业集群的共性规律，同时基于文化对智力成果创造、运用、保护、管理的格外强调，文化产业集群往往表现出不同于一般集群发展的产业轨迹。新型城镇化与文化产业集群互动发展的政策设置，旨在实现从单一的"产业政策"转向立体的"集群政策"，"以集群空间为载体，以城镇化为催化剂，通过制度上的空间构建与突破，实现对经济要素的引导和吸纳，从而创造出不同于其他区域（非集群空间）的生产力提高与释放过程"[1]，进而推动文化产业集群成为城镇化创新升级的动力。

2. 产城一体：从封闭到开放

新型城镇化与文化产业集群互动发展将对集群功能的集约化、企业的集聚化和服务的专业化提出新的命题。一方面，封闭式的"产城割裂"开发思路将被遵循"弹性规划"这一开放式理念的"产城融合"发展路径所取代；另一方面，城镇建设与集群发展相互独立的规划设计将被倡导"因地制宜"但更加关注协同创新的"顶层设计"思路所取代。新型城镇化与文化产业集群发展在趋于"产城一体"的目标体系下，将在最大范围内实现产业依附于城镇、城镇服务于产业的功能融合，使城镇化与产业集群成为良性互动的有机整体。随着新型城镇化建设的

---

[1] 郝寿义. 国家综合配套改革试验区研究［M］. 北京：科学出版社，2008：146.

推进,"产城一体"式集群发展将更加注重生产、生活功能的协同与土地价值最大化的复合,为文化功能的拓展和文化价值的发挥预留更多的公共空间,以推动文化产业集群成为城市重要的功能区。

参考文献

[1] [美] 刘易斯·芒福德. 城市文化 [M]. 宋俊岭, 等, 译. 北京: 中国建筑工业出版社, 2009.

[2] [美] 格莱泽. 城市的胜利 [M]. 刘润泉, 译. 上海: 上海社会科学院出版社, 2012.

[3] [英] 彼得·霍尔. 城市和区域规划 [M]. 邹德慈, 李浩, 陈熳莎, 译. 北京: 中国建筑工业出版社, 2008.

[4] [美] 凯文·林奇. 城市形态 [M]. 林庆怡, 陈朝晖, 邓华, 译. 北京: 华夏出版社, 2001.

[5] [法] 布赖恩·贝利. 比较城市化 [M]. 顾朝林, 等, 译. 北京: 商务印书馆, 2010.

[6] [英] 查尔斯·兰德利. 创意城市: 如何打造都市创意生活圈 [M]. 杨幼兰, 译. 北京: 清华大学出版社, 2009.

[7] 费孝通. 中国城镇化道路 [M]. 内蒙古: 内蒙古人民出版社, 2010.

[8] 国务院发展研究中心课题组. 中国城镇化: 前景、战略与政策 [M]. 北京: 中国发展出版社, 2010.

[9] 顾江. 文化产业研究 (第七辑) [M]. 江苏: 南京大学出版社, 2014.

[10] 顾江. 文化产业研究 (第四辑) [M]. 江苏: 南京大学出版社, 2011.

[11] 李君华. 产业集聚与布局理论 [M]. 北京: 经济科学出版社, 2010.

[12] 陈钊, 陆铭. 在集聚中走向平衡——中国城乡与区域经济协调发展的实证研究 [M]. 北京: 北京大学出版社, 2009.

[13] 魏后凯. 中国产业集聚与集群发展战略 [M]. 北京: 经济管理出版社, 2008.

[14] 王缉慈. 超越集群——中国产业集群的理论探索 [M]. 北京: 科学出版社, 2010.

城市化与海外华人饮食文化的传承：
从传统海南咖啡店的变革看
马来西亚华人饮食文化的沿袭

祝家丰[1]（Thock Ker Pong）

前　言

　　在民族学的研究中，文化往往被认为是界定民族性的最基本的要素，所以我们常说文化是民族的灵魂。这句话凸显了文化对一个民族的重要性。每一个民族都有其独特的文化标志，其民族成员都以拥有该种文化标志为荣。文化亦可比喻为一个族群的脐带，象征着它的精神资源和力量。这脐带将一个族群的文化精髓代代相传。而文化的赓续与培育，主要是在人文教育中体现。因此，一旦一个族群的教育被破坏和摧残，其文化资源也会被连根拔起，而人文精神与价值亦随着沉沦和消亡，该族群便走上濒危民族的局面。有鉴于此，世上的每个族群倾向于保护与捍卫自己的母语教育以使其民族永续存在。这情况可从马来西亚华人不惜舍身为华文教育护根的举动中看出来。他们长期以来一直坚守这样的信念：马来西亚华文教育之不可断，就如文化之根不可拔（何启良 1999：166）。

　　华人自离开中国大陆祖国而漂泊到世界各地谋生后，由于需适应在各地域不同的国情而衍生出各种有异的调适方式和文化。这些海外华人的文化在居住国面对不同程度的涵化，有的甚至面临被同化的危机。马来西亚华人虽然是中国南部汉人的移民后裔，但经过在马来西亚六百年的侨居与定居后，这些华人从生活实

---

[1]　马来亚大学中文系。

践中已发展成独有的文化。由于当时的华人社群是生活在一个多元文化的国度里，因此，华人文化有机会与其他民族的文化接触与碰撞。在自然的互动过程中，这些文化相互调适、融合和吸纳，马华文化就是在此环境下形塑与衍生的。

本文着重在探讨马哈迪和阿都拉主政时期主催的城市化进程对华人饮食文化所带来的冲击。这两位首相在位时见证了马来西亚在经济领域取得长足发展的时段。该国的城市化也在强人首相马哈迪领军下进一步强化。马哈迪在任时实施了对马来西亚经济发展影响深钜的国家重工业计划和2020年宏愿计划。这两项政策吸引了大量人口向城市迁移并催生了数个新城市。除了该国的马来人在政府的发展政策主导下大量涌向这些城镇，马来西亚的乡区华裔人口也在就业和升学机会吸引下向城市迁徙。虽然城镇化造成华人传统咖啡店面对被淘汰的挑战，但有些华商成功地把传统的咖啡店转型为新型的连锁咖啡店，因此又赋予传统咖啡店新的生命力和发展契机。这些在城市地区出现的连锁咖啡店不但为华商带来商机，它的多元饮料和食物亦冲击了华人的饮食文化。本文主要探讨马来西亚传统海南咖啡店，在城镇化过程如何转型和变革以应付城市人口和年轻人的需求。作者亦分析连锁咖啡店的出现和其对华人咖啡文化的影响。

一、马来西亚多元社会的形成

1957年从英殖民政府手中争取独立的马来亚是一个多元社会[1]。其多元性质肇始于其拥有多元族群的国民。除了当地的原住民外，马来人可说是较早到来马来亚的移民。当英国人在1874年正式干预马来亚政治后，其殖民政府在马来亚所进行的榨取式经济活动中引进了大量的中国和印度籍劳工。这些外籍劳工之后都选择在马来亚定居和繁衍。有鉴于此，许多学者都称马来亚是个典型的"移民国家"（Nation of Immigrants）。因此，有些人是比另一些人早到马来西亚的国土建立了家园，甚至王朝乃至政权。但是很不幸的，早来者往往认为后来的人是"外来移民"；直到1988年马来西亚的一些国家领导人还在为"外来移民"的称谓而互相攻击（祝家华，1994：45）。

当时的英殖民政府是采取分而治之的手段来管理这些外籍劳工和那些更早到来的马来人。他们被安顿在不同的地区并进行不同的经济活动。因此，他们虽生

---

[1] 马来西亚在1963年之前的国名是马来亚。在新加坡、沙巴与砂拉越于1963年加入后，其国名才被称为马来西亚。

活在同一片国土上，却不相往来，互不了解对方。各族群中存有颇大的隔阂和偏见，甚至仇视对方[1]。华裔和印裔劳工在马来亚独立时都纷纷申请为该国的公民，这就形成了其由马来人、华人和印度人三大族群及其他少数原住民所组成的多元社会。因此，马来西亚社会在语言文化、生活习俗及宗教信仰的各个层面都彰显了其多元的面貌。这个多元社会里存在许多族群间的差异与分歧，因此其独立后的国族建构工程面对艰巨的挑战。

根据人类学家傅乃华（Furnivall）的看法，马来亚的多元社会拥有"多元异质并存"的事实，并指出各族群之间长期存有隔阂与潜在的竞争状态。傅乃华是如此描绘马来亚的多元社会：

> 人群混合——他们混合而非联合在一起。每个群体坚持自己的宗教、文化和语言，坚持自己的理念和习惯。只有在市场进行买卖时，他们才以个体的身份接触。这是一个在同一的政治共同体内的多元社会，分成不同的群体并肩生活。

（Furnivall，1948：304）

简而言之，傅乃华认为，多元社会是殖民帝国依经济需要而塑造出来的一种特殊社会，把文化价值及社会制度相歧异的社群纳入一个社会单位之内。这种社会缺乏内在的凝聚力，易生冲突和暴乱，故必须由创造此种社会的殖民政权继续统治（杨建成，1982：2）。由此可见，马来西亚的多元社会虽呈现了其文化多元与多样性，但由于族群间的长期隔阂而衍生了猜疑和偏见。尤为重要的是，英殖民政府长期以来在马来亚所推行的殖民政策与施政方法更深化了各族群的隔阂。这一套政策和施政方法因族群而异，例如把某族群和特定经济活动挂钩，由此造成各族之间的芥蒂。如此的发展使一个族群对其他族群拥有刻板的偏见，此现象对往后的族群关系造成极大的伤害。这亦是造就马来西亚多元社会里的各种族裔性纷争和冲突的导因。

二、华人和马来人族际互动与饮食文化交流

由于马来西亚政府实施以马来文化为主的国家文化政策并边缘化少数族群的

---

[1] 有关英殖民政府政策如何影响独立后马来亚华巫族群关系的详细讨论，参阅孙振玉（2008：53-73）。

文化，因此华人和马来人（巫人）在国家和官方层面的文化互动呈现了极不融洽与抗争型的一面[1]。但华巫族群在地方上民间社会所展现的文化互动又有迥异的景象。虽然马来西亚自独立以来一直强势地实施单一文化政策，各族群的政治精英和文化工作者也常常为文化课题争执不下，但这并不妨碍华巫两族民间文化的交流与融合。这段文化交流史与族群互动可从早期华人下南洋谋生至定居于海外的过程中看出。

据一般考察，华人移居今日的马来半岛，比较确凿的年代始于公元15世纪的马六甲王朝（公元1400—1511年）时期。当时的华人主要聚集于作为国际贸易港口的马六甲城，多为从事转口贸易的商人，其中大都来自中国福建省漳州地区（颜清湟，1998：5）。由于传统习俗和中国政府禁止妇女移居海外，因此这些早期抵达马来亚的移民都以男性为主。在长期于海峡殖民地经商和生活后，其中部分人即娶马来、沙盖（Sakai，马来半岛之非马来裔原住民）、暹罗妇女，以及来自印度尼西亚的巴厘（Bali）和武吉斯（Bugis）女奴为妻（Tan，2000：49）。这些与当地女子通婚而繁衍的混血华人是早期东南亚华人的特色。基于不少混血华人乃早期移民的土生后代，所以相较于19世纪开始涌入的大量新移民，这些不仅血统而且连文化方面也呈现混血状况的华人开始自觉为"土生华人"，马来语称作伯拉奈干（Peranakan，意谓"土生"），有别于被称为"新客"（Sinkheh）的新一批移民[2]。

华人大量移民马来亚始于英国殖民统治逐步深化的时期，即自18世纪末（以1786年英国人占据槟榔屿为起点）到20世纪第二次世界大战之间。此时的移民大多为劳工阶级，在港口城市、矿区和种植区从事各种与殖民经济相关的生产活动。除了持续有福建（主要为闽南漳州、厦门、金门等地，少部分为福州、兴化、福清等）省籍者来到，亦有广东省籍的潮州、客家、广府、琼州（今海南）人前来。这批华人南来的时间比较晚，与本土社会及文化的接触时间较短，并因数量可观、习惯依籍贯聚居一块、重视血亲纽带和同乡之情；活跃于乡团、会社组织及社区信仰活动，同时移民者当中也有不少可通婚成家的妇女[3]，部分人也把家眷从原乡接过来，所以得以比较完整地保留了原有的社会结构及文化形态，不像较早期移民那样因人口稀少，并广泛与当地妇女通婚而出现文化混合的

---

[1] 有关马来西亚华人和政府在国家和官方层面所进行的文化抗争与博弈，可参阅祝家丰（2009）。

[2] 陈志明（1984：175）认为峇峇文化于18世纪已形成，唯有关身份认同则产生于19世纪新客移民数量大增之际。

[3] 清朝政府于1860年开始放宽其海禁政策，并于1893年正式废除此政策。因此，自1893年伊始就有大量华南妇女南来马来亚（Wang，1981：118）。

情况。这些华人虽主要为工人和农民，但一些人也从商，并在辛勤地经营下发迹为成功的商贾。

此批华人一般上被称为"主流华人"。"主流华人"是一个相当宽泛的称谓，其族群边界未必可划分得很清楚。基本上，它是相对于"土生华人"的一种以文化内涵及表现为基准的身份定位。大体上，马来西亚的主流华人是受过不同程度的华文教育，至少懂得讲华语，日常生活上与其他华人互动频密；文化上一直与大中华区有所联系、交流、参与；意识上比较肯定本身的华人身份、认同中华文化的传统者。他们构成了马来西亚华人的主体。一般而言，华文语境中所谓的"华人社会"（华社）即指主流华人共同体。

在社会的发展和变迁过程中，马来西亚的土生华人和主流华人与马来族群及原住民发生了不同程度的接触和交流。为了有效地融入当地社会，他们在文化上做出调适。这种调适亦被称为文化本土化，此过程可说是海外华人常经历的文化适应。在人类学者眼中，文化适应现象指的是不同的文化经过长期的接触、联系、调整而改变原来的性质和模式的过程。文化适应发展到一定的程度时，就出现了涵化。"涵化"这词是用来指称在族群交往过程中没有失去族群认同的社会与文化变迁（陈志明，2002：232）。在面对外在文化冲击时，一个族群的文化往往会做出调适以让其族群成员能适应周遭的环境。这种涵化过程是在没有丧失其原有文化并吸收其他文化元素的情况下发生的。

在多元文化的马来西亚，有鉴于族际交往的频繁，华人涵化的现象是非常普遍的。涵化的痕迹可在华人的衣、食、住和语言等方面显现出来。在食物方面，许多华人受到马来族群的影响，喜欢吃辛辣的食物，甚至有一些已是到了无辣不欢的地步。他们享用的马来食物有拉沙、沙爹、罗惹，就连印度食物如印度飞饼（roti canai）、capati 等，华人也吃得津津有味。马来人的沙龙也是乡下华人喜爱的穿着。在马来文化的强势影响下，华人妇女公务员也在上班时常穿着 baju ke-baya，男士则穿峇迪上衣。华人的语言，尤其是方言，也受到友族语言的影响。福建话可能是受马来语影响最多的一种方言，特别是马来半岛北部的福建话，如"石头"叫 batu，"结婚"叫 kahwin，"刚刚"叫 baru，"帮忙"叫 tolong。

值得注意的是华人和马来人的涵化现象可以说是双向的。马来西亚的华人文化受马来文化的影响，但马来人的生活习俗也接受了华人的涵化。华人家长在农历新年时给小辈们红包的习俗已被马来家庭所接受。现今的马来父母，在欢庆开斋节时也给他们的儿女与亲戚发"青包"。华人在佳节燃放爆竹的习惯也在马来家庭出现。在饮食习惯方面，由于华人注重美食，精于准备各种食品，因此华人的食品也传入马来家庭。马来西亚的马来人已懂得准备美味的鸡饭、酿豆腐、包点、豆浆等食品。

而在英殖民地时期的海峡华人，尤其是马六甲的土生华人就经历了较高程度的涵化过程。他们逐渐发展出被称作"峇峇"（baba）[1]（女性称为"娘惹"，nyonya）的特殊身份认同，稍后此种认同也时而被用来指涉其他地区，如新加坡、槟城、吉兰丹、登嘉楼，乃至泰国普吉岛的混血华裔后代。马六甲的峇峇虽保存了一些相当传统的华人习俗和信仰，但因日常生活上颇受马来社群及文化影响，基本上已不会说任何华人方言，传统家庭及社区用语均为峇峇马来语，即混有闽南方言、英语和印度尼西亚语的马来语。不过，在其他地方，如槟城的所谓峇峇华人，则一般也熟悉某种华人方言，尤其闽南方言。19世纪末至20世纪第二次世界大战之前，峇峇社群还出现过使用罗马字母拼写的峇峇语出版品，包括报纸、杂志、诗集，以及中国故事译本，主要出版地为新加坡。实际上，1894年出版的峇峇报纸 *Bintang Timor*（《东方之星》）是第一份采用罗马字母拼写的马来文报（Tan, 1993：42-43）。

峇峇社群的优越经济和社会地位导致早期也有不少非峇峇的华裔男性娶娘惹为妻，下一代也逐渐同化于峇峇社群（Tan, 1993：39-40）。无论如何，至20世纪，峇峇华人在人口、政治、经济和文化等方面都开始被非峇峇华人超越，导致不少峇峇华人开始通过社交、联姻、参政[2]等社会互动方式融入主流华人社会。同时，众多主流华人的新生代也因开始接受英文和马来文教育而在文化层面与峇峇华人有了可沟通、共鸣的管道及平台；再加上一些原本即有的传统习俗、信仰、节庆、价值观、亲缘结构等方面的共同点，以及跨越、淡化社群界线的宗教认同（包括传统民间信仰、佛教、基督教等）的趋同与巩固，遂把相对少数的峇峇华人更推向与非峇峇华人的"合流"。如今，不少马六甲峇峇也已开始通晓华人方言——或者确保自己的孩子掌握一种华人方言（在马六甲即意味着闽南语）（Tan, 1988：231-232），甚至还有些年轻人因开始接受华文教育而熟悉华文华语。今天，虽然仍有所谓峇峇认同意识（尤其在马六甲——当地可谓峇峇文化与认同的"原乡"及"腹地"），唯因峇峇社群原本就相当珍视其世代相传的华人传统文化，包括一些主流华人已不再实践的层面，加上不少峇峇华人因现实生活处境而逐步为主流华人所涵化，所以一般上他们都被视为华人社会的一分

---

[1] 关于"峇峇"称谓的来源，可参阅 Tan Chee Beng（1988：10-14）的分析。

[2] 峇峇华人曾是一些"温和派"华人政治运动及组织，如马来西亚华人公会（成立于1949年）的领导层主干。为获支持，这些领袖不得不走向主流华人社会，包括认可华文教育的重要性和学习华语，详见 Suryadinata（2002：82）的分析。

子了。

峇峇社群及其文化，是马来西亚土生华人之中最广为学界和媒体所关注的类型，不过他们可谓比较城市化、现代化和国际化的土生华人，然而在马来西亚较为"内陆"的地区，尚有所谓"乡区土生华人"。西马的乡区土生华人主要分布在马来半岛北部，包括俗称"马来腹地"（Malay heartland）的吉兰丹和登嘉楼两州。不过这些华人一向并不自称为峇峇或伯拉奈干，他们基本上还是自视为"唐人"（Teng-lang）（Tan，1998：31）——即马来西亚闽南方言（其他方言普遍上也是）里所谓的"华人"——与其他华人并没两样。无论如何，他们也意识到自身相对于城市地带的华人而言，于生活语境及习惯上都比较"在地化"，所以有些人会承认自己就像马来人所所谓的"乡村华人"（Cina Kampung），有别于"城市华人"（Cina Bandar）。他们的日常生活习惯上或与主流华人有许多不同，但诚如马六甲峇峇，这两地的乡区华人大体上还是保留了核心的华人文化。这两个土生华人群体可以说是经历了更高程度的涵化过程。除了宗教信仰外，他们过着几乎是马来人的生活方式。他们的文化适应历程已是接近同化，但晚近这些华人却又走上再汉化的道路。

三、马来西亚的经济发展与城市化

20 世纪 70 年代前，马来西亚经济以农业为主，依赖各种初级产品出口。1969 年，该国所发生的华巫种族冲突催生了新的经济政策。执政的国阵政府为了扶植马来人的经济地位而采取了国家介入经济的策略，以让马来族群分享"经济蛋糕"。为了扩大经济效益，马来西亚政府从 20 世纪 70 年代以来不断调整产业结构，大力推行出口导向型经济。因此，电子业、制造业、建筑业和各种服务业发展迅速。在 80 年代初期，主政的第四任首相马哈迪更推出发展重工业和汽车业的经济政策，以策动经济的蓬勃发展。虽然 80 年代中期马来西亚受到世界经济衰退的影响，经济一度下滑，尔后该国采取刺激外资和私人资本等措施，经济明显好转。自 1987 年起，马来西亚经济连续 10 年保持 8% 以上的高速增长。

1971—2000 年期间，马来西亚从一个原料出产国转化为一个新兴的多元工业经济体。经济成长主要依赖制成品出口，尤其是电子产品。纵观以上的经济发展轨迹，我们可以概括地说，马来西亚在很短的时间内就基本上实现了工业化。这种工业化的主要特征是外资投资主导型。外资投资不仅为马来西亚工业化提供了资金来源，还带动了马来西亚产业结构的调整和就业结构的改善（张继焦，

2009：134）。除此以外，经济发展所带来的资本也催化了城市化进程。

马来西亚的城市化过程中见证了大量的乡区人口向城市地区迁徙。该国的城市人口比例从 1970 年的 28.4％增加至 1980 年的 34.2％，又从 1991 年的 50.7％增加至 2000 年的 61.8％。从 1970 年到 2000 年，马来西亚的城市人口从 2 962 795 人增加至 13 725 605 人，增加了 4 倍（张继焦，2009：137）。到了 2010 年年底，马来西亚的城市人口激增至占全国总人口的 71％，只有 29％的人口居住在乡区（《东方日报》，2011-12-23）。

该国的人口向城市流动主要为经济发展所策动，城市和城市周边的蓬勃发展吸引了成千上万人口的到来。除了华人外，马来人与印度人也被城市化的浪潮所吸引。马来西亚的新经济政策在 1971 推行之后，造就了大量的马来年轻人和马来中产阶级来到城市并成为都市居民。政府也积极鼓励马来人的都市化，并特别打造各种适合马来穆斯林使用的基建，如清真寺。在这项政策主导下，马来西亚之前一直以华人为主的城市都发展为族群结构更趋平衡的都会。该国 2010 年的人口普查数据显示，吉隆坡市的土著（马来人为主）已占 45.9％，华人次之（43.2％），印度人则占 10.3％（《东方日报》，2011-12-23）。如此的城市化进程，对一个多元文化国家可谓是朝向一个族际交往频繁和打造一个民族和谐社会的目标前进。因此，马来西亚新城镇的各种设施和商业区的规划都是适合各种民族使用并鼓励各种企业家来此营业。

四、海南移民与华人传统咖啡店

马来西亚与新加坡的咖啡店和海南人移民南洋有着密不可分的关系。"海南咖啡"、"福建面"与"潮州粿条"可说是战前新马家喻户晓的美食称谓[1]。新马华人移民的职业特色是同一种方言群体有着共同的行业，此趋向与早期华人的移民模式有关。虽然在 1830 年时就有海南岛的帆船到槟城经商，但到了 19 世纪中叶，海南人才开始移植马来亚（吴华，2011a：258）。当时清朝政府于 1859 年解除海外渡航禁令可以说是直接促成了华南地区，包括海南岛的移民。此外，17世纪初至 19 世纪期间西方列强在东南亚各国开发经济资源和进行殖民，招募了许多中国劳工，这也是中国人迁移来南洋的原因之一。海南人大批移植马来亚是

---

[1] "海南咖啡"在新马一带的确非常著名，但福州人自华人移民早期也已涉足咖啡业，尤其在后期，福州人更超越了海南人。无论如何，福州人咖啡店的特色与知名度较逊色于海南人。

在 1926 年至 1930 年间，当时福建和广东两省政治混乱，内乱蔓延海南岛，人民生活困苦和不安定，所以年轻人多数投奔南洋各地。早期南来的海南人主要为男性，他们都秉持着落叶归根的心态来到马来亚寻找生计。因此，他们都没有携带家眷，单枪匹马下南洋，希望赚到钱后便回到海南岛。那些单身的海南男生到了适婚年龄，往往会选择回到海南岛和当地的女性结婚，然后再只身回到马来亚。到了 1935 年以后，海南移民的性质稍有不同，他们多数携带妻儿同来，或申请妻子南来，因为他们已有永久居留马来亚的打算（吴华，2011a：259）。

海南人南来马来亚的历史比其他省籍的人要迟得多，这从最早海南会馆的设立远比别的省籍的会馆要晚可以看出（蔡蔋等，2008：59）。由于抵步晚，重要的经济领域与赚钱的行业已由其他籍贯的华人占据，海南人只好当劳工，如餐馆酒店的服务员、英国家庭的佣人、海员；即使后来从商，也只能开咖啡店、面包店、理发店、小客栈之类的服务行业。早期许多海南人在洋人家庭工作，学会了泡咖啡和烧烤面包的方法并从中得到灵感，其后他们辞工便自创咖啡摊或咖啡店（王兆炳，2005：247）。开创咖啡店这行业所需的资本不多，有鉴于早期海南人经济薄弱，所以开咖啡店是一门很好的出路。此外，当时新马店屋的租金便宜，家庭里的成员或亲人又可作为咖啡店的最好帮手，这些因素都促成了他们投身此行业。因此，经营咖啡店和鸡饭店是新马海南人独特的传统行业（吴华，2011b：509）。在 20 世纪 30 年代初期至 70 年代可说是海南人开设咖啡店、旅店及酒楼旅馆的一个高潮。

马来亚于 1957 年独立前，虽然福州人也大量经营咖啡店，但只有海南咖啡在新马享有盛名。究其原因，海南咖啡的香醇与可口正是它吸引顾客之处。为何海南人能泡出一手好咖啡？咖啡头手的素质是关键，早期的海南咖啡店都聘用海南人为头手，他们有一套特别的泡咖啡手法。在还没冲咖啡前，咖啡杯必须加温烫热，所用的毛织布袋，也要用开水淋湿，再将水份沥干，过后才将咖啡粉放入袋中，然后徐徐绕圈倒入滚烫的开水，沥出的咖啡一定香醇美味（冯业兴，2009：360）。另外，海南咖啡店很注重炒咖啡豆的方法与过程。早期这些海南咖啡店头手不但要泡咖啡，还要负责烘炒咖啡豆。一般炒咖啡豆的方法是将糖、咖啡豆和牛油一齐炒，以这种炒法炒出来的的咖啡味浓但不香。后来，新加坡知名咖啡店"卫生园"中一名叫丁积耀的海南头手发明了一种方法，即将咖啡豆炒至八成熟，然后才加入糖和牛油一同炒。这样的咖啡泡出来不但浓且香，之后其他海南咖啡店的头手也都学会了这功夫（吴华，2011b：509）。

早期的海南咖啡店都是以家庭方式经营，主要靠咖啡、面包、半生熟蛋和糕点为主要卖点。由于海南咖啡店所提供的这些饮料和食物既便宜而且分量足够，因此很受劳动阶层人民的青睐。海南人所经营的咖啡店都按"薄利多销"的原则，主要是为劳苦大众服务，而且多数开设在下层民众聚居的地方。早期的海南咖啡店都设在华人为主的地区，但随着商业竞争和人口流动等因素的影响，这类咖啡店纷纷在马来西亚各个城市和乡镇设立起来。这些咖啡店依然是继承着早期新加坡海南咖啡头手泡咖啡和炒咖啡豆的方法，因此，香醇的海南咖啡的味道还是到处可闻。在马来亚独立前后，海南咖啡店的顾客群都是多元民族的，但随着马来西亚政府于 20 世纪 80 年代初期加大力度推行伊斯兰化政策，穆斯林民众大量减少光顾华人咖啡店[1]。但有些乡镇的海南咖啡店由于老板一直以来都不卖以猪肉为佐料的包点和面食，因此马来人（穆斯林）继续来光顾。虽然传统海南咖啡店面临各种挑战和接班无人的问题，但现今马来西亚各地依然还有一些知名的海南咖啡店。霹雳州的怡保除了驰名的南香茶餐室，新源隆茶餐室也是客似云来。吉隆坡则有南镒茶餐室和京城茶餐室、丁加奴州甘马挽的海滨咖啡茶室一样闻名全国（温逸敏，2011：496）。这几家咖啡店拥有悠久的历史，有的已进入第三代经营，因此它们可以说是马来西亚咖啡店业的老字号。这些知名的海南咖啡店都是以传统的咖啡、烤面包、半生熟蛋和奶茶为招牌，再加上其他的马来西亚美食如马来椰浆饭、虾面和云吞面供顾客选择。

除了驰名的海南咖啡和烤面包，传统海南咖啡店还有一项值得保留的传统，那就是具有浓厚的人情味（蔡葩等，2008：39）。海南人重视乡情，这股情怀在新马一带到处可见。凡是海南人开的咖啡店，对操乡音的同乡顾客总是特别恩，招呼热切，咖啡与茶水及鸡饭分量十足，价钱优惠。如果遇到外地同乡手头拮据，甚至半卖半送，有时还奉上旅费，让异乡人有宾至如归的感觉。此外，有鉴于海南咖啡店的员工多数是海南亲人或同乡，老板除了把店员当亲戚外，还把年轻的店员当作自己的侄子，把同辈的店员当兄弟。海南老板往往有一种观念，这些"后生"离井背乡到南洋，没有父母在身旁，自己身为同乡长辈，不去照顾这些"后生"，还能指望谁去照顾？店主有时是代行为人父母的职责，不仅注意年轻店员的起居、工作，还关心他们的私生活，将来还得代为安排他们的婚事（蔡葩等，2008：38）。诚然，早期新马一带的海南咖啡店，不但是南来海南同胞谋生处，也是联络所、桥梁乃至跳板。因此，海南人的"来番"史，可说是和咖

---

[1] 当马哈迪于 1981 年就任马来西亚首相后，他积极推行伊斯兰化的国策并把伊斯兰的价值观和圣训注入国家的行政。这样的国策进一步强化了该国穆斯林群体的伊斯兰意识，因此，他们非常在意所食用的食物是否符合清真规格。他们对于华人所经营的餐馆和咖啡店是否能提供清真食物存有疑虑，所以一般不光顾华人的食店。

啡店分不开的（王兆炳，2005：248）。

五、城市化与传统海南咖啡店的没落

随着经济的发展和城市化进程的推进，马来西亚传统的海南咖啡店面临严峻的挑战。许多华裔人口在发展洪流的带动下大量向城市迁移，这是因为城市化带来了各种各样的就业机会。政府在城市化过程中，投入大量资金来开发新型工业和发展各种产业，因此各行各业都呈现了欣欣向荣的景象。此外，外资的涌入也带来新的工作职位。马来西亚政府在推进城市化过程中颇注重各城市的基建和住宅区的设立。私人开发商也加入发展城镇和其周边地区，尤其是商业区的开发，以获取丰厚的盈利。所以，新城镇的开发一般都涵盖了设立舒适的住宅区、大型的商场、消费与消遣场所。年轻人为了寻找更好的就业机会和素质较好的生活，都往城市地区迁徙。同时，由于乡区的经济都依赖农产品的价格而它们深受国际经济的影响，乡民的收入也因此不高。诚然，乡镇的生活水平不高，工作又辛苦。所以，进入90年代华裔年轻人已不务农，马来西亚需依靠外籍劳工来填补这个领域的人力短缺。

以上的概述说明了马来西亚的城市化进程造成乡镇大量流失居民，乡区的经济活动也深受影响。传统海南咖啡店面由于许多是设立在半乡镇地区，也因此面临顾客群的萎缩。因此，很多这类咖啡店只能挣扎求存，其店主只是做少许的生意以糊口。原本这些传统海南咖啡店也做马来族群的生意，但在政府大力推行新经济政策下造成大量马来人，尤其是年轻和中产阶级的马来人的都市化，这使得其顾客源进一步减少。

除此以外，传统海南咖啡店也面临其他挑战。第一个挑战是，早期的海南人非但思想保守，且经商方式也守旧，鲜有长远的计划。有的经营咖啡店获利后，大都汇款回海南家乡，广置田地巨宅，以便日后"落叶归根"，安享晚年。虽然海南人在早期执咖啡店事业的牛耳，但在进入70年代后，其他籍贯人士尤其是福州人大量进军咖啡店业。他们以崭新的姿态设立的咖啡座亮相，一时顿成迎合潮流与深受年轻人喜爱的消遣场所。此外，外族人士如马来人和印度人也加入了这个行业。这使得咖啡店行业竞争日益剧烈，传统海南咖啡店也因此流失了一些友族的顾客群。

第二个挑战是，海南先辈及后辈均极为重视子女教育，虽然其子女曾在咖啡店里帮忙，但因父辈督促与他们勤于学习，因此在七八十年代，他们当中有许多已成为专业人士。他们无意愿接手和继承父辈的咖啡事业，所以传统海南咖啡店往往面临无人接班的棘手问题。许多传统海南咖啡店，尤其是属于乡镇地区的，往往只经过一代人的经营。在年老与城市化所造成的人口迁徙的冲击下，顾客群日益减少，因此这些海南咖啡店主就选择结束营业。

第三个挑战是，新型咖啡店和连锁咖啡店的出现造成传统海南咖啡店大量流失顾客。这类咖啡店是在城市化进一步深化之际，于90年代后期开始大量在马来西亚的各大城市涌现。随着马来西亚的经济在前首相马哈迪主政时以发展大型计划为主轴下取得长足的发展，人民的消费能力也进一步提升。虽然这些新型咖啡店和连锁咖啡店所售卖的咖啡和食品都比传统咖啡店要贵，但其舒适的环境、餐饮种类繁多和高品质的服务，最终得到在城市里就业的成年人和年轻人的青睐。在城市化大浪潮的冲击下，由于缺乏资金和变革的策略，许多传统海南咖啡店只能在城市的一隅默默求存。只有少许的海南咖啡店主能在其子女的协助下，成功地把传统海南咖啡店转型为连锁咖啡店。

六、个案研究：从"南香黑咖啡"到 "旧街场白咖啡"的品牌创建

在马来西亚的山城怡保除了景色宜人外，她的美食也一样令游客回味无穷。外地的游客到此地一游后都会尝尝驰名的芽菜鸡，喝上一杯香浓的海南咖啡。此地南香茶餐室所卖的咖啡和烤面包远近驰名，茶客络绎不绝。它是马来西亚咖啡店的老字号，至今已历经三代。在1936年左右，海南人吴坤儒从中国海南岛南来马来亚。他经过一番努力替人打工后，有了些储蓄才于1958年在怡保旧街场开设南香茶餐室。这是家传统及家庭式的咖啡店，家里的成员都须辛勤地付出以维持此店。由于吴家的子女从小都在店里帮忙，这让他们有机会学习炒咖啡和泡咖啡的手艺，并让他们以后能继承咖啡店。一路走来，吴氏家族这门传统咖啡店生意，就这样经历了三代。从第一代的"创"、第二代的"守"到第三代的"闯"，吴家最终打造出知名的"旧街场白咖啡"事业，也把"黑咖啡"转型为"白咖啡"。

早期的南香茶餐室只是以售卖咖啡饮料、烤面包和半生熟蛋为主。南香茶餐室的创办人吴坤儒很注重咖啡的品质与口感，因此一直秉承着现炒现卖的态度，以保持咖啡的香浓和新鲜程度。吴老先生也自创了独门的白咖啡秘方[1]，也因而

---

[1] 白咖啡是一种比较纯正的咖啡，与黑咖啡不同。白咖啡在烘炒过程中，没有加入其他材料，如意米粒和焦糖，所以味道香醇，不带苦涩。

让南香咖啡店闻名（温逸敏，2011：494）。到了第二代接班人吴家健接掌该店时，"南香"已是怡保旧街场街坊邻里心中的老字号。1969 年嫁给吴家健的周坤玲，一脚踏入吴家，就踏入南香茶餐室的门槛。她从此和丈夫守住家翁创下的祖业，用心打理这门生意。吴家健夫妇接手生意后便重整业务，打破保守的经营模式，把店面租给贩卖各类食品的档口。此外，眼看自己炒咖啡豆和制作咖啡粉的工作繁重，也赚不了多少钱，于是他们改向其他咖啡商购货，停止自制咖啡粉（冯静敏，2012）。当时虽然茶餐室的生意好，但市民生活水平不高，一杯咖啡乌只卖 1 角 5 分，因此一天的盈利也只有几十块钱。他们可说是胼手胝足地打理好南香茶餐室和养育儿女。

真正把南香茶餐室的咖啡发扬光大的是吴家的第三代接班人，即吴家健夫妇的独生子，吴清文。他从小便在父亲的咖啡店长大。母亲周女士指出，因为长时间与咖啡接触，他喜爱自己冲调咖啡和茶，对咖啡情有独钟也很有研究（温逸敏，2011：494）。他中学毕业后去念会计，还没念完就对周女士说要到外国见识。开明的周坤玲欣然接受孩子要往外闯。因此，他 19 岁时就到德国寻找生计，两年后返回马来西亚。他在德国工作时，让他对外国的饮食业发展大开眼界，也让他领悟到，外国人今日做的是为了一辈子的事业，他们有一套计划，只要售出一个概念，就能坐享其成赚大钱。这对他日后的创业起了很大的启发。吴清文回到家乡怡保后，就在母亲的资助下在南香茶餐室对面开了另一间咖啡店。周女士希望儿子能冲出怡保旧街场，创立自己的品牌，闯出另一片天。

吴清文在经营咖啡店的当儿，一直没放弃要把其咖啡事业进一步拓展。他对祖父留下的白咖啡秘方深感兴趣。经过钻研改良，他终于在 1999 年配制出口感独特的 3 合 1 白咖啡。为了将旧街场白咖啡发扬光大，他进一步首创了 3 合 1 即溶白咖啡。于同一年，他又创立了白咖啡有限公司（White Café Sdn. Bhd.），成为马来西亚第一家大规模生产旧街场白咖啡的公司。成功打造旧街场（Old-Town）这个品牌成为他生意的重要转折点。如此一来，旧街场白咖啡才有机会从小镇居民独享的饮品被推介至马来西亚各地，并迅速成长为该国首屈一指的白咖啡品牌。为了使其产品继续受到顾客的青睐，他的公司持续不断开拓新产品并推出了各种口味的咖啡以迎合大众口味和市场需求。目前，其公司的即溶冲泡系列包括 3 合 1 经典白咖啡、3 合 1 榛果味白咖啡、3 合 1 蔗糖白咖啡、3 合 1 冰冷白咖啡、3 合 1 白奶茶以及 2 合 1 无糖白咖啡（《亚洲周刊》，2012-12-02）。诚然，其公司的成功可归功于采用了传统秘方和新颖的科技打造了属于自己的品牌，因此受到大众的喜爱。

其实，根据吴清文的说法，白咖啡有限公司的成功也有其心酸的一面。当 3

合 1 旧街场白咖啡产品首次面世时，马来西亚正面临 1998 年亚洲金融风暴后的不景市道。为了推介其产品，他硬着头皮，带着产品一家家去叩经销商的门，而往往只获得对方"购入少少货试试看"的机会（冯静敏，2012）。但该次的金融危机也给他的事业带来契机，那时人人都不想做生意，反而让他这门小生意有成长的空间。他的新产品一推出市场，意外地迅速畅销。当时他的公司规模，加上自己只有三名员工，因此从出产、包装到送货，都由他亲自上阵。但对他助益最大的还是其祖父所创立的南香茶餐室，这成为促销其产品的最早和最佳场所及事业的根基。南香茶餐室那一杯远近驰名的咖啡，让他所配制的旧街场白咖啡产品能在市场上引起顾客的共鸣。当时南香茶餐室有许多游客来光顾，他们在店里喝过富有南洋道地风味的香浓白咖啡后，非常喜爱。看到店里有卖 3 合 1 白咖啡，就随手买回去和亲友分享。这样的免费宣传更可把他的产品带到马来西亚各地和外国。

2005 年可说是吴清文的第二个生意契机。当时他和李氏兄弟在怡保花园的南区创办了第一间"旧街场白咖啡馆"（Oldtown White Coffee）。这是一间以南洋风情和创新风貌为主题的咖啡馆。首间"旧街场白咖啡馆"最初只作为应酬客户的地点，不料却客似云来，所以他们就索性打开大门，做起生意来了（温逸敏，2011：495）。这就是旧街场白咖啡连锁生意创业起步的开始，尤为重要的是它带起了马来西亚新式咖啡馆的潮流。第一年它就在马来西亚各地迅速开办了80 多间连锁新式咖啡馆，创下外人眼中不可能的业绩。吴清文所经营的新式咖啡店，延续了海南人著名和独特的咖啡事业，也保存了传统海南咖啡店的风貌。例如，他把祖父咖啡店的青花陶瓷咖啡杯和云石台椅引进咖啡馆。与传统咖啡店相比，他的咖啡店售卖多样化的食物。除了传统海南咖啡店所售卖的食物，即咖啡、面包、半生熟蛋等之外，还售卖各式各样的面食、三明治、椰浆饭等，以让消费者有更多的选择。

吴清文的咖啡事业从早期的开设咖啡店、生产咖啡粉到投身饮食业（开创旧街场白咖啡连锁生意），可说是彰显了海外华人企业家艰辛创业的历程。他并不满足于马来西亚国内的市场。2008 年，他开始进军新加坡，在新加坡有了分店。其旧街场白咖啡集团的主要业务分为饮食业务和经营快速消费品（制造与行销白咖啡产品）。为了使其咖啡事业能进一步扩展，他的集团于 2011 年 7 月 13 日在马来西亚交易所主板上市。上市后，他积极向海外市场拓展其咖啡版图。截至2012 年，其集团在马来西亚共有 211 间旧街场白咖啡馆分店（《亚洲周刊》，2012-12-02）。至于海外业务，新加坡有 9 间旧街场白咖啡馆、印尼 7 间、中国3 间。吴清文非常看重中国的业务，其 13 亿人口的庞大市场将是旧街场白咖啡集团的主要增长推动力。因此，他积极在中国拓展以 3 合 1 饮料产品为主的快速消费品业务。他也看好韩国与越南的新兴市场。早在 2007 年他的集团便创下马来西亚最大连锁咖啡店的记录，获"马来西亚纪录大全"颁发荣誉认证。2010年起，旧街场白咖啡就荣获马来西亚布特拉（Putra）卓越品牌大奖的肯定。2012 年再次荣获最具有保证品牌金奖和卓越品牌银奖。在国际上，其最引以为傲的就是 2011 年与 2012 年连续两年蝉联由《亚洲周刊》主办的"亚洲二十大卓越品牌大奖"。此奖项只颁发给最具影响力的亚洲品牌，让亚洲相关品牌独特的企业文化与品牌故事能同时享誉全球。

七、连锁咖啡店与华人饮食文化的变化

马来西亚华人的先辈来自华南地区，在往南洋迁徙过程中带来了闽粤的饮食习惯。时至今日，许多华人家庭还依然继承着闽粤的烹饪方式和菜肴。但在多元文化的马来西亚，有鉴于族际交往的频繁，华人的各种习俗发生了涵化或在地化现象。此现象在峇峇与娘惹及土生华人的生活习惯里最为显著。华人所经营的咖啡店也受到影响。如早期的传统海南咖啡店一般只卖咖啡、奶茶、烤面包、包点与半生熟鸡蛋，但后来的华人咖啡店引进了友族同胞的马来椰浆饭和糕点。

马来西亚在经济发展和城市化进程中给人民带来了经济、生活素质与品味的提升，人们不再为了要求温饱而消费。现在，人们消费的不只是一杯咖啡而已，而且包括舒适的环境空间、多样化的选择、品牌的选择等。21 世纪开始设立的连锁咖啡店不只冲击了传统海南咖啡店，它也影响了华人的饮食文化，尤其是咖啡文化。这类咖啡店所提供的不只是食用早餐或喝下午茶的场所，它还是顾客们谈生意的地点。传统海南咖啡店的顾客一般除了用早餐和下午茶外，有一些顾客尤其是退休人士会到此来闲聊和打发时间。但连锁咖啡店的舒适环境不仅吸引年长者，年轻人和成年人更是喜欢光顾以联络彼此的感情。它也是城市的白领阶层人士在辛苦工作一天后来与朋友聚一聚的场所。

连锁咖啡店随着都市人口结构的变化，尤其是马来人的都市化，纷纷卖起清真食品。它们所售卖的食物更多元，以迎合马来西亚的三大顾客群。各种辛辣的食物如马来椰浆饭、爪哇面与马来糕点已成为连锁咖啡店的卖点。除此以外，为了使连锁咖啡店更能吸引顾客，业者还把马来西亚各地有名的美食引进其店。例如槟城驰名的炒粿条、虾面，马六甲的海南鸡饭，华人的云吞面等食品都已是连锁咖啡店的热点美食。另外，为了配合年轻顾客的口味和爱好，各种冷饮和果汁都是菜单里的重要饮品。这些食物和饮料都不是华人传统咖啡店所售卖的食品，华人顾客因此不再局限于传统的咖啡和烤面包。久而久之，连锁咖啡店所售卖的食品开始影响都市华人的饮食文化。马来西亚的华人已不再只是食用闽粤餐饮，他们现在也很喜爱友族的辛辣食物。

以前在马来西亚的华人传统咖啡店，一杯咖啡或奶茶、烤面包与半生熟蛋只是三餐的配角，华人一般上只到这类咖啡店享用早餐和下午茶。但自从连锁咖啡店在都市地区林立以后，一些华人的午餐，乃至晚餐就在这舒适的咖啡店里享用。所以，华人除了去传统的餐厅食用晚餐，连锁咖啡店也开始是他们的选择之一。华人家庭往往也会带其家庭成员来咖啡店用餐。在这类餐厅，由于是西式经营，因此没提供筷子，华人要使用刀叉来享用食物。它们没有中国茶供顾客们点用，但其所售卖的各种果汁更受华裔年轻人的青睐。有别于华人传统餐厅，连锁咖啡店所提供的餐食都是每人一份的分量，因此家庭成员没办法共享佳肴。

八、结语

作为海外华人，马来西亚华人可说是比较特殊的一个群体。虽然与其他东南亚国家的华人同样来自中国华南地区，但马来西亚的华人在文化保存方面却独占鳌头。其饮食文化除了保存了华南地区的特色外，在本土化过程中更彰显了其特色与特点。马来西亚华人饮食文化的特殊之处可说是源自其多元社会和族际交往。由于马来西亚的民间族际交往颇频繁与和谐，因此产生了相互影响的局面。在饮食文化方面，我们看到华人受到马来人的影响而喜爱上辛辣的食物；而马来人也学习制作华人的包点和鸡饭。综观马来西亚华人与马来人的文化交流和适应情况，我们可从中得知多元社会的族际文化调适须在自然的状况下发生。民族间的文化交流和互动如能在自然环境下进行，其产生的族际适应、涵化乃至同化都能在融洽的情况下衍生。

由于经历了西方的殖民，马来西亚华人的饮食文化也受到英国人的影响。其咖啡文化和食用烤面包作为早点和下午茶可以说是殖民者的遗风。在独立前后的马来西亚，传统海南咖啡店所售卖的咖啡和烤面包，深受华人和友族同胞喜爱。所以，那时候的华人传统咖啡店都受到三大民族顾客的光顾。但在20世纪80年代伊斯兰化政策的影响下，许多马来穆斯林拒绝光顾这些华人咖啡店。此外，政府所积极推行的城市化进程造成了大量乡镇居民的都市化和新型与连锁咖啡店的崛起。这些发展给传统海南咖啡店带来冲击，但同时也带来此行业变革的契机。

有些传统海南咖啡店在年轻一代的协助下成功转型为新型或连锁咖啡店,把海南咖啡与咖啡文化继续传承下去。因此,马来西亚的城市化虽然影响了传统华人咖啡店,但其城市移民和城市化更赋予传统咖啡店新的生命。

以上关于马来西亚传统海南咖啡店的变革可带出许多有关海外华人的讯息。通过对传统海南咖啡店的概述,我们可了解到东南亚华人从创业到守业的辛苦历程。他们许多人原本只是穷困的华工,在新马地区胼手胝足地工作,有了些微薄的积蓄后才开始经营小本生意。这说明华人移民到了海外谋取生计时,一直节食俭用以求创业,赚取更多钱财好让家人能过较好的生活。传统海南咖啡店的业主虽然只能赚取微薄的收入,却能让家庭成员到店里帮忙和体验生活的艰辛。因此,这个过程也使其年轻一代学习到如何经营海南咖啡店的方法和冲泡一杯香醇的海南咖啡,这也促成海南咖啡的老行业得以相传并发扬光大。传统海南咖啡店在城市化冲击下的变革,也彰显了海外华人商业的韧性。"旧街场白咖啡"成为传统海南咖啡的国际品牌可以说是明证。

参考文献

[1] 蔡葩,等. 海南华侨与东南亚 [M]. 海口:海南出版社/南方出版社,2008.

[2] 陈志明. 第七章:海峡殖民地的华人——峇峇华人的社会与文化 [M] //林水檺,骆静山. 马来西亚华人史. 吉隆坡:马来西亚留台校友会联合总会,1984.

[3] 陈志明. 涵化、族群性与华裔 [M] //郝时远. 海外华人研究论集. 北京:中国社会科学出版社,2002:231-262.

[4] 冯静敏. OldTown 咖啡三代飘香 [N]. 星洲日报,2012-01-01.

[5] 冯业兴. 具本地色彩的混合咖啡 [M] //吴华. 近看乡情浓——柔佛州海南族群资料专辑. 新山:柔佛州 16 间海南会馆,2009:359-363.

[6] 冯业兴. "咖啡乌"源自麻县 [G] //马来西亚海南族群史料汇编(上册). 吉隆坡:马来西亚海南会馆联合会,2011:505-508.

[7] 何启良. 文化马华:继承与批判 [M]. 吉隆坡:十方出版社,1999.

[8] 孙振玉. 马来西亚的马来人与华人及其关系研究 [M]. 兰州:甘肃民族出版社,2008.

[9] 王兆炳. 海南人与咖啡店业 [M] //莫河. 海南社会风貌. 新加坡:武吉智马琼崖联谊会,2005:247-251.

[10] 温逸敏. 探马来西亚海南人与"kopi"文化的建构 [G] //马来西亚海南族群史料汇编(上册). 吉隆坡:马来西亚海南会馆联合会,2011:492-497.

[11] 吴华. 马新海南人独特的传统行业 [G] //马来西亚海南族群史料汇编(上册). 吉

隆坡：马来西亚海南会馆联合会，2004：258-263.

[12] 吴华. 海南人移民马来西亚的历史与社会活动 [G] //马来西亚海南族群史料汇编（上册）. 吉隆坡：马来西亚海南会馆联合会，2011a：258-263.

[13] 吴华. 马新海南人独特的传统行业 [G] //马来西亚海南族群史料汇编（上册）. 吉隆坡：马来西亚海南会馆联合会，2011b：509-510.

[14] 杨建成. 马来西亚华人的困境 [M]. 台北：文史哲出版社，1982.

[15] 颜清湟. 华人历史变革 [M] //何启良，林水檺，赖观福，何国忠. 马来西亚华人史新编（第一册）. 吉隆坡：马来西亚中华大会堂总会，1998：3-76.

[16] 张继焦. 亚洲的城市移民：中国、韩国和马来西亚三国的比较 [M]. 北京：知识产权出版社，2009.

[17] 祝家丰. 文化的韧性与生命力：马来西亚华人文化个案探讨 [M] //文平强，许德发. 勤俭兴邦：马来西亚华人的贡献. 吉隆坡：华社资料研究中心，2009：165-188.

[18] 祝家华. 解构政治话：大马两线政治的评析（1985—1992）[M]. 吉隆坡：华社资料研究中心，1994.

[19] Furnivall, J. S. Colonial Policy and Practice：A Comparative Study of Burma and Netherlands India [M]. Cambridge：Cambridge University Press, 1948.

[20] Suryadinata, Leo. Peranakan Chinese Identities in Singapore and Malaysia：A Re-examination, in Leo Suryadinata (ed.) [M] //Ethnic Chinese in Singapore and Malaysia：A Dialogue between Tradition and Modernity. Singapore：Times Academic Press, 2002：pp.69-84.

[21] Tan Chee Beng. The Baba of Melaka：Culture and Identity of a Chinese Peranakan Community in Malaysia [M]. Petaling Jaya：Pelanduk Publications, 1988.

[22] Tan Chee Beng. Chinese Peranakan Heritage in Malaysia and Singapore [M]. Kuala Lumpur：Fajar Bakti, 1993.

[23] Tan Chee Beng. People of Chinese Descent：Language, Nationality and Identity, in Wang Ling-chi and Wang Gungwu (eds.) [M] //The Chinese Diaspora：Selected Essays, vol. 1. Singapore：Times Academic Press, 1998.

[24] Tan Chee Beng. Socio-Cultural Diversities and Identities, in Lee Kam Hing & Tan Chee-Beng (eds.) [M] //The Chinese in Malaysia, Shah Alam：Oxford University Press, 2000：pp.37-70.

[25] Wang Gungwu. Community and Nation：Essays on Southeast Asia and the Chinese [M]. Kuala Lumpur：Heinemann Educational Books, 1981.

地理学视角下旅游城镇意象空间优化研究
——以黄姚古镇为例[1]

赵巧艳[2]

引 言

　　了解旅游者如何与环境互动从而构建对真实世界的意象一直是地理学的研究重点之一，这主要肇始于 1960 年凯文·林奇（Kevin Lynch）对城市意象的探究。他率先运用意象方法来检验城市空间的品质，从城市规划的视角阐释了在大尺度的城市中心区域内，分析人们如何运用道路（path）、边界（edge）、节点（node）、区域（district）和标志（landmark）5 种空间元素在主观与客观间建立联系，探索如何创造积极的空间形态和空间秩序，从而形成城市的公共意象[3]。后来，不同学科又分别从城市意象的评估层面、结构层面和认知层面进行了探讨[4]。20 世纪 70 年代，威廉·雷诺兹（William Reynolds）将意象应用于旅游

　　[1] 基金项目：国家社科基金一般项目"新型城镇化进程中侗族村落空间优化与生态人居环境建设研究"、教育部人文社会科学研究青年基金项目（13YJC850030）、广西哲学社会科学规划一般项目（13BMZ007）、广西高等学校优秀中青年骨干教师培养工程。

　　[2] 赵巧艳（1975— ），女，广西桂林人，广西师范大学漓江学院管理系副教授，硕士生导师，中国社会科学院民族学与人类学研究所博士后流动站驻站研究人员，研究方向为空间社会学、人文地理学、旅游人类学。

　　[3] Lynch, K. The image of the city [M]. MIT press.
　　[4] Knox, P. L. , Pinch, S. Urban social geography: an introduction [M]. Pearson Education, 294-303.

研究，开创了从心理学视角关注个体意象的先河[1]。国内学者对意象的研究是相当晚近的事，总体呈现以引介和阐释旅游地意象的概念、内涵为主的宏观理论研究，微观实证研究较少。同时受西方研究对象的影响，研究视野多集中在大尺度的大中城市。

黄姚古镇地处广西、广东、湖南三省交界处，西距昭平县城73公里，东接桂东南旅游经济区，北靠大桂林旅游圈，东南临广东肇庆、佛山旅游圈。古镇四周由酒壶山、鸡公山、真武山、田螺山、隔江山、天堂山、天马山、关刀山、牛岩山等九座山峰环绕，呈"九龙聚穴"之态。境内名木古树、古桥、亭台楼阁、寺观庙社、古民居浑然天成，形成"有山必有水、有水必有桥、有桥必有亭、有亭必有联、有联必有匾"的独特景致。姚江、小珠江、兴宁河从东、西、北三个方向蜿蜒穿过古镇，沿岸古木参天、翠竹繁茂、怪石嶙峋，享有"别有洞天藏世界，更无胜地赛仙山"和"小桂林"的美誉。古镇拥有丰富的文化资源，最重要的人文景观是300多间明清宅院，均按"九宫八卦"式布局。2005年荣膺"中国最具旅游价值古城镇"称号；2006年入选"中国最值得外国人去的50个地方"；2007年被建设部和文化部文物局列为"中国历史文化名镇"，被国家旅游局评为"全国农业旅游示范点"；2009年被国家旅游局评为"国家AAAA级旅游景区"，同年被评为"中国最美的十大古镇"之一。目前，对黄姚古镇的研究主要集中在以下三个方面：一是对古镇的历史沿革[2]、形成原因[3]、文化成因[4]、亲水特点[5]、栖居模式[6]、生态景观[7]、建筑艺术[8]等进行探讨；二是古镇的地域社会[9]、社会特点[10]、社会变迁[11]、宗族

[1] Hunt, J. D.. Image as a factor in tourism development [J]. Journal of Travel research, 1975 (3), 1-7.

[2] 刘中奇，梁居中，等. 古镇黄姚 [M]. 南宁：广西人民出版社，2006.

[3] 苍铭. 黄姚古镇形成与存留原因探析 [J]. 中央民族大学学报，2006 (4)：92-96.

[4] 潘立文. 昭平黄姚古镇的文化成因 [J]. 广西社会科学，2004 (11)：18-19.

[5] 朱其现. 画意诗情山色裹 天光云影水声中——黄姚古镇水文化特征剖析 [J]. 改革与战略，2005 (6)：103-105.

[6] 包卓灵. 大地之居：黄姚古镇栖居模式述论 [D]. 南宁：广西民族大学，2009.

[7] 滕志朋. 广西黄姚古镇生态景观的文化构成 [J]. 文艺争鸣，2010 (22)：114-116.

[8] 石承斌，陈方佳. 黄姚古镇建筑艺术的影视人类学保护 [J]. 艺术百家，2008 (6)：79-83.

[9] 麦思杰. 风水、宗族与地域社会的构建——以清代黄姚社会变迁为中心 [J]. 社会学研究，2012 (3)：203-222，246.

[10] 麦思杰. 土民、客人与乡绅：万历至乾隆的黄姚社会 [J]. 民族研究，2010 (2)：78-88，109-110.

[11] 麦思杰. 开户立籍与田产之争——以明清时期黄姚社会变迁为中心 [J]. 中国农史，2008 (3)：104-114.

文化[1]、文化资源[2]；三是旅游开发现状[3]、旅游资源开发[4]、旅游满意度调查[5]、居民感知[6]、旅游开发边缘化现象[7]。

本文以意象空间优化为研究对象，以典型旅游城镇黄姚古镇为例，结合2014年6—8月数次深入黄姚古镇所获得的第一手田野调查资料，在林奇意象五要素理论框架下，从地理学的意象空间角度提出旅游意象空间优化建议。

一、黄姚古镇旅游意象空间构成

按照林奇的观点，城市意象空间构成的关键要素包括道路、边界、节点、区域和标志，它们有规律地彼此穿插和相互叠合，其中区域由节点构成，受边界限定，道路贯穿其间，标志散布在内，从而构成城市的整体意象[8]。他的这一理论具有较好的普适性，国内旅游地意象空间研究亦深受其影响，据此探讨了包括旅游城市、古镇和古村落等在内的旅游地意象空间，研究结果表明，其意象空间也是由上述五种要素构成[9]。因此，本文借鉴林奇城市意象五要素理论来解释黄姚古镇的旅游意象空间。

（一）道路

黄姚古镇的道路意象总体呈现环状结构，以街道、河道和桥梁连接的基本节

[1] 李亦丹. 宗族文化的当代变迁研究 [D]. 桂林：广西师范大学，2011.

[2] 尤小菊. 试析文化资源产权的本土化表达及意义——以黄姚古镇为例 [J]. 青海民族研究，2011（2）：48-52.

[3] 韦祖庆，陈才佳. 黄姚古镇旅游开发现状分析与保护对策 [J]. 广西社会科学，2009（1）：10-14.

[4] 付健. 农民参与旅游资源开发的法理分析——以广西贺州昭平县黄姚古镇、桂林阳朔大榕树风景区为例 [J]. 社会主义研究，2007（3）：89-91.

[5] 杨主泉. 社区农村居民参与生态旅游满意度调查——以广西昭平县黄姚和临江景区为例 [J]. 湖北农业科学，2013（8）：1974-1978，1982.

[6] 宇世明. 基于居民感知视角的广西古村落乡村旅游研究 [D]. 桂林：广西师范学院，2011.

[7] 许洪杰. 旅游开发背景下古镇居民"边缘化"现象研究 [D]. 桂林：广西师范学院，2011.

[8] ［美］凯文·林奇. 城市的印象 [M]. 项秉仁，译. 北京：中国建筑工业出版社，1990：41-44.

[9] 王红，胡世荣. 镇远古城意象空间与旅游规划探讨 [J]. 地域研究与开发，2007（3）：61-64，131.

点和次节点的等级序列共同组成。因此，在分析黄姚古镇道路要素时，除了街道之外也不能忽视河道与桥梁要素。河道是构成黄姚古镇旅游意象空间的特殊景观之一，纵横的河道与街道形成了"水陆相邻，河路平行"的空间格局。桥梁既作为通道，也成为道路的连接点和聚集点，同时还作为标志而存在。

1. 街道

街道是黄姚古镇意象的主要构成要素，几乎所有旅游者的游览活动都是以街道为脉络展开的。如当问及他们的游览路线时，常常会说："我们从西顾延禧那里进来，把古镇游了个遍，去了……街，记得比较清楚的有天然街、金德街、安乐街等。"尽管大部分旅游者不能完整地概括出古镇的道路结构，但是隐然能感觉到若干条道路在游客意象中构成了最主要的脉络，延伸至其想要到达的各个景点。街道是道路要素的主导要素，包括天然街、金德街、安乐街、龙畔街、连理街、中兴街、平秀街、迎秀街8条老街，其中天然、金德、安乐三街相连，曾是清初最主要的商业街，其他几条街都是由这三条老街延伸出来的，后来又衍生出九家街和流利街两条街道，但这两条街给游客留下的印象没有其他八条街那么明显和清晰。8条老街保留着比较完整的各类明清建筑，特别是清代民居群，给游客留下了相对清晰的意象。更为重要的是，据说全长约1.5千米的街道是由99 999块石板镶嵌而成的，具有某种象征意义，从而给游客留下了无尽的想象空间。

2. 河道

相较街道而言，河道对于黄姚古镇意象的构建所起到的作用稍微弱一些，但也相当重要。河道不仅与人们生活息息相关，也是黄姚古镇的特色与灵魂所在，可以说，"依水而居"的文化精神是黄姚人"大地之居"栖居模式的表征[1]。整个古镇的建构以"水"为主题，或背山临流，或枕山面水，或依山跨水。姚江、珠江、兴宁河从东、西、北三个方向汇聚境内，形态九曲三回，两岸或倚民居，或沿小径，或在岸边平坡处植桃种柳，映照着古镇的屋宇楼阁，形成一幅"下界路从溪口过，上方人在画中行"的古镇意象，充分体现了"山为骨架，水为血脉"的环境构想。

3. 桥梁

在黄姚古镇水空间组成要素中，桥梁的作用不可忽视，体现出古镇人在处理

[1] 包卓灵. 大地之居：黄姚古镇栖居模式述论 [D]. 南宁：广西民族大学，2009.

人与水的关系上的智慧。黄姚古镇桥梁众多，有带龙桥、佐龙桥（双龙桥）、锁龙桥、护龙桥（兴宁桥）、天然桥、石跳桥、利民桥、枕漱桥（平石桥）、三星桥、福德桥、锡拱桥、小巩桥、黄琪垆桥等，并且桥梁的"龙"文化气息深厚。据传古时有一条龙来到黄姚古镇，人们便修建桥梁庙宇等希望把龙留住，因此古镇里凡是有桥的地方便修建有寺观祠庙或亭台楼榭，如佐龙桥旁修佐龙祠、带龙桥边建带龙楼、护龙桥（兴宁桥）旁盖兴宁庙等，这种龙崇拜与建筑文化融为一体的空间意象给游客留下了深刻的印象。

（二）边界

林奇认为，边界是除道路以外的线性要素。黄姚古镇的边界由古镇边界和内部边界两个主要的层次组成，前者是由东门楼、带龙楼、守望楼、亦孔楼、三星楼、西望楼、接龙楼等门楼形成的一个封闭空间，后者是以东二门、东三门、中兴门、馀庆门、水闸门、带龙门、永安门、寺观门、近安门、金德门、新安门、龙凝门、南塘门、大新门、太平门、天然门 16 个门为界形成的住居社区。

（三）区域

区域是指旅游者在旅游地可以随意进出并且具有共同特征的较大地理范围，是意象形成的高级阶段，但旅游者不容易表达出来，所以区域不是黄姚古镇旅游意象的主导要素。具体而言，主要由安乐街、金德街、天然街、龙畔街、连理街、平秀街、迎秀街、中兴街 8 条主街构成。由于这些街并非仅指某一条具体的街道，而是一个街区，古镇依这 8 条主街形成了 9 个主要的街区。每一街区不仅包括主街道，也包括外围的土地，甚至一些村落和寨子。以连理街为例，其辖区范围包括主街、连理街仁户屯、沙棠底、虎头寨、龙塘及周围的仁地等。

（四）节点

节点是指观察者可以进入的战略性焦点[1]，也是黄姚古镇旅游意象的关键要

---

[1] ［美］凯文·林奇. 城市的印象［M］. 项秉仁，译. 北京：中国建筑工业出版社，1990：55.

素。节点按功能可分为连接点和聚集点，前者指道路的交叉口或汇集点，这是一种旅游者未清晰意识到的节点；后者指旅游者停留的聚集点，这类节点旅游者可清晰意识到。黄姚古镇的聚集点主要包括古戏台、亭榭、长廊、广场等。古戏台位于北面景区入口处，这里既是停车场，也是购物广场，钱兴烈士像也矗立在这里，是连接景区内外的一个最为重要的集聚点。黄姚古镇共有 6 座亭榭，其中兴宁亭、佑龙亭、见龙亭、宝珠亭、天然亭为古亭，而南面农趣园旁的凉亭是黄姚古镇文化旅游有限公司新建的，亭内设有坐凳，游客走累了可以在此休憩。旅游开发后，旅游公司在农趣园对面的荷塘边建了一个曲式回廊，以方便游客休息和观赏。除了景区入口处的广场，黄姚古镇在睡仙榕下还建了一个大型广场，有两户村民在此经营小吃，游客也可在此吃小吃和欣赏附近景观。

（五）标志

标志是旅游者认识和观察旅游地，形成印象和记忆的外向性参考点，旨在帮助旅游者准确定位所在区域。标志的构成形式多种多样，并且在空间尺度上可大可小。调查中，在被问到"游览时是否出现过不能准确判断所处位置"的情形时，十之八九的旅游者表示："在古镇游览时方位不太好把握，经过一个个景点之后，经常不能很准确地判定出口所在的位置，虽然知道是在古镇里面，但还是有点担心找不到出口……"在被问到出现这些情况时凭借什么方式来重新辨别方向时，很多游客表示："古镇里面有些行进的指示箭头，沿着指示牌走就会走到一个出口或者下一个景点。"由此可见，标志对旅游者具有重要的指引作用，能够带给游客一个清晰的方位感，指示着前进的方向，避免产生方向不明的慌乱感。黄姚古镇的标志要素包括民居建筑（郭家大院、吴家大院）、宗教建筑（安乐寺、兴宁庙、豁然亭、宝珠观、天然祠等）、公共建筑（古戏台、守望楼等）、名人寓所（张锡昌寓、欧阳予倩寓等）、自然景观（山脉、江河、奇石怪岩、古树名木）等。黄姚人将这些自然景观与人文景观概括为七言对句，即"三水十山七岩洞、七楼一台五凉亭、八街二阁九祠堂[1]、一观九寺十六门、十二古樟十一桥[2]、三庙七榕十龙树、六社九曲十三弯、三石跳二十陀佛"。

---

[1] 黄姚古镇共有林、莫、梁、黄、古、劳、吴、郭、叶九姓，每姓均建有宗祠，另外，莫姓鼎元公支和古姓天佑公支又分别建有仙山祠和天佑公祠，故有 11 祠。

[2] 小巩桥和黄琪垺桥是后面增修的，故为 13 桥。

表1	黄姚古镇主要标志意象一览表	
类别		标志物
宗教建筑		1. 一观：宝珠观 2. 三庙堂：白马庙、兴宁庙、回龙庙 3. 五凉亭：兴宁亭、佑龙亭、见龙亭、宝珠亭、天然亭 4. 六社：东社、西社、接龙社、印堂社、吕公社、会龙社 5. 九寺（祠）：安乐寺、水口祠、回龙祠、福德祠、大圣祠、护龙祠、见龙祠、佑龙词、福庆祠 6. 十一祠堂：古氏宗祠、林氏宗祠、莫氏宗祠、劳氏宗祠、梁氏宗祠、郭氏宗祠、黄氏宗祠、叶氏宗祠、吴氏宗祠、仙山莫公祠、天佑古公祠
民居建筑		郭家大院、吴家大院、司马第、郎官第
公共建筑		1. 一戏台：古戏台 2. 二楼阁：文明阁、准提阁 3. 七门楼：东门楼、带龙楼、守望楼、亦孔楼、三星楼、西望楼、接龙楼 4. 十三桥：带龙桥、佐龙桥（双龙桥）、锁龙桥、护龙桥（兴宁桥）、天然桥、石跳桥、利民桥、枕漱桥（平石桥）、三星桥、福德桥、锡拱桥、小巩桥、黄琪垆桥 5. 十六门：东二门、东三门、中兴门、徕庆门、水闸门、带龙门、永安门、寺观门、近安门、金德门、新安门、龙凝门、南塘门、大新门、太平门、天然门
名人寓所		张锡昌寓、何香凝寓、高士其寓、欧阳予倩寓
自然景观	山脉	1. 外山：酒壶山、鸡公山、田螺山、天堂山、天马山、关刀山、牛岩山 2. 内山：真武山、隔江山
	江河	姚江、珠江、兴宁河
	奇石怪岩	盘道石鱼、南蛇出洞、仙龟爬沙、金鸡晒肚、鸳鸯戏水、骆驼石、聚仙岩、孔明岩、出气岩
	古树名木	古樟树、古榕树、龙鳞树等

二、黄姚古镇旅游意象空间特点

（一）要素叠加形成独特意象

1. 道路与节点叠加

道路和节点要素的叠加构成"小桥、流水、人家"的典型意境，形成黄姚古镇独特的街巷空间和水巷空间。黄姚古镇上的街道全部用青石板铺就，相传一共有 99 999 块，总长度约 1.5 千米，已有 300 多年的历史。青石板中间有一块奇石，据老人们说，当年铺路的时候铺到这里有大石阻隔，突出的石脊形状酷似一条鲤鱼，有眼睛、鳞片、尾鳍。石鱼长约 2 尺，高出街面 3 寸左右，现命名为"盘道石鱼"，所在街道称作"鲤鱼街"，成为黄姚古镇八景之一。

有水就有桥，黄姚古镇里的桥和桥头空间是独具魅力的形态要素。在桥上，别样风景尽收眼底；在桥外，桥本身即是景观。桥的年代久远，造型古朴优美。白天忙碌时，桥是繁忙的交通要道；傍晚空闲时，桥成为谈天、纳凉、赏景的聚集点。除了桥梁之外，在街巷空间的转换中，其他节点的作用也不可低估，如楼、阁、亭、榭、祠、庙、观、社等，它们是街巷、宅第空间转换的重要标志，与黄姚古镇传统街巷空间形成了节点与通道的完美结合，构成了丰富的多义空间。以道路要素街道和节点要素宗祠的叠加为例，可以清晰地说明这一特点。

表 2   **黄姚古镇道路与节点要素叠加举例**

序号	宗祠名称（节点要素）	街道名称（道路要素）	始建时间
1	吴氏宗祠	金德街	明末
2	林氏宗祠	金德街	清道光年间
3	古氏宗祠	金德街	清顺治年间
4	劳氏宗祠	安乐街	清乾隆年间
5	梁氏宗祠	中兴街	清康熙年间
6	莫氏宗祠	平秀街	清乾隆年间
7	黄氏宗祠	迎秀街	1938 年
8	叶氏宗祠	连理街	1948 年
9	郭氏宗祠	天然街	清乾隆年间
10	仙山莫公祠	龙畔街	明末清初
11	天佑古公祠	龙畔街	清嘉庆年间

2. 节点、通道与标志叠加

节点、通道与标志要素叠加形成虚实意境空间，通过对景、借景、夹景、框景、隔景、障景、泄景、引景、分景、藏景、露景、影景、朦景、色景、香景、景眼、题景、天景等组景手法，使黄姚古镇内的祠、庙、社、观、亭、榭、楼、阁等与古镇街道和河道形成良好结合，共同形成了古镇的整体意象空间。

3. 区域与标志叠加

黄姚古镇内东、南、西、北四角四座造型优美的楼阁，是古镇空间构成的核心，起到统领全镇整体空间的作用，同时还是古镇空间的标志和艺术结晶。以楼阁组成的"高轮廓线"，与城墙、门楼、祠庙、观社等建筑群组成的"中轮廓线"，和大量成群成片青砖黛瓦的低层民居、星罗棋布的桥梁组成"低轮廓线"，坐落于河路纵横交织的古镇中，构成高、中、低、下（河道水系的凹空间）层次丰富、韵律有致、富有特色的古镇空间轮廓和艺术特征。

（二）要素层次构成序列组织

1. 街道层面

兼具商业、生产、居住为一体的街道空间，与水巷构成了水陆并行的空间结构，是最能体现古镇风貌的空间形式之一。街道最宽的是迎秀街，约 5 米宽，最窄处为金德街，不到 2 米，这是由于古代和近现代黄姚古镇几乎没有汽车通行，只有马车和行人，街道以步行为依据，遵循的是人的尺度。包括街道两侧建筑的外立面都要以满足人的需要为标准，做得细致、精美，这是因为步行的速度慢，人们能够欣赏街道的两侧。古老的街巷宽度是宜人的，不弯不直，但很有情趣。1984 年复置黄姚古镇后，在古镇外扩建了一条新街，新的街道以车为本，与古镇以人为本形成相互映照的层次关系。

2. 街坊层面

黄姚古镇内的巷弄和水巷划分了街坊，限定了住宅的用地，形成"街—民居—河"、"民居—河—民居"、"河—街—民居"以及"民居—街—民居"等空间布局。同时，水巷与街巷的不同组成也形成了特色各异的空间形态，主要有一街一河式、两街一河式等，这些不同的空间形态与各种生活场景结合在一起，形成丰富的生活画面。

传统街巷空间的界面具有两大特点：连续性和曲折性。连续的界面是使街巷具有可识别性和可意象性的重要因素，街巷和水巷中连续的高低错落的建筑所形成的界面使得空间得以完整的界定，具有较强的图形特征，与街坊中的建筑形成图层关系。曲折性是传统街巷空间界面的又一特点。通常街巷不是一根直线，而是斜线、折线或曲线，空间不断呈现出细微的收缩、放大或转折，其间结合水井、牌坊等形成丰富的空间层次，只有在走完整条巷道时，才形成直线的整体意象，这与现代建筑中所强调的"起始—过渡—转折—高潮—结束"空间序列截然不同。街巷空间更注重的是均衡状态下的变化，无所谓高潮、起点和终点，有韵律感和节奏感的连续建筑立面，在建筑的尺度、细部处理上具有某种相似性，但在统一之中又存在着变化，以谦和的态度向人们娓娓道来一个个动人的生活故事。

3. 古镇层面

黄姚古镇内，"水陆平行、河街相邻"的滨河民居、前庭后院的民居建筑、上宅下店的街市民宅、高墙深院的官绅宅院，构成黄姚古镇的特殊风貌。黄姚古民居在单体上多为青砖、黛瓦，造型轻巧，立面简洁。黄姚古民居单元型制虽然简单，但在群体组合中曲折有致、高低错落，纵横交织在水陆双棋盘的水域架网上，形成一个清新淡泊的整体。

三、黄姚古镇旅游意象空间不足

（一）可意象性不强

可意象性是指"使每个特定的观察者产生高概率的强烈心理形象的性能"，即与周围的事物有一定的区别，容易被感知和被转化为记忆的性能。唐纳德·阿普尔亚德（Donald Appleyard）将可意象的原因归纳为形式因素与可见度因素，林奇将可意象性称之为意象力，提出了十种加强城市意象力的形式品格，包括单一性或特定背景的清晰性、形式简单化、连续性、主宰性、节点的清晰性、指向性的区别、视线范围、运动的警觉性、时间串联性、名称与意义[1]。黄姚古镇可意象性不强主要是由意象要素布局失衡导致的。总体上看，古镇内的意象要素分布不太均衡，西面和北面意象要素丰富，意象结构清晰；相比之下，南面和东面意象要素欠缺，意象结构模糊。此外，由于意象要素的可读性不强，导致旅游者的认知水平总体不高，表现在古镇总体意象中，各意象要素空间认知主要处于初级、中级阶段。对道路、边界、区域的认知主要处于中级的认知扩展阶段，而对节点、标志物的认知处于初级阶段。

---

[1] ［美］凯文·林奇. 城市的印象［M］. 项秉仁，译. 北京：中国建筑工业出版社，1990.

（二）整体意象模糊

　　旅游者心目中的黄姚古镇意象空间范围，只是实际地域的一小部分；许多标志性景观在旅游者意象中并不突出；总体环状的意象结构简化了实际的网络状结构。其原因主要有两个：一是旅游者的主观原因。旅游者在黄姚古镇平均游览时间为 1～3 小时，过于紧张的游程使旅游者的意象空间范围受到很大限制。由于多数旅游者是按图索骥地寻找景点，因此易在意象空间中形成一条由封闭曲线构建的环状结构。二是旅游规划不完善的客观情况。由于对旅游系统的理解流于片而，导致旅游规划只重视旅游有形因素的规划，忽视以人为本、公众参与的意象空间；旅游规划缺乏创新，不能开发出真正具有"地标与区域"的个性特色。同时，旅游规划还常常忽视"边界与节点"的环境影响，导致"善意的建设性破坏"、"旅游摧毁旅游"，这种例子比比皆是。当前规划存在的问题根源之一就是，规划人员对旅游者意象空间系统缺乏深刻而细致的认识，没有以人为本地去考虑系统内各项要素及其相互关联的整体性，使得旅游标识系统不完善，许多主景在旅游者的意象中并不突出。

四、黄姚古镇旅游意象空间优化

　　林奇认为，当所有的主导元素具有可读性和可识别性并形成连贯性的节奏时，积极的城市意象便可形成[1]，这与彼得·罗（Peter Rowe）的"中介景观"观点一致。罗建议应设法连接两个建筑之间的空间，指出统一、有序、连贯的空间才是整合优化的关键。黄姚古镇作为小尺度的旅游城镇，道路、边界、节点、区域、标志的整合优化对构成古镇整体意象都起着举足轻重的影响。

（一）通道优化

　　目前，黄姚古镇有 11 条街道，其中天然街、金德街、安乐街、龙畔街、连理街、中兴街、平秀街、迎秀街为老街；九家街、流利街是在此基础上衍生出来的街道。新街不仅是黄姚镇的交通枢纽，亦是进出古镇的主要通道。但是这 11 条街并

---

　　[1]　［美］凯文·林奇. 城市的印象［M］. 项秉仁，译. 北京：中国建筑工业出版社，1990：1-11.

没有确切的标志,游客进入其中,却并不清楚自己所处的准确位置,亦不知道自己所在的街道,必须仔细察看,才可能从住户的门牌上找寻到一些讯息,如天然街的一些住户门牌写着"天然街×××号"的字样,据此方可判断自己所处的位置。

另外,由于经历不同时期的发展,街道的不同街段往往跨越不同的年代,因此还涉及新老街道的衔接问题。老街两边建筑呈现出细肌理、高密度形态,建筑物之间紧密相连,共用墙体,传统建筑形式统一连贯。其公共空间活动明显地集中在街道沿线,商贸活动和人流的节奏均匀连贯,街道整体可见性强。新老街口衔接处有两处,一处是景区的北入口,也是停车场和公共广场,这里目前为旅游产品售卖点。作为主出入口,调查表明,此处在视觉上对老街进行了阻隔,游客对此处意象感知模糊,需要通过改造建筑立面或者改变空间现有的使用功能来增强可读性。如改为古镇旅游咨询中心,并利用色彩醒目且与古镇色调相符的店面宣传来增强可读性、可意象性和引导性。

实地调查还发现,黄姚古镇目前街巷之间的连通性不是很强,游客在参观完部分景点之后需要返回来游览下一个景点,走"回头路"的现象较为普遍。可考虑将街巷连通,修正"走回头路"的路线,节约游览时间,以便让游客更多地体验到幽深的街巷环境,优化街巷空间格局。

(二)边界优化

边界是勾勒区域的线条,是游客区别不同区域的心理防线。目前,黄姚古镇道路之间连通性不强,游客在参观完一个景点之后有时需要返回,走"回头路"的现象较为普遍。叶氏宗祠、田螺山、文明阁、乔松千尺、莫氏宗祠、黄氏宗祠等的游览活动少,造成边界意象度低。古镇东部边界和西南边界意象模糊,使得游客对黄姚古镇东部和西南区域认知尚未形成。东面的田螺山和文明阁基本上未涉及,游客(特别是散客)通常是以锁龙桥为界,要么朝守望楼行进,要么往东门楼游览。西南的叶氏宗祠、天然亭等景观由于不够集中,游客很少前往游览,再加上附近的接龙楼和接龙社卫生状况不佳,游客在此停留的时间很短。鉴于开发活动的格调要与传统文化静谧的氛围相协调,可考虑在东门楼附近的河上开展垂钓、泛舟等活动,修建沿河栈道、绿带、雕塑等,着重做好水环境整治工作,建设排污网络,消除各种生活污染源,防止新的污染源的产生,结合内河整治,营造市区难得的亲水环境。在接龙楼附近设置咖啡馆、茶馆等休闲性强的场所。休闲以夜市为主,与西街繁华、喧闹的夜景不同,营造雅致、幽静、温馨的夜景。

（三）节点优化

目前，在黄姚古镇，无论是广场、亭榭、长廊还是道路本身，都不足以容纳更多的游客休憩。古镇的街巷本来就窄，结果还在路边摆卖旅游纪念品，使得原本就狭窄的通道更加拥挤，不利于游客休憩。古镇入口广场和镇内睡仙榕广场作为最重要的两个聚集点，也没能发挥应有的作用。入口广场所设休息桌椅过少，并且主要作为出售旅游纪念品的摊点；睡仙榕广场就更不用说了，原本这里是观赏古镇美景的绝好地段，结果旅游公司建设好后，被附近两家住户占为己有，成为其经营餐饮的所在。

（四）区域优化

以安乐街、金德街、天然街、龙畔街、连理街、平秀街、迎秀街、中兴街8条主街形成的区域空间中，目前仅迎秀街、金德街、鲤鱼街等修缮保护较好，其他区域均呈现出凋敝破败的迹象。为完善古镇的整体旅游意象，应最大限度地保护现存的传统街巷布局，保持原有的街道界面，对损坏的局部空间应及时予以修葺，以保持街巷原有的空间尺度。对传统街巷两侧已建的有损古镇风貌的建筑进行改造和整治；对古镇区内新建的建筑界面，要求控制尺度，保持古镇特有的曲折退进的街道界面。保留古镇街巷中的传统步行方式，禁止机动车辆在其中通行。对老街的使用与经营，应在保护规划的指导下进行合理开发。

（五）标志优化

标志物不仅能够给游客以明确的定位，使得整个游览过程井然有序，同时也是带给游客特殊体验的重要组成部分，其构成形式可以广泛多样，应该深入挖掘能够体现黄姚古镇特色的标志物，赋予每个坊巷各自的品格。要维护黄姚古镇的完整性，修复古镇楼阁、民居、祠庙等，尤其是事关历史、社区生活、宗教氛围的各种碑刻、雕塑、牌坊等，赋予不同标志物以不同的风格。

五、结语

本文在评述国内外相关研究的基础上，运用林奇城市意象五要素理论对黄姚古镇的道路意象、边界意象、区域意象、节点意象、标志意象进行了总体分析，形成了以下主要结论如下：（1）道路意象呈网格状，主要街道与小巷组成方格网状道路意象。（2）边界意象呈"圈层＋线型"的空间结构。古镇东南西北四方门楼和镇内区域门楼是组成边界意象中的两个"圈层"，将古镇空间分为内外两个区域。姚江、小珠江、兴宁河、金德街、天然街等8条老街是边界意象中的"线型"要素，对古镇空间起分割、阻隔与限定作用。（3）区域意象由天然街、金德街、安乐街、龙畔街、连理街、中兴街、平秀街、迎秀街8条老街构成的9个住居社区形成，形成典型的"九宫八卦"布局。（4）节点要素沿"丁字"布局。除了古戏台、广场等节点外，所有街巷形成的连接点均呈"丁字"型。黄姚古镇街道横折曲行，街道与小巷全部为丁字路口，没有一处是呈十字的。（5）标志要素分布在镇内的大街小巷，标志数量较多。

旅游意象是感知主体对目的地的综合感知，是个人对目的地持有的信仰、观念和印象的总和[1]。作为小尺度的地方社会，黄姚古镇的旅游意象空间优化应在人群视野中建立起连续而有秩序的空间形态，充分体现空间主导元素的个性、连贯性，尽量避免空间的断裂和迷惑，把当地社区与旅游者联系在一个高品质的视觉空间中。

---

[1] 李郇，许学强. 广州市城市意象空间分析 [J]. 人文地理，1993（3）：27-36；顾朝林，宋国臣. 北京城市意象空间及构成要素研究 [J]. 地理学报，2001（1）：64-74.

辽宁省文化品牌建设发展情况调查和对策建议

王 焯[1]

[摘要] 据调研分析，辽宁省有六大文化品牌优势较为凸显，即以温泉为主打，以沟峪、乡村游为支撑的旅游文化品牌；以地方和区域特色为主的节庆展会品牌；以历史文化资源为依托的文物和非物质文化遗产品牌；以辽宁精神为特色的演艺演出品牌；以丰富群众精神文化生活为目的的群众文化品牌和"夜经济"文化品牌。品牌建设工作仍存在许多突出问题，如品牌意识薄弱，整体战略规划匮乏；缺少产业规模和影响较大的文化产业龙头企业；品牌核心价值不高，宣传、营销和创新力度不足等。建议提高文化品牌建设的认识度和主动性，将文化品牌建设作为文化产业规划中的重要一环；持续加强文化资源的挖掘和培育力度；文化与经济密切结合，将文化品牌作为"辽宁名片"，助推旅游经济发展；突破传统与创新瓶颈，充分发挥品牌特色优势；充分发挥民间组织的社会功能；进一步完善公共文化设施和服务体系。

[关键词] 辽宁；文化；品牌建设

文化品牌是衡量区域文化产业发展水平的重要标准，也是一个国家或地区综合实力的重要体现和文化价值的重要载体。国务院在《文化产业振兴规划》中强

---

[1] 王焯：(1979—)，辽宁丹东人，辽宁社会科学院文化人类学与民俗学研究所副所长，助理研究员，硕士，主要从事文化人类学、民俗学研究。

调，"要打造一批具有核心竞争力的知名文化品牌"。"推动社会主义文化大发展大繁荣"理论中对文化品牌建设也有着重要论述，即文化产业的竞争，核心是文化品牌的竞争。"文化品牌是文化地域性、人群性的客观表现，也是文化差异性、特色性的本质要求。国家与国家、民族与民族、城市与城市、企业与企业的竞争，除了经济的竞争，就是文化的竞争，说到底还是文化的竞争。文化的竞争在一定程度上又是文化品牌拥有数量和质量的竞争。同时，文化多样化、文化安全，需要文化品牌；提升城市形象，标注城市识别，也需要文化品牌；展示一个国家、一个民族抑或是一个城市、一个人群的文化实力更需要文化品牌。"[1]综合国内外文化品牌的研究成果和实践经验可知，区域文化品牌能够增强区域的聚集效应、规模效应和辐射效应，包含区域的独特要素禀赋、历史文化传统、产业优势、独特的人文景观和生活形态等差异化因素。

《2013年辽宁省人民政府工作报告》中阐述全省今后五年经济社会发展目标中明确指出，要"大力培育具有辽宁特色的文化品牌，文化产业占国民经济的比重达到5%以上"。截至2012年年底，全省共有文化企（事）业单位3.54万个，从业人员34.8万人，文化产业实现增加值262亿元，比2011年增长了31%，省文化系统文化产业增加值连续三年实现30%的增长。2013年，全省文化系统也有望实现文化产业增加值达到30%的增长目标。辽宁省势必加大挖掘和保护文化资源优势，明确自身文化特质及其定位，积极打造文化品牌群和文化品牌系统，构建起和谐的文化发展生态，使得文化品牌建设成为"十二五"期间省域文化产业建设中的突出贡献力量，加快文化大省和经济强省的前进步伐。

一、辽宁文化品牌建设概况与成绩

1. 以温泉为主打，以沟峪、乡村游为支撑的旅游文化品牌

旅游即是对他文化的体验。近年来，辽宁根据自身的地理和环境资源特色，将温泉旅游、沟域旅游和乡村旅游作为省旅游文化品牌的主打领域。省政府也一如既往地支持旅游业发展，并将温泉、沟峪、乡村旅游作为对全省旅游工作的重点考核内容。实践证明，2013年，这三个旅游业领域继续保持了快速发展态势，产业规模持续扩大，产业素质明显增强，产业体系不断完善，并衍生出了"温

---

[1] 黄振平. 创建国家级文化品牌提升文化软实力 [J]. 江海纵横. 2008 (4).

泉＋冰雪"、"沟峪＋生态"、"乡村＋采摘"、"海岛＋运动"等丰富多彩的旅游组合产品。

目前，温泉旅游成为辽宁的优势旅游项目，在全国已颇具影响力。100 个温泉特色旅游小镇已初具规模，旅游收入和游客量同比显著增加。2012 年，全省接待全年旅游总收入 3 940 亿元，接待国内外旅游者 36 680 万人次，比上年增长 11.1％，其中冰雪温泉旅游游客达 4 670 多万人次，同比增长 43.2％；全年全省旅游总收入 3 940 亿元，比上年增长 18.1％，冰雪温泉旅游直接收入 316.3 亿元，同比增长 41.3％。截至 2012 年年底，全省开业、在建和签约投资 10 亿元以上的冰雪温泉旅游项目超百家。而 2010 年，省温泉旅游收入 107 亿元，占旅游总收入的 4.1％（全省旅游总收入 2 686.9 亿元人民币）；接待国内外旅客 2 100 万人次，占旅游总人数的 7.92％（全省接待旅游者 28 639.3 万人次）。2011 年省温泉旅游收入 190 亿元，占旅游总收入的 5.6％（全省旅游总收入 3 335.6 亿元），同比增长 24.1％，累计接待国内外温泉游客 3 000 万人（全省共接待旅游 3.3 亿人次）。见图 1 所示。

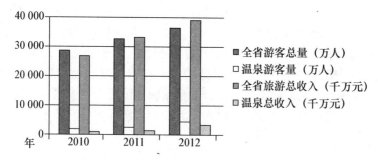

图 1　2010—2012 年度省旅游总收入、游客量与温泉旅游总收入、游客量对比

同时，依托全省众多的山水森林资源和农村文化资源形成的沟峪和乡村旅游产品，满足了游客回归自然、亲近自然的强烈欲望，拟建的 200 条特色沟域旅游区和 1 000 个特色旅游村形成了有辽宁特色的旅游文化品牌，业已发展成为县域经济的又一个增长点，成为繁荣和壮大全省县域经济的特色优势产业。据《辽宁日报》报道，2011 年省全面推进"农业旅游丰收计划"和乡村旅游"百千万"工程，编制完成了《辽宁省乡村旅游发展纲要》，并联合省农委下发了《关于加快发展休闲农业与乡村旅游的意见》。截至 2011 年年底，全省共打造旅游特色乡镇 143 个、旅游专业村 540 个、农（渔）家乐逾 7 400 家，拥有全国休闲农业与乡村旅游示范县 3 个，全国休闲农业与乡村旅游示范点 4 个，全国特色旅游名镇 1 个。2012 年上半年，全省乡村旅游总收入达到 209.59 亿元，占旅游业总收入的 11.21%，接待游客人数 4 840.8 万人次，占全省旅游接待人数的 27.71%。

2. 以地方和区域特色为主的节庆展会品牌

2013 年，省增加国家级展会数量和规模，会展业交易额突破 3 000 亿元。而且展会和节庆活动愈发密集而富有特色，产生了较大的经济和社会效益。

比如辽宁工业展览馆每年承接国内外展览和经贸活动近 60 个，涉及建材、汽车、五金、电力、印刷、医疗、商业、家具、公共安全、广告、食品、服装、人才等多个领域。多年来，辽宁工业展览馆以其无可比拟的区位优势，成为辽宁省和沈阳市开展经济技术交流和经贸活动的重要窗口。2012 年 12 月 27 日—2013 年 1 月 2 日，由辽宁省文化厅主办，辽展展览公司承办的"2012 辽宁工艺美术（沈阳）文化节"在辽宁工业展览馆隆重举行。展会推出了"辽宁八宝"工艺美术精品展区，集中展示了鞍山岫玉、阜新玛瑙、本溪辽砚、辽阳女娲石、抚顺煤精和琥珀、朝阳木化石、喀左紫砂等独具地方特色工艺美术产品。展会强化了宣传力度，组织报纸、电视、广播、户外、网络等各类媒体在开幕前 1 个月就开始全方位的宣传推广活动，为扩大辽宁工艺美术企业的影响力和产品的知名度起到了积极作用。2013 年 5 月 17—19 日，由国家旅游局、辽宁省人民政府主办，辽宁省旅游局、辽宁省旅游协会承办的第十届东亚（辽宁）国际旅游交易会在沈阳市辽宁工业展览馆举行。展会分为旅游专业形象展示、旅游商品、旅游大卖场、酒店用品、温泉、帆船、环保电瓶车展区，来自韩国、俄罗斯、美国、中国台港澳等 16 个国家和地区，部分省市及省内 16 个市县 200 家各类旅游企业参加了交易会。展会期间，有 6 个城市、2 个景区举办了旅游产品推介会，发放各类旅游宣传资料 10 万余份，签订旅游合作意向协议近百份，现场销售旅游商品 20 余万元，免费发放门票 4 000 张。近 5 万业界及市民参观了本届展会。5 月 20—22 日，在沈阳国际展览中心又举行了第二届中国（沈阳）国际现代建筑产业博览会。作为沈阳市政府 2013 年重点主办的大型活动之一，博览会成功引进了国内外知名建筑企业，集中展示了高端建筑部品、最新研发设计的现代建筑装备、完善的装配式建筑技术、专业化的建筑施工力量。

此外，各类节庆和展会活动异彩纷呈。如 2013 年 5 月 18 日，第八届中国·锦州古玩文化节开幕。展会期间，古玩艺术品交易火爆热烈，各种文化交流活动精彩纷呈，吸引了众多国内外参展客商、收藏爱好者。大连、赤峰、秦皇岛等城市组织代表团到锦参加此次古玩文化盛会。国内参展商辐射东北三省及山东、山西、内蒙古等地，回流文物精品展位参展商分别来自美国、英国、比利时、法国、瑞典、日本及我国港澳台地区。据不完全统计，古玩文化节 3 天共吸引国内外古玩收藏爱好者约 35 万人次。截至 2015 年，锦州已连续举办了八届古玩文化节，已经成为国内外古玩界最有影响力的品牌性活动。6 月 16 日，大连樱桃节乡村游开幕；7 月 12 日，锦州农博会和第七届葫芦岛电影文化节召开；7 月 26 日，第十五届大连中国国际啤酒节开幕；8 月 1 日，2013 中国沈阳动漫博览会在沈阳举行；8 月 6 日，2013 第十一届大连国际沙滩文化节在金石滩拉开帷幕，同日，首届中国铁岭荷花文化旅游节在铁岭启动；8 月 5 日，第三届中国（葫芦岛·兴城）国际沙滩·泳装文化博览会开幕，泳博会历时 3 个月，期间举办了2013 中国国际泳装展、中国鼓手打破吉尼斯世界纪录活动、2013 "丽汤温泉"杯第二届中国（国际）泳装模特大赛颁奖晚会、2012 "葫芦岛银行"杯第三届中国泳装设计大赛颁奖晚会、青少年创意作品展和中国国际葫芦民俗文化节等 24 项活动。

3. 以历史文化资源为依托的文物和非物质文化遗产品牌

辽宁的文化遗产资源丰厚，许多项目闻名中外。2014 年，辽宁省加大了文物考古和非物质文化遗产保护工作，大力加强文化遗产保护和利用，努力建设优秀传统文化传承体系，以此衍生出的传统文化品牌是辽宁厚重历史的载体和见证，是辽宁文化产业发展蓝图中不可或缺的一员。

据悉，2012 年，朝阳市牛河梁遗址、义县奉国寺大雄殿、兴城城墙分别作为 "红山文化遗址"、"辽代木构建筑"、"中国明清城墙" 的子项目成功入围《中国世界文化遗产预备名单》。2013 年，国务院核定公布了第七批全国重点文物保护单位，辽宁省有 74 处文物保护单位和 6 处合并项目（其中 1 处为省新入选的合并项目）入选，实际入选项目 75 处，数量比前六批总和的一倍还要多。此前辽宁省有全国重点文物保护单位 53 处，七批国保的公布，使全省的国保数量达到 128 处，涵盖古遗址类、古墓葬类、古建筑类、近现代重要史迹及代表性建筑类等四大类。诸如千山古建筑群、本溪湖工业遗产群、沈阳中山广场古建筑群等皆榜上有名。这些宝贵的文物资源为辽宁的文化旅游也做出了突出贡献。比如为了扩大辽西地区文化品牌影响力，在 2013 年 "辽西历史文化游" 系列活动中，朝阳市鸟化石国家地质公园、牛河梁红山文化博物馆、凤凰山、清风岭、北塔博物馆、大黑山等均为文化游的地点之一。

在非物质文化遗产保护和利用方面，辽宁省的各项工作已经渐趋形成制度化和规模化，积极推进非物质文化遗产生产性保护和整体性保护，为文化遗产品牌的打造确立了可靠的政府保障机制，其中沈阳市的非物质文化遗产保护工作多次受到国内专家的肯定和好评。2013 年，辽宁省完成了全省 60 个国家级代表性项目保护规划及部分省级重点项目保护规划的编制,《辽宁省国家级和省级非物质文化遗产代表性项目管理办法》和《辽宁省非物质文化遗产代表性项目代表性传承人管理办法》拟将出台。值得一提的是,在"文化走出去"的进程中,非物质文化遗产作为辽宁省的文化品牌代表,发挥着越来越重要的作用。比如,2012年,辽宁省选调了 18 个国家级和省级非遗项目参加了 2012 俄罗斯"中国文化节"——辽宁文化展示日活动。2013 年,辽宁省组织优秀非遗项目及节目参加文化部举办的第四届中国成都国际非物质文化遗产节、全国非物质文化遗产传统技艺展示等活动。在第十二届全国运动会期间,举办了辽宁省非遗展示展演月活动,为全面宣传和弘扬辽宁优秀传统文化搭建了良好的平台。

值得一提的是,2012 年年底,辽宁省服务业委将省内 38 家品牌创立在 50 年以上、拥有注册商标、财务状况良好,产品、技艺和文化有特色的企业认定为"辽宁老字号",沈阳八王寺饮料有限公司、沈阳中街冰点城食品有限公司和沈阳市李连贵等均榜上有名。2012 年 9 月,省服务业委还组织省内老字号企业赴杭州参加 2012 第九届中国中华老字号精品博览会。展会现场专门开设了辽宁展区,共设置展位 10 个,有萃华金店、国大天益堂药房、道光廿五、爱新觉罗酒业等多家知名中华老字号企业参展参会,扩大了辽宁省老字号与外省市老字号企业的交流与合作,提升了辽宁省老字号企业形象,为辽宁省文化品牌走出去提供了良好的平台。作为一个具有深厚文化底蕴的省份,辽宁在历史上涌现出众多具有浓郁辽宁地方特色、发展潜力大、享誉国内外的老字号。这些老字号承载着辽宁历史文化、精深服务理念和服务品牌精髓,可以说是辽宁省弥足珍贵的自主品牌。

4. 以丰富群众文化生活为主旨的群众文化品牌

近年来,辽宁省在群众文化活动方面不断创新、成果显著。社区文化、农村文化、校园文化、农民工文化全面开展和提高,使更多群众享受到了文化发展的成果,充分调动了群众为辽宁文化建设添砖加瓦的积极性,受到群众的普遍欢迎。并在开展主题文化活动的基础上,逐步注重挖掘地域文化底蕴,发挥地域文化优势,引导群众文化活动形成特色,向品牌化发展。

据悉,沈阳市从 2010 年起,每年实施以"百万市民艺术培训工程"、"百万市民艺术共享工程"为主要内容的艺术惠民"双百万"工程,直接接受免费艺术培训和观看公益文艺演出的群众达千万人次。大连市举办的"公益文化百村行"、"公益电影进山乡"等"打造文化大连"系列惠民活动,将普及高雅艺术与提升市民素养双管齐下,成为广大群众喜闻乐见的品牌文化活动。鞍山的"钢城之春"秧歌赛会、抚顺的读书节、丹东的"五队下乡"、锦州的"国际民间文化节"、营口的"望儿山母亲节"、朝阳的"凌河之夏"艺术节等品牌活动，使得全省群众充分享受到了省区域文化建设的优秀成果。2012 年，全省累计开展各类演出及送戏下乡活动 640 场，展览展示活动 470 场，讲座及辅导活动 1 200 场，受益人数达 360 万。此外，辽宁省还创办了省群众文化节、省农民文化节、省全民读书节等具有广泛社会影响的群众主题文化活动，受到群众的普遍欢迎。2013 年 5 月 23 日，由省委宣传部、省文化厅共同主办的"全民全运·美丽辽宁"辽宁省第二届群众文化节在辽宁大剧院广场隆重开幕。群众文化节期间，全省上下举办了各类主题突出、特色鲜明、形式灵活、丰富多彩的文化活动，丰富了人民群众的文化生活，让人民群众真正感受到创造文化、参与文化、享受文化的快乐和幸福。据悉，结合辽宁实际，辽宁省拟在近年内积极开展"七个一百"基层群众文化品牌创建活动，即建立百个县区特色群众文化基地、百个基层文化示范广场、百支文艺下基层骨干队伍、百个文艺辅导基地，评选百个群众自办文化典型、百部群众原创优秀文艺作品、百名"群文之星"，提高群众文化建设水平，保障基本公共文化服务。

5. 以辽宁精神为特色的演艺演出品牌

随着辽宁文化体制改革创新和面向市场的双向驱动，全省的演艺演出品牌日益彰显出辽宁特色，主要表现在社会主义核心价值体系建设方面。辽宁拥有一批在全国具有广泛影响的英雄模范人物，为了弘扬他们所体现的民族精神和时代精神，辽宁省的演出院团积极创作出了一批体现社会主义核心价值体系要求、具有辽宁地域特色的精品力作。继话剧《郭明义》后，辽宁还创作了以盘锦市兴隆台区委宣传部部长周恩义事迹为题材的话剧，创作了以航空英雄罗阳事迹为题材的文艺作品，创作了反映辽宁现实生活和地域特色的交响芭蕾舞蹈诗《辽河·摇篮曲》，创作了工业题材的歌剧《我即将远行》，通过这些作品把社会主义核心价值体系建设落到实处。其中，话剧《郭明义》进京演出，受到了中央领导的高度评价，并摘得中宣部第十二届精神文明建设"五个一工程"奖；话剧《矸子山上的男人女人》、《黑石岭的日子》，评剧《我那呼兰河》入选国家舞台艺术精品工程"十大精品剧目"，从而使辽宁省成为全国唯一拥有 7 台国家舞台艺术精品工程剧目的省份；京剧《将军道》获第六届中国京剧节一等奖；话剧《木匠村官》、舞剧《珍珠湖》、舞蹈剧《霸王别姬》等也受到观众的热烈追捧。

有了叫座的剧目，演出收入自然大幅增加。近年来，以这些优秀品牌剧目为依托举办了辽宁省第八届艺术节、辽宁省优秀剧节目演出季、"高雅艺术进校园"、"同心乐"文艺轻骑下乡、辽宁省东北民歌展演以及迎新春文艺晚会、庆元宵文艺晚会等多项演出活动，年均演出近万场，观众 1 000 万人次，极大地活跃了艺术舞台。值得一提的是，省文化厅还整合省内剧场资源成立了辽宁剧院联盟，2013 年剧院联盟承办了"全民全运、美丽辽宁—— 辽宁省第七届优秀剧目演出季"这项大型公益文化惠民演出活动，在 47 天里，共有 34 台剧目在 17 家联盟剧院演出了 86 场，惠及 7.3 万辽沈观众。本届演出季是辽宁剧院联盟 2012 年 10 月挂牌成立之后，启动的第一个公益性大型文化惠民演出活动。2012 年，中国辽宁剧院联盟全年共演出 70 场，实现产值 1 000 余万元。

6. "夜经济"文化品牌

2013 年，旨在"稳增长、调结构、惠民生"的辽宁省"夜经济"建设也已有了一定的发展，在丰富夜间娱乐服务项目、培育新的消费增长点的同时，也逐步塑造了有辽宁特色的"夜文化"，由此衍生的"夜文化"品牌也已初具规模。围绕"夜经济"的主要举措有：开展夜间庙会、民俗展、冰雪节、冰灯节等，突出皇寺庙会、棋盘山冰雪节等品牌带动效应，有效延长辽宁省"夜经济"的旺季时间；推进美食节、美食街、美食夜市创建活动，丰富全省夜间餐饮市场；组织"培育夜间文化，丰富娱乐生活"系列活动，加快文化娱乐场所建设，完善中心城区文化娱乐设施，发展健康有益的量贩式 KTV、歌舞娱乐场所、演艺场所；引导书店、影院、歌舞厅、健身房等休闲场所平民化发展，丰富夜间文化娱乐生活；增加影院、剧院夜场演出，倡导图书馆、博物馆、文化馆等公共文化场馆延时开放；推出夜间读书屋、电影夜场、二人转专场、文艺演出进社区等活动，促进夜间文化消费；继续开展送电影下乡活动，丰富农民夜生活。

二、辽宁文化品牌建设中存在的问题

1. 品牌建设仍处于"被动"阶段，战略确立匮乏，路径观念不成熟

目前，辽宁省的文化品牌建设还处于初级阶段，发展零散，品牌集聚性较弱。主要原因为政府层面整体规划意识薄弱，文化产业规划中对于文化品牌的建设没有凸显出来，决策层面没有将文化品牌作为单独命题立项；各地区和文化企业的文化品牌打造工作虽然如雨后春笋般蓬勃发展，但却同国内诸多省份一样规模零散发展，品牌可持续性较低，且大品牌和硬品牌较少。

2. 产业规模和影响较大的文化产业龙头企业还处于或缺状态

2013 年 5 月 17 日，由中宣部、商务部召开的文化贸易工作座谈会上，光明日报社和经济日报社联合发布了第五届中国"文化企业 30 强"名单。出版发行类有杭州宋城旅游发展股份有限公司、保利文化集团股份有限公司、莆田市集友艺术框业有限公司、上海文广演艺（集团）有限公司、北京演艺集团有限责任公司、中国对外文化集团公司、上海东方传媒集团有限公司、江苏省广播电视集团有限公司、浙江出版联合集团有限公司、中国教育出版传媒集团有限公司等。文化科技类有上海盛大网络发展有限公司、完美世界（北京）网络技术有限公司、深圳华强文化科技集团股份有限公司、百视通新媒体股份有限公司、北京万达文化产业集团有限公司、西安曲江文化产业投资（集团）有限公司。辽宁省无一上榜。从 2010 年起，本山传媒有限公司连续三年被中宣部评为"全国文化企业 30 强"，然而在这次评选中，本山传媒落选。

3. 品牌核心价值不高

比如辽宁省"中华老字号"数量位列全国第 9（34 家），占全国 3%，较于上海（180 家）、北京（117 家）、江苏（96 家）差距较大。目前，沈阳现存 50 年以上历史的餐饮业老字号仅有 50 余家，为新中国成立前的 1/12。老字号的数量不仅少，而且能带走的更少。国内许多老字号都具有非常高的品牌价值，不仅渐次发展成为行业领军企业，而且在全国品牌价值排行榜中也位居前列。许多老字号已然成为我国商品经济发展中的亮点，在中国企业品牌价值排行榜中处于行业领先地位。如 2012 年，美国《华尔街日报》公布的 2011 年度"最具价值中国品牌 20 强"中，"张裕"品牌价值达到 32 亿美元。这些老字号在中国品牌对外经济交流和"文化走出去"进程中持续贡献着力量。而辽宁省的老字号品牌挖掘和开发建设仍处于薄弱态势。

4. 品牌创新力度不够

各类节庆活动众多，"中国国际啤酒节"、"桃花节"、"杜鹃花节"、"荷花节"、"葫芦文化节"、"河蟹节"、"京剧票友节"，等等，每年域内各地都会根据潮流风尚和新兴资源业态打造和衍生出新的节庆活动，但规模和体验却大多雷同，缺乏创新性和规模效应，长远来看势必会影响品牌培育的深度和广度。

5. 营销和宣传力度不足，对市场脉搏的把握度还处于初级阶段，对品牌培育和打造的理念尚待更新和提高

归结其原因主要有品牌经营配套服务及设施不完善、品牌核心文化价值不高、经营主体体制机制不灵活、缺乏创新意识、人才缺失等。酒香其实也怕巷子深。

(1) 据调研，辽宁的老字号企业有常规广告宣传的比例不到 1/10，平面和多媒体宣传的比例更少，仅有 47％的中华老字号拥有门户网站，电商营销比例不足 3％。这些滞后的营销管理模式致使多数老字号企业销售份额和影响力逐年递减。问卷统计[1]得知，关于本企业品牌建设方面"增加广告和宣传"方面采取的办法，受访的老字号企业管理人员表示，最常采取的办法是"结合传统节庆搞宣传"(16.1％)，排在第一；其次是"增加电视广告"(13.6％)，排在第二；再次是"增加户外广告"(11.4％)，排在第三；接下来为"结合政府活动搞宣传"(10.6％)，排在第四；"增加报纸广告"(10.2％)，排在第五。此外，"增加网上广告"(9.7％)，排在第六；"增加公益活动"(8.5％)，排在第七。关于"品牌营销策划"方面存在的不足，受访的老字号企业管理人员表示，最为明显的不足是"广告投入少"(25.6％)，排在第一；排在第二的是"新产品少"(18.2％)；排在第三的是"营销人员少"(13.1％)；并排在第四的为"销售网点少"(9.7％) 和"营销经验少"(9.7％)（见图 2）。

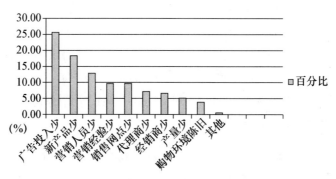

图 2 老字号企业在营销策划方面的不足

(2) 网络营销工作质量和内容有待提高。表现为投入不足、关注不够，受众从网站得到信息量不够，在品牌介绍和展示方面对受众的吸引力不强。比如省级

---

[1] 受访者为全省 70 余家老字号企业，共收集问卷 57 份，问卷填写者均为企业高层管理人员。

温泉旅游网站只有一个"辽宁温泉旅游网"，仍存在许多信息不及时或不对称的问题，不足以体现温泉旅游大省的整体品牌形象及优势。

6. 文化遗址附加产业链开发力度薄弱

主要体现在物质文化遗产资源的保护与开发上。比如辽宁的世界文化遗产故宫、昭陵、福陵和抚顺新宾县的永陵仍基本保持了原有的建筑规模。即使在 20 世纪 90 年代以后全国各地旅游行业急速发展的 20 年里，景区也没有大的变化。与同为世界文化遗产的其他景区相比，无论是在占地面积、景点数量上，还是在门票收入上都有着很大的差距。比如新宾县永陵镇的清永陵，其保护地面积有 236 万平方米，但是现有可参观面积仅 11 400 平方米，年门票收入仅仅在百万元左右。而同为世界文化遗产的武侯祠占地仅 37 000 平方米，年门票收入已经从几年前的 4 000 万元增长到了一个多亿。

三、辽宁文化品牌建设的对策建议

文化认同（culture identity）是近几年人文社会科学最瞩目的焦点之一，学术界逐渐意识到文化认同作为一种身份识别、规范求同和确立归属感的符号与意义的赋予过程，具有强烈的主观能动性，在不同的层面、范畴中有着不同的性质、方式和功能。语言、地域、风俗习惯等方面的文化认同能促进沟通、理解，是区域文化产业发展中不可或缺的因素、内在源泉与动力。辽宁的区域文化既具有东北文化的共同点，也拥有大经济区的时代特点，同时又具备沿海沿边特色。因此，基于文化认同的内在需求，培育和打造辽宁的文化品牌不是一个简单复制或完全无中生有的杜撰过程，而应该是一个结合地域优势和特色、在传统文化的原生形态、制度及其精神文化符号的基础上进行提炼、创新与产业化的进程，并以具有文化认同性和群众喜闻乐见为前提，遵循保护文化多样性规律和市场规律。区域传统文化品牌产业可以包括自然景观衍生的人文景观、文化产业园、主题活动和相关文化产品服务体系四种类型，涵盖历史文化、商业文化、饮食文化、建筑文化、民俗文化等领域。具体建议为：

（1）提高文化品牌建设的认识度和主动性，将文化品牌建设作为文化产业规划中的重要一环，形成政府、企业、民间并举的格局。世界上许多发达城市或地区文化产业含量，包括传媒、创意研发、时尚会展、文娱演艺、影视制播、人文旅游和节庆赛事等，都在经济总量上占据相当分量。早在 2010 年，北京就将建设"世界城市"写进了政府工作报告，将城市品牌的打造纳入政府决策中。2012年11月，"2012北京大栅栏老字号旅游购物节"举行，有力增强了西城区这一中华老字号集聚区的影响力，使其经济价值得以增长，文化价值得以不断提升。辽宁省可以通过"辽宁文化产业博览会"、"辽宁文化品牌展演季"等活动实现传统商业经济发展与文化传承的良性互动，对域内整体文化品牌形象的塑造和宣传起到推波助澜的作用。

（2）持续加强文化资源的挖掘和培育力度。历史的、传统的、民俗的、优势的文化是打造区域文化特色品牌的重要资源。但既要尊重历史，也要面对现实。张岱年先生认为："必须认识民族传统中的积极内容，提高民族的自尊心、自信心，才能建设有中国特色的新文化。"2013中国首届契丹辽文化节于8月19日在辽都故地内蒙古自治区赤峰市巴林左旗盛大开幕，该文化节以打造文化品牌为目标，全面展示了契丹辽文化产业发展成果，扩大了巴林左旗知名度，推动了文化旅游产业提档升级，为实现打造中国契丹辽文化旅游胜地的目标奠定了基础。可见，辽宁省应该积极把握文化资源优势，努力抢占先机。加大历史遗产（文物和非物质文化遗产）的挖掘和搜集工作，大力加强体现社会主义核心价值体系的演出产品创作工作，继续扶持动漫、游戏等新兴文化产业，在温泉、沟峪和乡村旅游的发展进程中不断注入区域文化因素。建立辽宁省文化资源名录体系、信息档案库，印制图典或宣传画册，充分利用文字、录音、录像、多媒体等各种现代化方式，加强对传统手工技艺、发展史料和实物的收集、整理工作。此外，再好的文化资源如果没有相应的产品营销推广，其产品价值和附加值都无法充分得以发挥，因此，应该培育和建设一流的营销团队，建立良好的销售渠道，利用大众传播媒体针对文化品牌的历史性、民俗性、地域性、服务性和体验性等特点，实现文化产品的应用价值。

（3）文化与经济密切结合，将文化品牌作为"辽宁名片"，助推旅游经济发展。可以在机场、火车站、公交车站等处，依托展柜、翻转灯箱和LED灯柱等多种方式进行文化品牌项目整体形象展示。据悉，北京首都国际机场T3航站楼在GTC连廊之间对北京的非物质文化遗产进行了相关展览，内容包括艺术文化、京城美食、中医养生和服装服饰四方面，比如戴月轩湖笔、一得阁墨汁、全聚德、便宜坊、六必居、同仁堂、马聚源、瑞蚨祥等。通过文化品牌提升旅游经济总收入，可以为旅游目的地的发展注入新的活力，使文化与经济产生"1加1大于2"的效应。以老字号周村烧饼为例，周村烧饼的影响在当地仅处于二流，但依托周村景区的发展，带动了周村烧饼的兴旺，反之也刺激了周村景区的门票收入。一个烧饼店铺的年销售量比景区的门票收入还要高，随之而来的是景区里的商铺和文物博物类收入比门票收入也越发可观。此外，还可以鼓励文化企业加大力度开发地域旅游特色商品或纪念品，将文化品牌产品作为辽宁省地域特色商品进行推广，同等条件下政府优先采购。比如属于手工艺制造业的"张小泉"针对旅游市场开发了最小的旅行剪，只有 1 寸长、4 钱重，可放入火柴盒内。

（4）突破传统与创新瓶颈，充分发挥品牌特色优势。具有生命力的文化品牌应该历经百年而不衰，这便离不开勇于创新和刻苦钻研出的生产方式或特色产品，并能坚守品质和保证信誉，这才是文化品牌赖以生存的文化精髓。吴良镛先生说过："特色是生活的反映，特色有地域的分界，特色是历史的构成，特色是文化的积淀，特色是民族的凝结，特色是一定时间地点条件下典型事物的最集中最典型的表现，因此它能引起人们不同的感受，心灵上的共鸣，感情上的陶醉。"在文化企业和产品同质化情况渐趋普遍、产品和经营日益信息化、科技化的今天，我们应该清醒地认识到自身的竞争优势与劣势，不能止步于倚老卖老或者止步不前，而应该既把握住物质和文化层面的传统特色和竞争优势，也应该对消费需求的日益多元与变更具备灵敏与及时的嗅觉，在运用现代高新技术革新传统工艺的进程中坚持将传统与创新的关系协调好，既挖掘和保护好文化品牌屹立不倒的百年根脉，也能将其特色及其价值内核赋予时代意义。在巩固和发展自己传统的核心产品的同时，积极顺应经济社会发展转变经营模式，提炼文化资源的核心内涵，着力发展内涵丰富、科技和知识含量高、附加值高的产品，借鉴国际生产新形态，积极推进文化内容创新，丰富产业链，实现产业化、规模化经营，努力提高市场占有率。据悉，香港特区政府在基本工程储备基金中预留了 10 亿港元，为非政府组织机构提供财政支持，运用创意，将历时建筑物转化为独特的文化地标。2009 年，香港成立了"创意香港"办公室，旨在培育创意人才，促进创意企业成立和发展，在社会上营造创意氛围和在全世界推广香港的创意产业等。2009—2010 年，香港政府预留 3 亿港元设立"创意质优计划"，资助那些无法从其他政府财政资源获得资助的创意产业项目。

（5）充分发挥民间组织的社会功能。积极推动文化类民间组织包括基金会、协会、社团等的发展。由于文化企业的跨行业性，各类协会具有更加灵活、便捷的特点，且大都由有实力的企业牵头。从国外文化产业发展的有效成绩来看，非政府组织能有效地协调政府与民间、各文化主体之间的关系，扮演着政府和企业个体都无法替代的角色。据悉，浙江省老字号企业协会于 2005 年率先成立，迄今为止在国内外（包括中国台湾地区、日本）连续成功举办了 8 届"中华老字号博览会"，有力地提升了浙江老字号的世界知名度和影响力。

（6）进一步完善公共文化设施和服务体系。文化品牌不仅反映在文化产品上，还反映在区域民众的价值观念、精神风貌和思想情操等方面。通过公共文化设施和服务体系的构建，不仅能充分发挥区域民众作为文化品牌载体的生机和活力，而且能够有效提升外来人员、国内外游客等文化品牌消费受众的认知度和参与度，为区域文化品牌建设提供持久的供给力量。世界上许多国际化文化大都市都具备标志性的公共文化展示场所，包括表演场地、博物馆、音乐厅、出版社、电视台、杂志、乐团、剧团、球队、大型娱乐业商业组织等，如好莱坞的迪士尼、悉尼的歌剧院、巴黎罗浮宫、大英博物馆、法新社、威尼斯电影节，等等。

丽水市文化产业可持续发展问题研究

方　明[1]　雷心仪[2]

引　言

　　"文化产业"一词源自法兰克福学派阿多诺（Theodor Adono）和霍克海默（Max Horkheimer）在 1947 年出版的《启蒙的辩证法》中的"cultural industry"。该词一经出现即有争论，却因其在国民经济与社会生活中的地位和作用愈加重要而成为炙手可热的宠爱词汇之一[3]。因地域不同与时代差异，对该词的称谓不一，从而体现文化产业发展的侧重点不同，如联合国教科文组织（UNESCO）为"cultural industries"、美国是"版权产业"（copyright industry）、欧洲委员会为"cultural industries"或"内容产业"（content industries）、英国叫"创意产业"（creative industries）、日本为"体验产业"（sensible industry）、中国台湾地区叫"文化创意产业"（cultural creative industry）。中国大陆、韩国、芬兰等国基本上直接使用"文化产业"这个概念。

　　文化产业被当今世界视为"新兴产业"、"朝阳产业"、"黄金产业"、"绿色产

　　[1]　方明（1972—　），男，安徽省望江县，丽水学院民族学院民族学系，副教授，人类学博士。

　　[2]　雷心仪（1994—），女，畲族，浙江省景宁畲族自治县，山东大学历史文化学院文化产业管理 2012 级学生。

　　[3]　刘海龙，黄雅兰. 试论"文化工业"到"文化产业"的语境变迁 [J]. 山西大学学报（哲学社会科学版），2013（2）.

业"。国内外对此的研究方兴未艾，常见的有宏观的总体概述与微观的行业讨论；相较而言，中观的研究较少。这些研究激发笔者对文化产业的关注与思考，并以中观的视野研究丽水市的文化产业，在总结其成绩与经验的基础上，分析其可持续发展的瓶颈所在，从而提出文化产业发展的对策，以期为丽水市的文化产业发展提供智力支持。

一、丽水市文化产业发展的现状透视

丽水古称处州，始建于隋开皇九年（589），唐初称括州，后改缙云郡，元称处州路，明清时期称处州府，现辖莲都区、龙泉市、缙云、庆元、云和、遂昌、松阳、景宁、青田等1区1市7县。地处浙西南山区，南与福建毗邻；北与金华武义、永康、东阳接壤；东北与台州仙居相连；东南与温州永嘉、瑞安、泰顺交界；西与衢州龙游、江山相接。境内主要山脉有仙霞岭、洞宫山、括苍山等，呈西南—东北走向；群山倚天，海拔1000米以上的山峰就有3573座；湍流据险，拥有瓯江、钱塘江、飞云江、灵江、闽江、交溪等源头水系。虽然生态环境优越，历史文化底蕴深厚，但经济发展在省内属于后发地区，其中的文化产业既有因起点低而呈现发展快的特点，却也有因创新乏力而面临可持续发展的困境。

（一）现实背景

丽水发展文化产业既受国外示范效应的影响，又受国家与省市的政策指引，从而激发自身发展的内在需求。

从宏观背景而言，世界经济正在经历从产品经济到服务经济，再到文化产业经济的转变。换言之，文化产业正在成为各主要经济体的重要产业，也为其他产业提供持续发展的动力。因此，全球文化产业已经呈现群雄并起、千帆竞发的局面，具有以下特征：

第一，文化产业已经逐渐取代传统产业而成为新的支柱产业。如日本文化产业的年产值早在1993年就超过汽车工业的年产值，到2010年已超过11070亿美元，约占国内生产总值的15%；美国1996年的文化产品（电影、音乐、电视节目、图书、期刊和电脑软件）第一次超过了包括汽车、农业、航空和国防在内的所有其他的传统产业，成为美国最大的出口产品。

第二，各国实施"文化经济"的新战略。如韩国制定了《文化产业发展五年》、《文化产业发展推进计划》等政策大力发展文化产业；英国提出发展并实施"创意产业战略"、欧盟发布"欧盟文化战略"、新加坡提出"文艺复兴新加坡战略"。

第三，文化产业适应全球化文化扩张的需要。如美国的电影业早在 20 世纪 50 年代海外收益就超过总收入的 40％，进入 21 世纪，超过 60％；在获益的同时，也广为传播美国式的价值理念、意识形态和生活方式。

第四，文化产业的发展体现城市空间集聚的趋势，并形成一种相互依赖、相互发展的共生关系。城市的发展为文化产业的振兴提供平台，同时文化产业的发展也提升城市内涵，带来大量附加值，如美国纽约、英国伦敦、日本东京、韩国首尔、中国香港。

第五，在全球文化产业发展中，发达国家为主导，区域性不平衡非常明显。据世界银行统计，美国、西欧和日本的跨国公司囊括了全球国际文化贸易量的 2/3 以上；目前传播于世界各地的新闻，90％以上由西方七大国垄断，其中又有 70％由跨国公司垄断[1]。

就中观背景来说，中国在经历了政治治理（"以阶级斗争为纲"）到经济治理（"以经济建设为中心"）之后，正在走向文化治理（"建设社会主义文化强国"）。发展文化产业正是中国国家治理进入第三个发展阶段后被赋予承担国家文化治理职能的，也是中国为克服和解决经济结构的战略性调整和转型过程中遭遇到的结构性矛盾和体制性障碍的过程中提出来的，从而得以进入国家发展战略序列。为此，中共十六大第一次在党的政治报告中明确提出"积极发展文化事业和文化产业"的政治主张；党的十七大明确提出，要积极发展公益性文化事业，大力发展文化产业，激发全民族文化创造活力，更加自觉、更加主动地推动文化大发展大繁荣；2009 年 9 月国务院颁布并实施《文化产业振兴规划》；中共十七届六中全会首次将"文化强国"提升到国家战略层面上来，审议通过了《中共中央关于深化文化体制改革、推动社会主义文化大发展大繁荣若干重大问题的决定》；《国家"十二五"时期文化改革发展规划纲要》、《文化部"十二五"时期文化产业倍增计划》、《文化部"十二五"时期文化改革发展规划》、《文化部"十二五"文化科技发展规划》、《文化部关于鼓励和引导民间资本进入文化领域的实施意见》、《国务院关于推进文化创意和设计服务与相关产业融合发展的若干意见》（国发〔2014〕10 号）。诸多文化产业政策密集出台，使文化产业发展的政策环境得到进一步完善，为中国更好更快地发展提供了有力的文化保障。简而言之，中国已

---

[1] 郑伟雄. 全球文化产业发展报告 [EB/OL]. [2012-02-06]. http://www.sina.com.cn.

吹响文化产业勃兴的集结号，它不仅将成为国民经济新的增长点与支柱产业，更是国家文化治理的有效手段与工具。

微观背景方面，文化产业是丽水发展的顺势选择。首先，从区域特征来看，丽水"九山半水半分田"的地貌劣势决定了难以发展规模化的现代农业。172.98万公顷土地面积中88.42%是不可开发的山地，仅有5.31万公顷耕地还条块分割，现代农业难以集约化发展；也限制了现代工业产业集聚区的形成与发展。其次，由于交通设施和交通运行水平处在全省下游，制约了经济发展。丽水市面积占全省1/6，但高速公路仅329千米，只占全省里程的9.4%，而且等级普遍较低，一级公路仅有48.4千米；铁路里程极其有限，高速列车预期在2015年12月20日才能通车运行；机场建设虽已选址获批，但航空运输还将在经年之后。简而言之，丽水市的快速交通极其不便，制约了社会经济文化的发展。再次，工业化程度较低。长期以来，丽水以农为纲，工业发展缓慢，产业基础薄弱。以人均国内生产总值为例，2012年丽水为6 625美元，位居全省第十，而浙江人均国内生产总值是丽水的1.58倍，远远落后于经济发达的杭州、宁波、绍兴等地区；就人均可支配收入来说，浙江省2014年为32 658元，居全国32个省（自治区、直辖市）第三位，省（自治区）第一位，而仅有30 413元的丽水市位列全省区市最后，仅占最高的义乌市51 899元的58.6%。最后，发展文化产业的良好契机。一是丽水森林覆盖率达到80.8%，极佳的生态环境享有"中国生态第一市"的美誉，有"浙江绿谷"和"浙南林海"之称。鉴于这一生态优势，该市提出"绿色崛起，科学跨越"的战略口号，做好"绿水青山就是金山银山"的大文章，避免重蹈高能耗、重污染的产业覆辙。二是深厚的历史文化资源有待于产业开发。在1 400多年的历史中，丽水名人荟萃，如著名诗人叶绍翁、明朝宰相刘伯温、国务院副总理陈慕华与民国将领陈诚；工艺精湛，有"中国民间文化艺术之乡"称号的丽水除了青田石雕、龙泉宝剑与青瓷这"丽水三宝"外，还有黑陶、炭雕、廊桥、根艺、根雕等高超技艺；文物古迹，如好川文化遗址、通济堰、黄帝祠宇，也具有开发价值。三是产业契机。丽水市吹响"文化强市"的文化产业战略发展号角，发挥后发产业优势，实现跨越发展。正如2003年习近平在丽水调研时指出："丽水经济的发展一定要围绕生态做文章，大力发展生态经济，变生态资源优势为经济优势，走可持续发展的路子"，而文化产业具有高附加值、高集约度、高科技、低碳环保等优点，正是"绿色崛起，科学跨越"的极佳选择。

总之，从他山之石的宏观、时不我待的中观与不二选择的微观三方面来审视丽水发展文化产业的现实境遇，无疑已经具备天时、地利与人和的优势。

（二）成绩与经验

在贯彻执行《中共丽水市委 丽水市人民政府关于加快文化产业发展的实施意见》（2012 年 9 月 7 日）、《丽水市文化产业发展规划（2013—2020）》（2013 年 9 月）、《中共浙江省委 浙江人民政府关于进一步加快发展文化产业的若干意见》（2013 年 8 月 6 日）等文件精神，以及全市人民的共同努力下，2013 年丽水市的文化产业发展取得了可喜的成绩与宝贵的经验。

1. 主要成绩[1]

（1）文化产业增幅较大。据统计，截至 2013 年年末，全市共有文化及相关产业法人单位 2 522 家，规限上文化企业 254 家，分别比上年增长 37.06％和 25.59％。全市实现文化及相关产业增加值 41.03 亿元，较 2012 年的 31.88 亿元增加了 28.95％，增幅居全省第一，较 2011 年的 20.99 亿元近翻了一番。文化及相关产业增加值占国内生产总值的比重达到 4.17％，比上年的 3.57％提高 0.6 个百分点，增加幅度也居全省第一；文化及相关产业增加值占国内生产总值的比重在全省排名从 2012 年倒数第一上升到全省第六位，呈现出快速发展的势头。

（2）特色文化产业初步形成。丽水各县（市、区）依托各自的优势资源和产业基础，现已形成各具特色、差异显著、彼此联动的产业发展格局，即以市本级与莲都区为伞心，其他 8 县市为伞面，形成收放自如的伞形结构。如莲都区"古堰画乡"的油画与摄影基地初具规模，钢笔制造业小有名气；龙泉宝剑与青瓷成为当地特色产业与支柱产业，2012 年剑瓷文化产业总产值突破 20 亿元；青田石雕产业规模较大，已形成完整的产业链；云和木制玩具享誉国内外，产销量约占全国同类产品的 50％，2013 年实现产值 26.26 亿元，占全县工业总产值的 31.8％；遂昌"金、木、水、火、土"五行文化旅游已具品牌效应，2007 年即已入选"中国十大特色休闲基地"；缙云以仙都景区和皇帝文化为核心，整合倪翁洞与摩崖石刻等文化古迹，成功打造以鼎湖峰、芙蓉峡、小赤壁等影视拍摄基地及区域开发的"光影世界"；松阳以优美的田园风光、深厚的农耕文化、延年益寿的道教养生文化为主体，成功塑造"田园松阳"文化品牌；景宁是全国唯一的畲族自治县，主打畲族文化产品，以畲乡风情旅游业、畲族服饰制作业、畲族手工艺制作业、畲药加工业等产业为龙头，集聚发展初显成效。可将上述特色产

---

[1] 有关数据由丽水市宣传部文化产业办公室提供，特此致谢！

业诗意地归纳为"画乡莲都"、"剑瓷龙泉"、"中国石都·世界青田"、"童话云和"、"廊桥庆元"、"仙都缙云"、"淘金遂昌"、"田园松阳"、"畲乡景宁"。

2. 三点经验

丽水特色文化产业取得的主要经验有制度创新引领、特色集聚发展、人才提升工程。

（1）制度创新引领。确立文化产业为丽水市国民经济支柱性产业的发展目标，为实现该目标而制定一系列的政策措施，如市委宣传部长担任文化建设小组组长统领文化工作，市本级和各县（市、区）下设文化产业办公室，负责具体工作落实；市委宣传部先后与市发展改革委、财政局、统计局联动成立文产项目督查、专项资金监管、统计监测分析等系列工作机制，将文化产业增加值占国民生产总值的比重作为经济发展指标，纳入对县市区的年度综合考核；制定《中共丽水市委关于认真贯彻党的十七届六中全会精神 大力推进文化强市建设的决定》、《关于加快文化产业发展的实施意见》、《关于印发〈培育特色文化品牌〉等六大举措实施方案的通知》等政策文件；设立每年 1 000 万元的文化产业发展专项资金，并出台《丽水市文化产业发展专项资金使用管理暂行办法》。通过这一制度创新为文化产业的发展保驾护航，创造良好的外部引领条件。

（2）特色集聚发展。立足地方特色文化，根据"一县一品一园区"的原则，搭建产业发展平台，促进文化产业集群发展。主要表现在三方面：一是以龙泉青瓷与宝剑、青田石雕、景宁畲乡工艺品等为代表的特色工艺品制造产业集群；以云和木制玩具制造业、庆元铅笔制造业、莲都钢笔制造业等为代表的文化用品制造业集群；以古堰画乡、遂昌旅游等为代表的文化休闲服务业集群。二是文化产业园区建设成绩喜人，发挥产业引领与辐射功能。现已建成的莲都古堰画乡、龙泉青瓷宝剑园区、青田石雕文化产业集聚区、云和木制玩具产业基地等四大园区被评为浙江省重点文化产业园区，数量仅次于杭州位列全省第二；2013 年，云和、龙泉、青田三大文化产业园分别实现产值 26.3 亿元、26.1 亿元和 20 亿元，初步彰显集群效益。三是举办地方文化节庆活动，打造区域文化发展品牌。举办丽水国际摄影节、龙泉青瓷·龙泉宝剑文化旅游节、青田石雕文化节、云和木制玩具文化节、庆元香菇文化节、缙云祭祀黄帝典礼、遂昌汤显祖文化节、松阳银猴茶叶节、景宁中国畲乡三月三、处州白莲节等节庆活动，提升丽水市本级与各县（市、区）在国内外的文化知名度，从而为区域文化产业的发展奠定品牌效应。

（3）人才提升工程。人才是决定产业创新与发展的第一生产力，因而丽水市实施宣传文化系统"四个一批"人才工程，培养和造就一批理论、新闻、文艺、文化产业经营管理方面的专家，发挥他们的智库作用，为丽水文化产业的全面提升群策群力；打造文化创新团队，即评出 6 支重点文化创新团队，出台管理办法进行重点培育；开展"丽水名家"和市级"首席技师"、"技能大师"遴选工作，截至 2013 年年底，全市分别有国家级、省级、市级工艺美术大师 12 名、54 名、177 名。

二、丽水市文化产业发展的问题分析

前文总结了丽水文化产业发展的成效，也提炼了可取之处。为了其更高效、更迅捷、更可持续地发展，我们更应深刻分析其不足之处。

1. 路径依赖严重，内生创新乏力

目前，丽水文化产业主要依靠工艺品制造业和文化用品制造业，前者以龙泉宝剑与青瓷、青田石雕为代表；后者以云和木制玩具、莲都和庆元等地的文具制造业为主。这两大优势产业的从业人员总数和营业收入在全市文化产业中的比例均约为 70%，现已面临科技创新、转型升级的困境。其他诸多优质文化资源尚未转化为文化产业的新生力量；科技含量高、低碳又环保、发展潜力大的新兴业态还有待于催生勃发。

2. 创新人才缺乏，支撑动力不足

上文提到丽水文化产业的人才提升工程，但就现实需求而言，不过是杯水车薪。文化经济的竞争与扩张关键在于创新人才，而人才的引进与内培均需要与之配套的措施与机制，无疑丽水市在这两方面都极度匮乏。现有文化产业从业人员超过一半为初中及以下学历，其中很多人是现学现用；受过高等教育者不足7%，而且主要集中于国有文化传媒等事业单位。文化企业既缺乏拓宽从业人员的技术学习渠道，提升其专业技能；本地高层次人才服务保障体系又欠佳，没有形成人才洼地的环境，从而使得人才匮乏，这成为制约文化产业腾飞的最大瓶颈。加之本地高等院校与科研机构较少，一方面制约了本地文化产业人才的培养与集聚，更无奈的是，科研院所与文化企业缺乏沟通与合作，使得本地极不富裕的人才没有在文化产业发展方面发挥效能。

3. 产业链带不足，产业集聚较低

文化产业的优势在于完整的产业链带的支撑，形成产业集群，实现规模效应和网状互动，从而减少产业成本，获取更大的收益。而丽水地区的文化产业大多既无完备的产业链，又处于散兵游勇的市场状态，企业"散、小、弱"特征明显，缺乏品牌竞争力。除了龙泉、青田的一些文化企业依靠工艺美术大师的个人技能和社会影响力获得较高的文化附加值外，绝大多数的文化企业从事产业链低端的制造环节，难以拓展上下游产业业务，从而仅限于低端制造的蝇头小利，因产品没有蕴含"创意价值"而无法实现效益最大化。

4. 市场细分较差，同质竞争严重

由于产品结构单一，自然难以细分市场，必然导致产品同质化竞争异常惨烈。在同一区域内的文化企业由于场地租金、人力资源等成本上升，文化产品又被竞相压价，因而文化企业的获利空间愈加缩小，使得文化企业难以做大做强，良性发展的运行轨道极不通畅。

5. 外生激励偏差，社会效应不足

前文已述丽水出台一系列扶持文化产业发展的政策措施，这对产业的发展固然具有积极作用，但我们也应看到存在一些偏差，主要表现在三方面。一是重视文化产业，轻视文化事业。殊不知文化事业是文化产业之基，没有文化事业肥沃土壤的滋养，何来文化产业绚烂之花的绽放？二是强调经济效益有余，社会效应不足。就文化产业而言，寻求利益最大化是资本逐利的本性，但就导向而言，一味放大经济效益而忽略文化产业的精神属性，不利于文化生态文明建设，也有损文化产业的公共责任[1]94-106。三是锦上添花有余，雪中送炭不足。从融资、税收减免等方面大力扶持成熟的文化产业，却对中小企业的成长关注不够，正如胡惠林以融资为例尖锐地指出，"由于大多数中小民营文化企业进不了国家文化行政主管部门的'名单数据库'，在我国现行的投融资管理体制下，这些文化企业要想得到银行的项目投资贷款和融资几乎是不可能的"、"真正需要扶持的对象是那些初始文化产品市场前景看好，而又一时无法获得发展所需要的'解困'资金周转的中小文化企业"[1]85。此外，市场准入门槛对新生文化企业而言也是难以跨越的"卡夫丁峡谷"。

---

[1] 胡惠林. 国家文化治理：中国文化产业发展战略论 [M]. 上海：上海人民出版社，2012.

综上所述，就丽水市域的纵向比较来说，文化产业所取得的显著成绩足以笑傲江湖；若以浙江省内市域的横向比较而言，丽水文化产业增加值数年倒数第一。鉴于创新人才的匮乏、有关政策措施的偏差等诸多因素，"内容为王"的产品极其单薄，加之市场拓展乏力，使得文化产业的跨越发展不容乐观。

三、丽水市文化产业发展的对策建议

上文从五个方面分析了丽水文化产业发展的不足之处，以下从顶层设计、文化主体与拓展市场三方面提出可持续发展的对策。

（一）整体观的视野

整体观（holism）是指全面、系统地理解研究对象的视野。下文以这一观点为统摄，讨论丽水文化产业的发展。

1. 丽水、浙江、中国、世界四位一体

具体是指丽水文化产业须立足丽水，面向浙江，辐射中国，走向世界。文化产业有以市场为唯一导向的"经济化"的"单边发展"的非均衡发展道路，还有以多元的价值建设为导向的"社会化"的"多边发展"的均衡发展道路。我们提倡单边发展模式转化为多边发展模式，为此须以复合的社会发展为主导，优化配置各种文化资源和生产要素，实现产业绿色生态的可持续性发展。因此，丽水生产的文化产品首先要满足当地的社会需求；正所谓"己所不欲，勿施于人"，这样才能面向浙江其他地区；以优质的文化消费品服务于华东地区，乃至辐射全国；在国家文化治理与文化产品输出的理念下，某些文化产品走向世界。

2. 丽水地区九县市统筹规划

即打破丽水辖区内县、市、区的产业壁垒，按山、水、气、食、药、体、文、茶、[1]器等文化产品集聚发展，做到重点突出，珠联璧合。如可将华东第一高峰的龙泉黄茅尖、浙江第二高峰的庆元百山祖、"括苍之胜"的南明山等秀山集群开发成文化旅游产业。河湖众多，年平均降雨量 1 568.4 毫米，丰沛的水资

---

[1] 迟全华，陈建波. 生态养生产业的丽水样本 [M]. 杭州：浙江人民出版社，2013：47-136.

源除了开发水电、饮用水与水产品等之外，还可开发漂流、垂钓、温泉等休闲养生文化产业。森林覆盖率 80.8%，植物资源约占全省的 66%，乡村空气质量超过国家一级标准，仿效日本开发诸如莲都白云山、云和仙宫湖、景宁草鱼塘、缙云大洋山、庆元巾子峰等森林天然氧吧资源，在休闲养生之余，体验别致的森林之旅。据统计，丽水名点名菜共 167 种，其中遂昌 44 种、松阳 38 种、莲都 17 种、龙泉 14 种、缙云 15 种、庆元 13 种、景宁 11 种、云和 9 种、青田 6 种，更有丰富的农林食品及数不胜数的农家土菜与风味小吃，开发文化产业的前景看好。丽水中药材资源极其丰富，是中国香菇之乡、中华灵芝之乡、中国灰树花之乡；特色中药材有景宁厚朴、龙泉灵芝、龙泉南方红豆杉、缙云薏苡、遂昌菊米、庆元灰树花、青田五加皮等；从"一产"的药材资源种植与养殖，"二产"的药品生产加工，到"三产"的文化服务等相关产业链均有待于开发。"体"是指体育文化产业，包括野外自行车骑行、民族民俗体育、登山、攀岩、拓展训练、自驾车与房车宿营等相关产品的生产销售及服务；目前，仅有遂昌玛拉克自行车产业基地年产值在 1 000 万元以上，可以说这一产业尚处于起步阶段。"文"是指将深厚的文化资源转化为优质的文化产业，一方面未能充分挖掘优秀的文化内涵，进行产业培育；另一方面是现有的文化产业有待融合以提升品质。如何提炼文化符号，推介产品与服务，任重道远。景宁惠明茶、松阳银猴、遂昌龙谷丽人、莲都梅峰茶、龙泉凤阳春红茶、白天鹅茶、青田御茶、云和仙宫雪毫、庆元沁园春茶、缙云鼎湖峰茶等都是丽水名茶代表，2012 年产茶 2.59 万吨，产值 21.73 亿元，相应的茶道文化与茶艺馆业也发展迅猛。"器"指器物，以本地生产的工艺品及有关文物为基础，大力发展会展业与古玩市场等，但目前尚在摸索阶段。

（二）政府引导与社会主导相结合

以个人权利为基点，近代西方国家与社会关系理论形成了国家主义、自由主义与无政府主义三种流派。"小政府、大社会"是自由主义的典型关系模式，民国初年张东荪（1886—1973）就对此有过诸多论述[1]。1988 年 4 月，国务院批转《关于海南岛进一步对外开放加快经济开发建设的座谈会纪要》中，以中央政府文件的形式第一次提出"小政府、大社会"的概念，并与政治体制改革相提并

---

[1] 张东荪. 中国之将来与近世文明国立国之原则 [J]. 正谊，1915（7）；张东荪. 吾人之统一的主张 [J]. 正谊，1915：4；张东荪. 制治根本论 [J]. 甲寅，1915：5；张东荪. 行政与政治 [J]. 甲寅，1915：6；张东荪. 中国政制问题 [J]. 东方杂志，1924：1.

论。此后，随着计划经济向市场经济转型，学界对此的讨论曾经喧嚣一时。近年来，随着市民社会、国家政权建设理论与社会中的国家等研究方向的兴起，该理念又再度流行。2012 年 8 月 22 日，温家宝总理主持召开国务院常务会议，批准广东省在行政审批制度改革方面先行先试，"小政府、大社会"再掀波澜。尽管国家与社会关系的探讨是当代中国研究的主流分析框架[1]，但若教条主义地采用西方理论与话语，则会适得其反。黄宗智（Philip C. C. Huang）早在 1993 年就指出国家与社会的二元对立是早期现代的西方经验中抽象出来的理想概念，并不适用于中国[2]。在国家文化治理框架下论述文化产业的可持续发展，本文认为不是乔尔·S. 米格代尔的"强社会、弱政府"[3]，而应是"强政府—强社会"的关系模式。在计划经济时代，代表国家行使权力的政府统揽资源配置，隶属于单位或社队的人民被分配占有资源，社会在权力结构与分配资源上没有话语权。在市场经济时代，全能型政府瓦解，放权于社会，形成"小政府、大社会"为特征的关系模式。实际上，我国的经济体制、文化体制、政治体制的改革都是政府主导和推动下的一次"自我革命"[4]，政府变"小"是客观事实，但"小"却暗含着更集中，因此是"小政府"中的"强政府"。

1. 强政府

前文已述发展文化产业是国家文化治理使然，也是丽水内在需求的必然。"文化治理是国家通过采取一系列政策措施和制度安排，利用和借助文化的功能用以克服与解决国家发展问题中的工具化，对象是政治、经济、社会和文化，主体是'政府＋社会'，政府发挥主导作用，社会参与共治"[5]，那么政府主导作用主要表现在以下几方面：

（1）全面认识文化产业的两种属性，正确引导文化产业的两个效益。"文化产业本身涉及经济、文化、媒体等各行各业以及实体经济、虚拟经济等诸多领域，是文化经济化和经济文化化的共同产物"[6]，由此可见，文化产业具有文化

［1］ 唐利平. 国家与社会：当代中国研究的主流分析框架 ［J］. 广西社会科学，2005（2）.

［2］ Philip C. C. Huang. Public Sphere/Civil Society in China? The Third Realm between State and Society ［J］. Modern China，Vol. 19，No. 2（April 1993）.

［3］ Joel S. Migdal. Strong Societies and Weak States：State-Society Relations and State Capabilities in the Third World ［M］. Princeton：Princeton University Press，1988.

［4］ 孙立平. 向市场经济过渡过程中的国家自主性问题 ［J］. 战略与管理，1996（4）.

［5］ 胡惠林. 国家文化治理：中国文化产业发展战略论 ［M］. 上海：上海人民出版社，2012：3.

［6］ 黄升民，刘庆振. 文化产业的驱动力与四维空间 ［J］. 现代传播，2013（6）.

和经济的双重属性，精神和物质的两种力量。因此，我们必须清醒地认识文化产业向客户提供文化产品及服务而逐利的市场价值取向，但是也不可奉行唯市场论，因为"文化产业发展除了为社会创造出巨大的经济财富的同时，更要为社会的文明进步和人的全面发展创造出巨大的精神文化财富。这就需要在发挥市场在资源配置中的主导作用的同时，更加需要发挥真善美的价值在文化资源再生产中的主导作用"[1]，故而政府在引导文化产业发展时，在肯定其经济效益的同时，不可偏废社会效应。

（2）有效实施政策、机制、监管等相关举措。为了文化产业的可持续的健康发展，政府须改革僵化的机制，颁布激励政策、规范市场良性发展的措施，并对市场与企业的运作进行有效监管。据统计，从 2004 年至今，国家出台上百部与文化产业相配套的扶持政策、法规和文件。丽水市也紧随国家与浙江省亦步亦趋地出台近 10 部"衍生品"，但缺乏针对当地实际情况的有效举措。仅以公共财政投入为例，政府高喊加大文化事业扶持力度，建立财政投入稳定增长机制，要求各级财政投入的增幅高于本级财政收入的增长幅度，但 2010—2012 年的投入比重分别为 2.71%、2.65% 和 2.57%，反呈逐年下降态势，投入明显不足。文化体制机制创新方面，按照"党委领导、政府管理、行业自律、企事业单位依法运营"的原则，增强文化产业创新能力、盘活存量、扩张增量、拓展发展空间，却未真正落到实处。

（3）实施"市民文化消费补贴计划"。仿效广东南海的《文化消费补贴意见》，除了向市民免费开放国有公共图书馆、博物馆、文化站等文化设施外，还将市民文化消费补贴纳入丽水市公共财政计划，如以文物建筑作为馆址的博物馆、纪念馆等不便实行免费开放的，也须对未成年人、老年人、现役军人、残障人士等群体实行减免门票的优惠政策；政府还将对工业园区、乡村或非政府组织（NGO）等组织主办的文艺演出或有关文化展览给予数额不等的文化消费补贴；送图书、影视作品、文化用具到基层也将获得数额不等的补贴。

2. 强社会

社会是与国家相对而言的概念，但二者并非对立而是二元一体的关系[2]。学者对"强社会"的定义大同小异，如马晓燕等指出"（强社会是）人际利益分化

[1] 胡惠林. 国家文化治理：中国文化产业发展战略论 [M]. 上海：上海人民出版社，2012：19.
[2] 王新生. 市民社会论 [M]. 南宁：广西人民出版社，2003：61.

有别又相互联系、组织要素发育完善、组织功能多样化、社区共同体特征鲜明、私人空间较大的法制社会"[1]；而白平则认为"强社会以拥有发达的市场经济和民间组织为标志，是一个自主性强、组织化程度高、社会服务能力强、具有创新活力、对国家政治生活参与程度高、富裕、和谐、民主的法治社会"，并从马克思和恩格斯国家和社会关系理论的真髓、西方发达资本主义国家的基本经验、中国古代社会的启示、我国社会发展不足的现实困境等方面予以论证[2]。龚万达、刘祖云根据实证分析，得出"强社会－强国家、强社会－强经济"的社会建构模式既是可能的，也是现实的。2013 年 3 月 14 日，第十二届全国人民代表大会第一次会议批准通过《国务院机构改革和职能转变方案》，提出"加快形成政社分开，权责明确，依法自治的现代社会组织体制，完善相关法律法规，建立健全统一登记，各司其职，协调配合，分级负责，依法监管的社会组织管理体制"。

　　"文化自觉"的理念早在中国新文化运动时即已出现，梁启超对此曾有深刻论述，可见于其第一次世界大战后成书的《欧游心影录》[3]。此后，费孝通、许苏民[4]等学者也论述了这一概念，但真正进入学术视野的则源于 1997 年北京大学举办的社会学人类学第二届高级研讨班。费孝通先生在该班闭幕发言中提出这一概念，后又多次阐释，并结集出版[5]。他认为"文化自觉只是指生活在一定文化中的人对其文化有'自知之明'，明白它的来历，形成过程，所具的特色和它发展的趋向，不带任何'文化回归'的意思，不是要'复旧'，同时也不主张'全盘西化'或'全盘他化'。自知之明是为了加强对文化转型的自主能力，取得决定适应新环境、新时代时文化选择的自主地位。文化自觉是一个艰巨的过程，首先要认识自己的文化，理解所接触到的多种文化，才有条件在这个已经在形成中的多元文化的世界里确立自己的位置，经过自主的适应，和其他文化一起，取长补短，共同建立一个有共同认可的基本秩序和一套各种文化能和平共处、各舒所长、联手发展的共处守则"[6]。从中我们得知文化自觉的定义、范围和内容、目的和意义，实现文化自觉的途径步骤及其理想目标。

[1] 马晓燕，刘敏. 社区建设中的国家与社会关系模式 [J]. 甘肃社会科学，2005 (6).

[2] 白平则. 论我国国家与社会关系改革的目标模式："强社会、强国家" [J]. 科学社会主义，2011 (3).

[3] 梁启超. 欧游心影录 [M] //梁启超. 饮冰室文集. 昆明：云南教育出版社，2001.

[4] 许苏民. 论中华民族的文化自觉 [J]. 青年论坛，1986 (11)；许苏民. 先验批判、经验反思与不受人感的方法——重提"中华民族的文化自觉"[J]. 福建论坛，2003 (5).

[5] 费孝通. 论人类学与文化自觉 [M]. 北京：华夏出版社，2004.

[6] 费孝通. 反思·对话·文化自觉 [J]. 北京大学学报（哲学社会科学版），1997 (3).

那么，文化自觉与文化产业之间有什么关系呢？首先，树立文化自信是发展文化产业的前提。处在全球化时代，再也没有世外桃源。对于传统文化，我们既不可妄自菲薄，视为"封建"、"迷信"、"落后"，予以彻底抛弃，也不能臆想文化复归，固守文化保守主义，而要与时俱进，充分发挥文化主体的能动性。简而言之，我们的文化无时无刻不在与其他文化的交融中吐故纳新，因而文化自信是将优秀的文化资源整合开发为文化产业的必要前提。其次，文化传承与创新是发展文化产业的生命之源。"文化"对于文化产业如同皮之于毛，水之于鱼。在"自知之明"的基础上，树立文化自信后，才能自觉自愿地进行文化传承与创新，文化产业的发展也才有不涸的源泉。再次，特色鲜明的文化产品是文化产业的核心竞争力。立足丽水地区的特色文化，精心开发相应的文化产品，满足广大消费者的物质与文化需求。这些产品理应形式多样，如丰富多彩的文化展演、妙趣横生的文化体验、雅俗共赏的文化消费。最后，文化产品的世界眼光是拓展市场的支点。以全球化的文化视野包装、打造地方特色的文化产品，从而抢占文化市场，树立自身文化品牌，最终确立产业话语权。

（三）文化强市与产业兴市的战略对策

建立在日益完备的公共文化服务体系基础上的文化产业是文化强市与产业兴市的战略选择，也是丽水市文化治理的"葵花宝典"。

1. 励精图治谋行业，乘风破浪闯市场

行业的发展与市场的拓展是相辅相成的关系，关键在于文化产品，因此提升其"微笑曲线"两端的文化附加值是产品转型升级的不二法门，而做实做强文化产业是搏击市场的内驱力。首先，打造剑瓷、石雕、木玩等产业航空母舰，确立行业话语权。虽然丽水的龙泉剑瓷、青田石雕、云和木玩等产业在国内外市场占有一席之地，却缺乏行业话语权，在产业发展上常常受制于人，甚至遭受打压与非公平竞争。因此，打造产业航母，参与制定业内话语权蓄势待发。其次，勃兴影视、创意与设计、会展、文化艺术服务等产业舰艇。前述产业不是凭借廉价劳动力而获得产品竞争优势，而是因其高附加值、低碳环保的绿色产业链而领先市场。这将是"丽水制造"向"丽水创造"转变的关键。最后，发展休闲娱乐等产业舢板。这些产业解决了广大民众的就业问题，有利于他们安居乐业，也有助于社会的和谐稳定，同时为产业的兴旺发达凝聚产业基础。

2. 统筹兼顾谋布局，组合连接"走出去"

前文已述以整体观视野统筹布局丽水文化产业，但关键还在于拓展产品市场。因而产品必须以满足人们的物质与精神文化需求为导向，以域内与域外市场为抓手，谋划并实施"走出去"战略，为此须做好"一"、"二"、"三"三篇文章。"一"是一链相连，即按照"一县至少一种特色文化产品"原则集聚发展，完善产业链，组合出击，搏击市场。"二"是二者融合，即城镇与乡村文化产业网络的融合、文化产业园与其他文化企业节点的融合，形成文化企业网络的伞形结构。"三"是三者并举，即以小巧玲珑的文化产业为塔基、健硕壮实的文化产业为塔身、庞然大物的文化产业为塔顶，打造文化产业金字塔。

四、结论

丽水市 2013 年的国内生产总值在浙江省的占比不到 4%，在保持"浙江绿谷"的前提下，浙江省政府不以国内生产总值考核丽水市，但却不可误解为丽水不要国内生产总值，否则就无法与满足民众不断提高的物质文化需求相一致。其实质是强调发展绿色低碳环保的国内生产总值，因而可持续发展的文化产业无疑是当下内、外因结合的必然选择。

在全貌观的统摄下，为了"绿色崛起，科学跨越"，政府、文化企业、民众均要有高度的文化自觉，切身躬行文化强市与产业兴市的发展战略，真正实现"绿色青山就是金山银山"。因此，以"强政府—强社会"的结构关系模式为抓手，可以实现文化产业的可持续发展，即强调政府的文化引领与制度保障、社会的文化自觉和积极参与，整合文化产业链、构建城乡文化产业网络、打造文化产业金字塔，从而丰富和繁荣文化市场，不断提升文化惠民能力，提高人民生活品质，满足城乡居民日益增长的精神文化需求。

第三篇

城镇化下的社会
与人口变迁

社会转型期我国城市穆斯林流动
人口管理服务研究[1]

马冬梅[2]　李吉和[3]

　　人口流动是城市化的一个重要过程，同时也是我国社会转型期的重要特征。目前，我国城市流动人口数量以前所未有的速度增长，而且规模将持续扩大。据全国第六次人口普查数据显示，我国流动人口已从 2000 年的 1.2 亿增加到 2010 年的 2.2 亿，增幅达 83％[4]。穆斯林流动人口目前已达 300 多万，占我国穆斯林总人口的 10％左右[5]。这种大规模、大跨度的人口空间流动，作为我国社会转型期的社会现象，给城市社会发展带来巨大活力的同时，也对人口的管理与服务提出了新的、更高的要求。党的十八大报告强调，要"完善和创新流动人口和特殊人群的管理服务"，强化政府社会管理和公共服务职能。不难看出，创新流动人口管理服务机制，使这一群体享受到与城市居民同样的管理与服务，是新时期解决流动人口问题，促进其有序、合理流动的重要保障，也是城市经济社会和谐发展的前提。

　　少数民族流动人口因民族文化的独特性，使其在适应与融入城市社会过程中面临的问题较汉族更为突出。尤其是信仰伊斯兰教的回族、维吾尔族等 10 个少数民族流动人口，由于在语言、宗教信仰、风俗习惯、心理归属和身份认同等方

　　[1]　基金项目：国家社会科学基金项目（13BMZ085）阶段成果。

　　[2]　马冬梅（1972—　），女，回族，宁夏人，中南民族大学博士研究生，宁夏医科大学管理学院副教授、硕士生导师，主要从事民族理论与城市民族问题研究。

　　[3]　中南民族大学民族学与社会学学院，湖北　武汉 430074。

　　[4]　陆娅楠，朱剑红. 人口增长放缓，老龄化加速，"人口家底"怎么看［N］. 人民日报，2011-05-10.

　　[5]　王宇洁. 2008 年中国伊斯兰教概况及对流动穆斯林流动问题的分析［M］//金泽，丘永辉. 2009 年中国宗教报告. 北京：社会科学文献出版社. 2009.

面与其他流动人口存在很大差异，从而使得这一群体所在城市面临的管理服务问题也更为复杂。

一、相关研究及本文的研究视角

目前，流动人口管理服务问题引起了学界的广泛关注。郑杭生等学者认为，应从社会转型和人口流动的宏观视野下推进流动人口管理的科学化[1]。冯晓英指出，只有通过创新流动人口管理服务，才能使流动人口更好地融入城市[2]。针对城市穆斯林流动人口管理服务问题，马戎认为，南疆跨省到沿海城市打工的维吾尔族青年需要面对语言、宗教、生活习俗等多方面的差异和困难，地方政府和相关部门应通过相互合作为他们提供宗教等方面的服务[3]。季芳桐等认为，流动穆斯林人口增加了流入地政府服务与管理的难度，政府应在公共服务方面有一个较为长期的计划或安排[4]。白友涛等认为，穆斯林流动人口的特殊服务需求要通过社区服务来满足，只有抓好社区服务，才能真正建成有中国特色的社会主义和谐社会[5]。葛壮分析了上海外来流动穆斯林群体的精神生活以及他们在融入都市主流社会后产生的问题及管理隐患[6]。敏贤良指出，穆斯林向东南沿海城市的流动，打破了流入地原有的民族、宗教、文化结构，出现了不同民族、宗教、文化交融交织的新局面[7]。李俊良认为，流入地政府对少数民族流动人口的管理思路依然是防范性管理，缺乏服务意识。通过公共服务优化与公共管理创新，才能解决少数民族流动人口在城市面临的困难[8]。

[1] 郑杭生，陆益龙. 开放、改革与包容性发展——大转型大流动时期的城市流动人口管理 [J]. 学海，2011 (6).

[2] 冯晓英. 城乡统筹视角下的流动人口服务管理与创新——京渝成三市城乡统筹发展的比较与启示 [J]. 北京社会科学，2012, (1).

[3] 马戎. 中国人口跨地域流动及其对族际交往的影响 [J]. 中国人口科学，2009 (6).

[4] 季芳桐，邹姗姗. 城市化进程中的和谐社会建设——和谐社会视野下的流动穆斯林城市管理研究 [J]. 南京理工大学学报（社会科学版），2008 (2).

[5] 白友涛，陈赟畅. 流动穆斯林与大城市回族社区——以南京、上海等城市为例 [J]. 回族研究，2007 (4).

[6] 葛壮. 沪上外来流动穆斯林群体的精神生活——关于上海周边区县伊斯兰教临时礼拜点的考察与反思 [J]. 社会科学，2011 (10).

[7] 敏贤良. 东南沿海穆斯林流动人口激增——挑战与应对 [N]. 中国民族报，2010-06-22.

[8] 李俊良. 关于完善城市少数民族流动人口服务管理机制的建议 [J]. 广东技术师范学院学报（社会科学），2012 (4).

不难看出，目前国内对城市流动人口管理服务问题的研究已有较为丰富的成果。本文以新公共服务理论为视角，结合课题组对上海、广州、义乌、武汉等城市的实地调查，从穆斯林流动人口的社会需求出发，研究穆斯林流动人口的管理与服务问题。新公共服务（New Public Service）理论是由美国亚利桑那州立大学的罗伯特·登哈特（Robert B. Denhardt）夫妇最先提出来。这一理论是在对新公共管理理论进行批判和反思的基础上建立起来的。新公共服务理论推崇公共服务精神，重视公民社会与公民身份，重视政府与社区、公民之间的沟通与合作。强调公共管理归根到底是服务，并由此提出社会管理的本质就是社会公共服务。该理论将政府的角色定位于服务，认为政府的首要作用是帮助公民表述并实现他们的公共利益，而不是试图去控制或驾驭社会，即"服务而非掌舵"。随着我国城市化进程的不断推进，将有越来越多的流动人口进入城市，这一群体为加快城市经济建设、促进城市多元文化的发展起着举足轻重的作用。然而，由于受我国城乡二元经济体制的制约，流动人口暂时难以享受到与户籍人口同等的医疗、教育、就业、住房、社会保障等方面的基本公共服务。在城市社会中，他们受到的管制较多而得到的服务较少，权益得不到保护，生活得不到保障。这使得流动人口虽身在城市，但无论在生活上还是在心理上，都处于城市的边缘。而穆斯林流动人口由于大多来自偏远山区，加之文化上的差异性，更是处于边缘中的边缘。这不仅会影响穆斯林流动人口的社会融入，而且会影响城市经济的发展和整个社会的稳定。

因此，政府及相关部门应树立服务与管理同等重要的意识，尊重穆斯林流动人口的风俗习惯和宗教信仰，满足他们的社会服务需求，为他们融入城市社会提供更好的社会环境。

二、城市穆斯林流动人口的社会服务需求

穆斯林流动人口社会服务需求包括两个方面，一是因民族文化与宗教信仰而致的特殊需求，如宗教生活、清真食品、回族墓地等；二是我国现阶段城市流动人口共同面临的社会服务需求，如就业、子女教育、住房、医疗保障等。

（一）宗教活动场所的服务需求

从全国各大城市穆斯林流动人口的构成来看，大多来自西北地区，且多为回

族、维吾尔族，也有部分撒拉族和东乡族。他们的宗教信仰十分虔诚，自觉恪守教门，认真履行宗教功课（念、礼、斋、课、朝）。我们知道，宗教信仰是体现族群边界的主要标志。塔尔科特·帕森斯（Talcott Parsons）把宗教和语言共同视为族群文化认同的基本要素。穆斯林族流动人口离开了世代生活居住的乡土社会，进入到完全陌生的城市社会，这种环境上的变化，并没有淡化他们的宗教信仰。"宗教活动甚至比在老家时更能发挥缓解生存压力、充当交际媒介和凝聚乡情和民族感情的作用。"[1]

穆斯林的宗教活动大多与清真寺紧密联系。清真寺是穆斯林庆祝节日、举行婚礼和葬礼等仪式、排解纠纷、传承伊斯兰文化的主要场所。对于离开家乡的流动穆斯林而言，清真寺不仅是其宗教信仰与文化持守的精神家园，还是他们进行沟通与交流，获得支持与帮助，获取就业、住房等信息的主要场所。但是，城市宗教活动场所相对农村而言数量本身就少，再加上大多数城市由于旧城改造等原因，致使许多清真寺面临规模缩小甚至消失的局面，穆斯林传统上"围寺而居"的模式被打破。与此同时，流动穆斯林在城市的数量随着城市化的进程却在不断增多，这就使得清真寺在数量方面的不足和匮乏日益凸显。许多居住在距离清真寺较远的穆斯林流动人口，去清真寺做一次礼拜来回需要花去几个小时的时间。在这种情况下，越来越多的临时礼拜场所便陆续在许多城市出现了。笔者在上海、广州、义乌、武汉等地的调查发现，这些临时礼拜场所大多是一些废旧厂房、企业空地或租赁民宅。大多面积窄小且条件简陋，逢主麻日和伊斯兰教传统节日的时候，这里常常拥挤不堪，甚至有在露天做礼拜的现象。

个案 1：MGH，男，38 岁，青海循化人，撒拉族，在武汉开拉面馆

我们通常都是在临时礼拜点礼拜，因为清真寺太远了，做个主麻基本上一个下午的时间都没有了。我们周围做生意的一些（穆斯林）在对面小区租了一间房子，平时大家都到那里礼拜。条件真的是非常简陋，主要图个方便，也没有其他办法。因为店里人手也不够，（去清真寺）来回太耽误时间了。

我们的调查显示，有43％的人对临时礼拜点的条件不满意，59％的人对临时礼拜点可能随时拆迁或取缔表示担忧。

---

[1] 杨圣敏，王汉生. 北京"新疆村"的变迁——北京"新疆村"调查之一 [J]. 西北民族研究，2008（2）.

（二）清真饮食的服务需求

信仰伊斯兰教的少数民族在饮食上历来保留着"清真"的习惯。清真饮食是中国传统饮食文化中一个重要的组成部分，它是在严格遵守伊斯兰教饮食戒律的基础上形成的。"清真饮食不仅涵化着穆斯林宗教信仰的文化深层结构，也是穆斯林在现实生活中标识自己的民族身份、构建民族与宗教认同、实现民族分界的一种重要的文化符号"[1]。穆斯林流动人口虽然离开了传统的生活环境，但地域空间上的转换并没有改变他们世代相传的风俗习惯。而目前在城市中不尊重少数民族饮食习惯和宗教信仰的现象广泛存在。"清真餐饮不清真"，"假清真"、"混售清真和非清真食品"等问题在许多城市屡见不鲜。另外，由于城市居民对穆斯林流动人口的宗教信仰和饮食习惯不了解，常常引发与穆斯林流动人口的摩擦与冲突。

个案 2：YHK，男，39 岁，新疆和田人，维吾尔族，在上海从事玉石生意

有一天我买了两只鸡，专门坐车到清真寺让阿訇宰了。宰好后我拿到附近一家鸡肉店让其给我收拾一下。他（鸡肉店老板）让我过一阵子再来拿。等我两小时后去拿的时候，发现我的那两只鸡被别人拿走了。我当时非常生气，可是他还说这有什么关系，你随便拿走两只不就行了。真把我给气坏了，我说我拿来的（鸡）是阿訇宰的，我就要那两只。他不理解，还问我为什么一定要那两只。唉，跟他们说也说不清楚，真的是很难受。

另外，一些城市的清真餐馆比较少，且大多是小型拉面馆。许多城市的幼儿园、中小学没有清真餐食，从而影响到流动穆斯林子女的就学。我们的调查发现，在上海、广州、义乌、武汉等许多城市的流动穆斯林大多采取给孩子送午餐的做法。但距离学校较远的孩子就没有办法解决此问题。许多学龄前孩子尽管家长有经济能力并希望孩子接受学前教育，但由于幼儿园无法提供清真饮食使得孩子只能全天与父母在一起，待在他们工作的地方。

（三）社会认同的需求

种族、宗教和其他文化差异会造成群体之间的社会距离，猜疑和紧张[2]。城

---

[1] 周传斌，杨文笔. 城市化进程中少数民族的宗教适应机制探讨——以中国都市回族伊斯兰教为例 [J]. 西北第二民族学院学报，2008（2）.

[2] ［美］文森特·帕里罗，约翰·史汀森，等. 当代社会问题 [M]. 4 版，北京：华夏出版社，2003：199.

市穆斯林流动人口在语言、服饰、风俗习惯、体貌特征等方面与其他流动人口存在一定的差异性，而城市居民由于对伊斯兰文化缺乏了解，常常对穆斯林流动人口存在一些偏见，甚至歧视。主要表现在：歧视性语言；企业拒绝使用穆斯林流动人口；出租车司机不愿意搭载着民族服饰的穆斯林乘客；酒店对穆斯林流动人口怀有戒备心理，甚至不接待等。再加上一部分无业穆斯林流动人口在城市打架斗殴、偷盗抢劫等犯罪行为，严重损害了信仰伊斯兰教的少数民族的形象。使得城市居民对穆斯林流动人口产生"刻板印象"，给他们贴上"低素质"的标签，甚至与"恐怖、分裂"联系起来。

个案 3：LHC，男，26 岁，宁夏海源人，回族，在广州从事货币兑换

我们很少与本地人交往，有限的接触也是由于一些诸如交房租这类的事情。很多人都说其他民族对我们有偏见甚至歧视，说老实话，这是确实存在的。我们都能感觉得到其他人群与我们刻意保持距离的举动，这在我们穿上民族服装或者聚集在一起的时候特别明显。如果在街上有人看见好几个来自外地的穆斯林在一起的话，这个人多半会选择快速走过或者避开。其实我们也很无奈。我也长的不算凶恶，又没有做什么，为什么那么多人都对我们那么防备呢？我知道一些西北的穆斯林在外的名声不好，是"骗子"和"小偷"的代名词，但大多数人都还是很好的。我周围的人常常说他们或者他们的亲戚、朋友都遭到过出租车拒载或酒店不让入住的情况。没办法，我也不知怎么去改变。

值得注意的是，贝克尔（Howard Becker）认为，越轨不是与生俱来的，而是一些人将一些规则应用于"圈外人"（Outsiders）的产物，是他人定义的结果。这种定义不仅不能减少越轨行为的发生，反而会使个人确信他们就是那一类人，进而重复其行为。由此可见，这些歧视性行为不仅伤害了穆斯林流动人口的情感，影响了穆斯林流动人口的社会交往与社会认同，而且刺激了部分穆斯林流动人口再次违法犯罪。

（四）就业、住房、教育、医疗等社会保障的需求

通过对我国大中城市穆斯林流动人口的调查发现，大部分流动人口无论在生活上还是工作中都面临一系列的困境，有学者将其概括为"四个隔离"，分别为：就业隔离、岗位隔离、居住隔离、交往隔离。许多城市的穆斯林流动人口只限定在边缘的经济领域中，被排斥在城市的主流生活之外。美国社会学家帕金（F. Parkin）提出，在社会分层方面，有两种排斥他人的方式："集体排他"的方式与"个体排

他"的方式。调查发现，这两种排他方式在穆斯林流动人口身上均有所体现。

穆斯林流动人口由于受教育程度总体偏低，有的甚至是文盲或半文盲。再加上专业技术能力差、语言交流不畅等多方面因素的限制，导致他们在城市从业范围单一，经济收入不稳定。我们调查发现，穆斯林流动人口在城市所从事的职业大多具有浓郁的民族文化特色或地域特征，如来自宁夏、青海、甘肃、河南的回族主要经营牛肉拉面，来自新疆的维吾尔族大多经营烤羊肉串、抓饭等清真饮食，也有一些从事贩卖干果、玉器等新疆特产。而且穆斯林流动人口大多处于非正规就业状态，劳动关系松散、劳动条件差。

目前，大部分流动穆斯林属举家迁徙，随着穆斯林流动人口进入城市，其子女的受教育问题便接踵而至。目前由于国家和各级政府的重视，穆斯林流动人口子女入学基本上不存在太大的障碍。但我们的调查显示，还有一些问题需引起有关部门的关注：第一，教学质量上乘且硬件设施齐全的重点学校与外来穆斯林无缘。一些学校以高昂的、名目繁多的收费项目将穆斯林流动人口的子女拒之门外，如借读费、择校费、赞助费等。第二，前面提到的大部分学校、幼儿园无法提供清真餐的问题也是影响流动穆斯林子女接受正规教育的因素之一。

在住房方面，我们的调查显示，绝大部分流动穆斯林是租房住，有些经营拉面馆的就在拉面馆里住，只有极少数的流动穆斯林在当地购房，还有一些流动穆斯林因初到城市，还没有找到住房，暂时住在老乡或亲戚那里。

国家人口计生委发布的《流动人口发展报告2012》显示，尽管2011年我国流动人口参加各类社会保险的比重稳中有升，但就业流动人口在流入地的养老保险、医疗保险、工伤保险、失业保险、生育保险和住房公积金（"五险一金"）的参加比重均不超过30％。李强指出："目前，由于户籍的限制，流动人口被完全排斥在城市社会保障体制之外，在生活条件、就业、医疗等诸多方面，都处于一种随时受到威胁的状态。"[1]社会保障的缺失，导致穆斯林流动人口在城市始终处于漂泊状态。

三、创新穆斯林流动人口管理服务的对策措施

针对穆斯林流动人口各方面的社会服务需求，政府及相关部门应当采取切实可行的对策措施，满足其合理需求，保障其合法权益。具体可从以下几个方面

---

[1] 李强. 城市农民工与城市中的非正规就业［J］. 社会学研究，2002（6）.

入手：

（一）转变观念，树立服务意识

流动人口管理是国家人口管理的重要组成部分，是社会公共管理的重要环节。我国城市管理的相关部门大都沿袭传统的管理方式，依赖强制性治安管理手段实现政府的管理职能。甚至认为流动人口就是城市中的问题人口，是社会不稳定的潜在因素。我们调查发现，一些职能部门在实际工作中重管理、轻服务的现象比较普遍，对流动人口的社会需求重视不够，缺乏为其提供服务的意识。国家卫生和计划生育委员会政策法规司司长于学军将流动人口管理服务没有做好的原因概括为"五个不到位"：认识不到位；政策不到位；措施不到位；经费不到位；职责不到位。其中认识不到位是首要原因。因此，政府及有关部门需转变观念，树立"以人为本、服务为先"的意识，从指导思想上重视对流动人口的管理服务。

（二）加强流出地与流入地的协作

流动人口的最大特点是不稳定、流动性强。在就业培训、社会保障、子女教育、计划生育等方面与流出地有着密切的关系。对这一群体采取流出地与流入地协作管理是一种切实可行的办法。流入地要扩大与流出地的交流与合作，通过多种渠道互通信息，密切协作，实行双向管理。对穆斯林流动人口而言，输出地政府需加强对流动穆斯林人口的行前教育和培训，提高其文化素质和专业技能，以满足城市社会劳动力市场的需求。输入地政府应创新管理服务手段、为穆斯林流动人口搭建管理服务平台，保护穆斯林流动人口的合法权益，有效推进城市穆斯林流动人口的管理服务。

近年来，流动人口在流入地的盗窃、抢劫等犯罪现象比户籍人口普遍，给社会稳定带来了巨大压力。有统计显示，北京市70%的犯罪是外来人口，上海有90%左右的犯罪为非本地户籍人口所为，杭州也已经突破了90%，而深圳近10年来抓获的犯罪嫌疑人和被犯罪侵害的对象中，非深圳户籍的分别占到98%、95%以上[1]。一些无业穆斯林流动人口在城市中也有打架斗殴、偷盗抢劫等违法犯罪行为，对于这些违法活动也可以采取流入地与流出地跨区域协作管理的办

---

[1] 潘鸿雁. 当前流动人口服务管理中的难点及对策 [J]. 兰州学刊，2012 (12).

法。尤其对于存在语言交流障碍的穆斯林流动人口，采取与流出地跨区域协作管理不失为一种有效的做法。必要时还可派出少数民族干部进驻流入地配合相关部门的工作。

（三）实施多元主体参与的管理方式

流动人口管理工作涵盖了户籍、就业、教育、治安、计划生育、社会保障等诸多方面，是一个复杂的社会系统工程。对流动人口的管理与服务，应充分调动各方面的积极性，实行多方参与的服务与管理机制。美国印第安纳大学埃利诺·奥斯特罗姆（Elinor Ostrom）夫妇等学者提出的多中心治理理论，强调政府和非政府部门（社会组织、公民个人）的共同合作。提倡在提高政府公共服务水平的基础上，进行多元化、多渠道的管理，加大与各种协会和社团的合作，为公众提供需求和服务。对于流动穆斯林人口的管理可以发挥社区和社会组织等第三部门的作用，借助社区、清真寺和伊斯兰教协会等各方面力量，对穆斯林流动人口进行科学的管理与服务，逐步建立起融服务与管理为一体的多元治理。政府应以打造服务型政府为目标，向社会提供制度供给服务、公共政策服务和必需的公共产品的公共服务；社会组织可以扮演政府与流动人口关系的协调者角色，将流动人口的问题自下而上传达到政府，并且成为政府相关政策的辅助执行者。社区一方面可以发挥组织沟通作用，创造城市穆斯林流动人口与市民的接触机会，消除当地居民对流动穆斯林的误解和歧视，化解矛盾，疏导情绪；另一方面可以帮助穆斯林流动人口提供各种支持，扩大他们的社会关系网络，使流动穆斯林从心理上和生活上真正融入城市生活。穆斯林流动人口自身应加强参与意识，注重各类知识的学习，提高职业技能和自身素质，遵守城市公共秩序和管理规定。从而在政府、非政府组织、穆斯林流动人口等各主体广泛合作参与的过程中，不断提高政府的管理服务水平，促进穆斯林流动人口的社会融入，构建一个文化多元、文明共享、和谐共处的城市社会。

（四）加强政府部门的服务职能

就目前而言，政府在流动人口的管理与服务方面存在着明显的"缺位"，不仅忽视流动人口的基本利益诉求，而且未能很好地保障其合法权益[1]。信仰伊斯

---

[1] 蔡昉. 中国人口流动方式与途径［M］. 北京：社会科学出版社，2001：344.

兰教的少数民族与其他民族的最明显族群边界就是宗教文化。因此，各级政府及相关部门应当充分尊重穆斯林流动人口的宗教信仰和风俗习惯，针对这一群体在宗教生活、清真饮食、社会认同、子女教育等方面的社会服务需求，对其实施人性化的管理与服务。努力建设以公民的公共需求为导向的服务型政府。

目前，全国各大中城市陆续出现的规模不等的临时礼拜场所，就是穆斯林流动人口宗教生活需求得不到有效解决的情况下，自发行动的结果。而这些临时礼拜场所不仅在规模上越来越满足不了数量日益增加的流动穆斯林人口的需要，而且由于面积窄小和条件简陋，使这一群体原本有规律的宗教生活受到了一定的影响。因此，各级政府在进行城市规划时，应该考虑到穆斯林流动人口是一个长期存在的社会现象，应当逐渐扩大或新增这方面的场所，以满足流动穆斯林精神生活的需求。回避或有意否认的做法既不能解决问题，也不是长久之计。只有这样，才能够真正解决流动穆斯林的问题，促进民族团结与社会和谐发展。

（五）促进交流与沟通，加强民族平等、团结的宣传和教育

大多数穆斯林流动人口在城市中社会交往的范围比较狭窄，往往只限于血缘、地缘关系的初级社会关系网络。再加上文化上的差异作为或明或暗的族群边界，使得穆斯林流动人口与其他民族的交往与交流存在一定困难。甚至同是信仰伊斯兰教的穆斯林群体之间也往往缺乏交流，如本地穆斯林与外来穆斯林之间，外来的回族、撒拉族等穆斯林与维吾尔族穆斯林之间，都区分得非常清楚，不常往来。我们在上海、广州、武汉等地的调查发现，19%的流动穆斯林基本不与当地人交往，他们的交往对象主要是老乡和亲戚，有困难也是向他们求助；59%的人只是偶尔与本地人交往。与此同时，当地人也缺乏主动与穆斯林流动人口交流的意识，有些根本不愿意与穆斯林流动人口交往。正如彼得·布劳（Peter Blau 1991）在《不平等和异质性》一书中指出的："有着相近的社会位置的人们之间的社会交往要比其位置相差大的人们之间的交往普遍些"，"内群体交往比外群体交往多"[1]。由于缺少交流和沟通，从而造成了穆斯林流动人口与城市居民之间的陌生感与距离感。

另外，在实际生活中，穆斯林流动人口与当地人发生的矛盾大都是因缺乏沟通交流、不了解穆斯林的宗教信仰和风俗习惯所致。加之一些行政执法人员处理问题的方法不当，结果出现了与穆斯林流动人口的摩擦与冲突。

---

[1] 彼特·布劳. 不平等和异质性 [M]. 王春光，谢圣赞，译. 北京：中国社会科学出版社，1991：395.

针对以上问题，有关部门和媒体应当加强民族文化的宣传，对城市执法人员进行党的民族政策教育，通过多渠道的学习，使他们对不同民族的宗教信仰和风俗习惯有所了解，消除抵触，减少民族歧视。进而促进穆斯林流动人口与汉族、城市管理者、普通市民之间的沟通与交流，增强穆斯林流动人口对城市的认同感和归属感。

四、结语

穆斯林流动人口是一个在语言、宗教信仰、风俗习惯等方面与其他流动人口迥异的特殊群体，这一群体在城市中的服务需求大多与其宗教信仰有关。这就导致他们在城市所面对的服务需求有些与民族问题有关，有些与宗教问题有关。因此，对穆斯林流动人口的管理与服务，不仅关系到穆斯林流动人口的社会融入，而且关系到和谐民族关系的建构与整个社会的稳定。而我国目前对这一群体的管理和服务与现实需要相去甚远，许多地方政府都存在重管理、轻服务，或管理模式不适应形式需要的现象。面对日渐庞大的流动穆斯林群体，政府及相关部门应广泛运用社会资源，为穆斯林流动人口提供各种形式的服务和帮助，满足他们在宗教生活和社会保障等各方面的服务需求与合理诉求。妥善处理穆斯林流动人口在城市面临的"五入"（"入口"、"入寺"、"入学"、"入职"、"入土"）问题。为他们提供必要的管理与服务，并努力做到"寓管理于服务，以服务促管理"。只有这样，才能使他们在城市中平等地拥有居住、医疗、就业、社会保障和个人发展等方面的权利；只有这样，才能更好地对这一群体进行科学管理；也只有这样，才能促进穆斯林流动人口更好、更快地融入城市，实现城市经济社会和谐、健康、有序、全面的发展。

义利之辩与重庆洪崖洞传统民居聚落再生改造模式研究

杨　林[1]

一、城市街区传统民居聚落的生存境遇

民居建筑是中国传统建筑中出现最早、分布最广、遗存数量最多的建筑类型，因地方自然条件和经济结构、生活方式、风俗习惯等人文因素的差异，各地民居聚落的住宅建筑结构和居住环境空间形态呈现出多样化的面貌。民居聚落蕴藏着地域文化积淀、历史记忆以及手口相传的营造理念，有着"城市化石"之称谓。1964 年第二届历史古迹建筑师及技师国际会议通过的纲领性文件《威尼斯保护历史性城市的国际宪章》指出："不论是自然中的整个居住群落，还是被大城市稠密区包围的局部的市中心、街区或建筑群，这些历史性城市和街区越来越面临着失去结构的完整性、凋敝和彻底破损的危险，这将导致它们所代表的城市价值和文明价值的丧失。历史性城市或地区的保护包括经常不断的维护和修理，而为了使它适应当代的生活，需要细致地设置或者改进公共设施。"[2]1977 年被封为城市规划设计圭臬的《马丘比丘宪章》（CHARTER OF MACHUPICCHU）强调："城市的个性和特性取决于城市的体型结构和社会特征。因此，不仅要保

---

[1]　四川美术学院，设计艺术学院。
[2]　威尼斯保护历史性城市的国际宪章［C］//第二届历史古迹建筑师及技师国际会议. 威尼斯: 1964.

存和维护好城市的历史遗址和古迹，还要继承一般的文化传统。一切有价值的说明社会和民族特性的文物必须保护起来。保护、恢复和重新使用现有历史遗址和古建筑必须同城市建设过程结合起来，以保证这些文物具有经济意义并继续具有生命力。"[1]

自20世纪90年代以来，土地有偿使用政策的实施和房地产业的快速发展，为满足商业和居住用地的需要，大量传统商业街区和民居聚落被整片整片地推倒重建，代之以宽阔的马路、并列的大板楼，原有的地域建筑形体和传统聚落格局被破坏殆尽。在快速的城市化进程中，加强对传统民居聚落的保护与更新，是当下保持文化多样性的世界性课题。尽管在《中华人民共和国文物保护法》和《中华人民共和国文物保护法实施条例》等法律规范的基础上，各省市结合地域特征制定了具体翔实的执行方案，然而传统民居聚落未曾纳入到这类文件的保护范围，其保护历史城镇和城区的原则、目标和方法也未能适用于传统民居聚落。但必须承认，这些文化遗存无论其等级多低，均是保持和延续城市文脉的载体，是城市最醒目和最为鲜活的肌理。相较于散落在田间地头的乡村传统民居聚落温和的、缓慢的演变模式，城市传统民居聚落则多数是以激进的、强制的乃至伴有流血冲突的方式上演。城市传统民居聚落的保护与改造不可避免地要与轰轰烈烈的城市化进程发生碰撞，留给他们调整与更新的时间很短，且不得不考虑到政府宏观政策、开发商意图和原住居民的生活要求等社会因素，是亟待解决的社会问题。

洪崖洞传统风貌区将重庆地方独特的山地地貌特征与传统吊脚楼民居相结合，引入现代商业经营模式，将其拓展为城市旅游资源和展示地方传统建筑和饮食文化的建筑群落。洪崖洞在商业运作与民居保护中取得可观的成绩，却又引起学术界对传统民居聚落保护的"义利之辩"。洪崖洞面临的问题是当下中国轰轰烈烈的城市化进程中如何保护和发展传统民居村落的共同问题，其解决问题的方法又与重庆独特的地形地貌、文化结构和生活方向密不可分，不失为研究城市化进程中传统民居聚落再生改造的典型个案。

二、洪崖洞：传统民居聚落的地域文化特质

洪崖洞原属洪岩洞街，坐落在重庆市渝中区朝天门半岛北段，北临嘉陵江

---

[1] 马丘比丘宪章［C］//1977年国际建筑协会利马会议. 利马：1977.

图1　改造前的洪崖洞

图2　改建后的洪崖洞

边，其历史最早可以追溯到秦国大夫张仪在渝中半岛尖端修筑土城。据清乾隆《巴县志》记载："洪崖洞在洪崖厢，悬城石壁千仞，洞可容数百人，上刻'洪崖洞'三大篆字，诗数章漫灭不可读。"民国时期，洪崖洞被重庆商埠督办公署开设各类码头，是当时甚为繁忙的河运货物集散地。船工、搬运工、小商贩等城市底层居民为求栖息之地，在靠近码头的坡地上不断搭棚造屋，为减少土石方工程量，房屋多采用"占天不占地"的吊脚楼形式，尽量缩小建筑的基底面积，建筑上部向四周扩展，以便争取更多的使用空间。长此以往，逐渐形成高低错落、重屋垒居、跌宕起伏的吊脚楼建筑群，并结合三横六纵的街巷格局，构成独特的山地建筑景观。

2002 年重庆市政府进行旧城改造，洪崖洞因其浓厚的重庆民生味道，故而改造、重建被视为开发洪崖洞的政策基调。在面向国内外的公开招标中，重庆小天鹅集团的规划设计方案夺标。2006 年洪崖洞民俗风貌区改建工程完工，项目沿江全长约 600 米，商业总建筑面积逾 50 000 平方米，以最具巴渝传统建筑特色的"吊脚楼"风貌为主体，融入古城墙、雕花门窗、青石板街、吊脚楼等重庆传统建筑特色，恢复包括洪崖滴翠、巴将军炮台、东川书院等在内的古迹。整个建筑群落依山就势、沿崖而建，将摩崖建筑与吊脚楼演绎到极致，通过分层筑台、吊脚、错叠、临崖等山地建筑手法，把餐饮、娱乐、休闲、保健和特色文化购物等五大业态有机整合在一起，形成了别具一格的"立体式空中步行街"商业格局，是目前重庆市范围内最具有层次质感和商业景观的大型商业建筑。如今，洪崖洞整体业态分为纸盐河酒吧街、天成巷巴渝风情街、盛宴美食街及异域风情城市阳台四条大街。四条大街分别融合巴渝民俗文化、山地民居的建筑文化、码头文化、现代商业文化、西方酒吧休闲文化等传统和时尚元素，已然成为引领重庆娱乐生活方式的新标向。

三、改建方案编制与论证过程中的"义利之辩"

在洪崖洞改建项目公开招标的过程中，渝中区政府为此还专门组织城市经营专家、巴渝文化专家、建筑设计专家、城市旅游专家、房地产专家和营销专家等进行论证，历时三年，七易其稿，最终选定小天鹅投资集团的"都市文化旅游"规划设计方案[1]。在此之前，重庆建筑大学李建华小组的"乐业山居"和四川美术学院郝大鹏的"自然民居博物馆"方案，显然要比最终选定的"立体式空中步行街"设计方案更能保留洪崖洞传统民居聚落的建筑形态和空间结构，但民居改建并不等同于文物的原真性保护，个中必然考虑到政策、利润和社会效益三者间的"义利之辩"。

---

[1]　老凯. 城市阳台洪崖洞再现老重庆 [J]. 重庆建筑，2005（5）.

（一）乐业山居：一个不能为商家赚钱的设计

早在 1998 年，重庆市政府未决定对洪崖洞进行改造以前，五位来自重庆建筑大学的在校学生已经对洪崖洞片区的山地民居进行研究。出于对保护山地生态环境、维持传统社区的邻里交往、延续山地历史文脉、促进社区经济发展等方面的综合考虑，他们提出"历史街区是城市个性的重要载体，'文物保护'型的旧城改造，应该在改善市政基础设施的基础上维护原貌"的改建理念，并落实到四点具体的设计原则：（1）尽量降低房屋造价，探索多方集资修建，邻里结构顺应地形并保持城市肌理的延续；（2）为每户居民提供相应面积的房屋供出租和经商，保证其稳定的经济来源；（3）简洁明晰的交通体系，让居民的出行及外来人流方便快捷，互不干扰；（4）完善公共设施，使住房具有良好的通风及采光，充分利用江景，改善生态环境。[1]

李建华小组"乐业山居"设计方案力求完美再现洪崖洞民居特色，贴近民居聚落原真性保护理念，该方案还曾荣获第 20 届世界建筑师大会学生设计竞赛第六名"Kundtadt Foundation"奖。但该方案试图募集资金，依靠原住居民修缮传统建筑、改善交通出行条件、完善公共设施等措施来提高居住品质和舒适度，开发商在项目改建中难以获利，设计方案没被开发商采用也在意料之中。对此李建华坦言："按照该方案，开发商不可能赚钱，所以它只能停留于设计。"

（二）自然民居博物馆：复兴本土风格建筑，体现巴渝特色

由四川美术学院郝大鹏教授操刀的设计方案试图在洪崖洞复原一个自然民居博物馆，方案将保留原来洪崖洞所有的建筑符号和原住民的生活自然形态。具体的规划设计中，保留了原来的"三横八纵"的洪崖洞原始生态，比如河边码头、洪崖洞洞口。所谓"三横"，是山城人面水而居、建筑依山而建、来往交通日渐积累下来的生活原生态的体现。将原来的水岸码头修复，借助一层层石板铺就的小路链接民居聚落，洪崖洞身后的崖体和最具特色的石梯基本上得到很好的存续。

郝大鹏认为："洪崖洞这里原来是重庆传统的吊脚楼最集中的地方，这样完整的原生态的山地建筑群在全国范围内都实属罕见。若论后来以'修旧如旧'模

---

[1] 洪崖洞民居，另一种可能的风景［N］. 时代信报，2005-07-20.

式保护下来的湖广会馆，也不及洪崖洞更具本地特色。"

在招投标中"自然民居博物馆"方案获准通过，但就在小天鹅集团实施洪崖洞改造开始，"洪崖洞民俗风貌区"改建项目由重庆大学建筑学院的李向北教授的方案取而代之。小天鹅集团总裁何永智指出："郝大鹏的设计方案从营销的角度来讲是不可行的，它仅仅站在学术的、艺术的角度来考虑，并没有考虑到企业的利益。小天鹅投资集团看重的是地产开发和商业运作，不可能站在纯公益的角度来看问题，必须考虑到商业效益。"[1]究其根源，则是试图保留洪崖洞传统民居建筑符号和原住居民的生活形态的设计方案，因容积率没有达到开发商预期目标而被废弃。

（三）立体式空中步行街：摒弃完全还原与完全更新这两种思路

最终选定的重庆大学李向北"立体式空中步行街"设计方案，摒弃完全还原与完全更新的两种思路，强调设计在继承该区域原有的性格特征基础上（码头、要塞、民居、自然等），全面归纳、浓缩了从远古到明清，重庆地区固有的文化符号和建筑元素，尤其是吊脚楼的元素，从而复原出具有深厚历史文化积淀的文化活化石。

具体设计手段上，以吊脚楼为空间语言，表现了重庆的文化特色，充分体现出洪崖洞的地理特点与重庆先民的生产方式、生存方式（吊脚楼、桥、亭、楼、阁等）和生活方式（民风、民俗和社会生活）的有机统一。一切建筑形式、民风、民居、社会生活均源于地理环境，从而融山水风情、码头文化、民风民俗、历史文化遗址，涵盖从巫山猿人巴文化、三国文化、宋文化，以及陪都文化、三峡文化、城市沿革、军事要塞于一体。试图在50米的高崖下，在城市和江岸之间创造一个城市作品，一个可以容纳当今都市生活的民俗、民居的综合体。

此设计方案在郝大鹏项目小组成员王林教授看来："前后两个方案可谓天壤之别，原来我们设计的容积率只有0.2，也就是2万多方，后来历经一次次的修改后，我眼看着它变成了3万多，再到5万多，终至现在的9万多，已经超过了原来的四倍多，已经超过了这一地块所能承受的能力范围，我不知道它最终还会做成什么样子。我不相信一个容积率9万多的建筑群落能够复原一个重庆山地民居的场景。这么密密麻麻地铺陈下来，我看采光都成问题。""另外，作为原来方案中重要部分的崖体没有了，只有现在的协调区还能看到原来的影子。千百年历

---

[1] 重庆吊脚楼一曲最后的挽歌 [N]. 时代信报，2005-07-13.

史的记忆和我们祖先深层智慧的结晶就这样被毁坏掉了。而且这是无法挽救的，我深为惋惜。"

（四）民居聚落"原样修复"与"面向市场的保留性改建"两者间的义利之辩

改建前的洪崖洞保留着原生态的吊脚楼民居建筑，但也是重庆主城最贫困、破败的民居聚落之一。这里也是最低收入阶层的聚居地，四五十年代搭建的棚屋年久失修、几近倒塌，社会秩序混乱，是滋生"黄、赌、毒"的土壤。为维护社会治安稳定、改善居住环境，洪崖洞民居片区不得不整顿、改建。

洪崖洞亟待改建的问题毋庸置疑，关键是持何种态度和方法。正因为地域建筑群落的不可替代，重庆市政府组织专家学者对洪崖洞历史风貌和文化传统进行过系统的调研，参与者一致强调要保护历史文脉。在公开招标中，政府要求开发商在保留传统民居聚落特色的前提下经营，开发商则担心民居聚落改造成本高且利润空间小，从最初投标的11家房地产开发商，到最后只剩下龙湖、协信和小天鹅投资（控股）集团公司三家争执不下，而龙湖与协信都从地产开发的角度编制设计方案，显然不符合民众意愿和政策要求。小天鹅集团提出的折中方案——"都市文化旅游"规划设计方案夺得头筹。李建华指出："开发商依照商业原则去做这个项目，而政府的想法又缺少财力支撑，加上有关部门管理失位，这就造成了一些历史建筑在保护中的争议。"由此可知，纯粹的原样修复不符合商人追求利益的目的，推倒重建也会受到大众苛责，唯有面向市场的保留性改建是解决洪崖洞困境的不二法门。

尽管在设计方案论证环节有相关领域的专家把关，设计方案的初衷是在保护民居风貌的基础上，有选择性的开发盈利项目。但在方案实施过程中，由于缺乏监管，项目改建如脱缰野马，偏离原来的改建目的。已经通过论证的"自然民居博物馆"方案被废弃，代之以李向北"立体式空中步行街"设计方案，原因就是纯粹以保护传统民居为主的设计方案让开发商看不到利润市场。重庆小天鹅物业管理公司总经理张奇坦言："最初的设计方案在保护风俗文化上没问题，但是商业价值低，利润空间不大。对于像洪崖洞这样的大型建筑群来说，如果经济效应跟不上，后期的维修维护可能都是一纸空谈。"便重新修订设计图纸，兼顾民俗特色和商业价值，故而便有了眼前的洪崖洞民俗风貌区。

"重庆最后的吊脚楼建筑原生态群落就这样永远地消失了，我只能说，非常惋惜，非常惋惜。"洪崖洞项目的原设计者郝大鹏在谈到洪崖洞时扼腕叹息。也说明原汁原味保护民居聚落的方案是行不通的，开发商不会自觉地去延续一座城市的文脉，唯有在义（原样修复）与利（面向市场的保留性改建）之争中寻求最大限度保护传统聚落文明的折中方案。

四、城市街区传统民居聚落改造再生策略探析

城市街区传统民居聚落改造再生不能一概而论，应针对资源富集程度、经济和社会价值、改建难度、项目实施的可行性等因素做系统考量，对每处民居聚落提出有针对性的改建策略。一方面，对待历史文化价值较高、民居建筑独具特色且具有改建可行性的民居聚落，可选择在原址基础上原样修复，同时完善公共服务基础设施，提高民居的舒适度和便捷性。另一方面，对待历史文化价值较低、改造难度大且无法实现原样修复的民居聚落，则可选择面向市场的保留性改建，在维护民居聚落整体风貌的基础上，引入现代城市规划和经营理念。改建方案的编制和实施必须兼顾包括政府、开发商、民众、原住居民等在内的各方利益，并符合城市整体规划思想。具体的"面向市场的保留性改建策略"可从以下三个方面落实：

（一）完备的法律保护体系和监督体系是民居聚落改建的制度保障

传统民居聚落不属于文物和文化遗产的保护范畴，故而现行的《中华人民共和国文物保护法》、《中华人民共和国文物保护法实施条例》、《中华人民共和国非物质文化遗产法》等法律法规无法为民居聚落提供相应的制度保障。早在1913年，法国就制定出世界上第一部保护文化遗产的现代法律——《保护历史古迹法》，1962年又颁布《历史性街区保存法》，如今的法国已形成以《遗产法典》为核心，以物质文化遗产保护为主体，与《城市规划法》、《环境法》、《商法》、《税法》、《刑法》等相互配合有机协调的完整的法律保护体系，使得文化遗产的行政管理体系、资金保障体系、监督体系、公众参与体系等制度法制化。意大利专门立法对历史文化名城实施成片保护，房屋拆迁、维护必须依法，不得擅自修缮。他山之石，可以攻玉。故而，加速制定针对民居聚落保护再生的专项法规，用法律手段影响国家政策的制定，约束开发商改建行为，保护原住居民和民居聚落的独特风貌，形成完善的分类与登记的法律保护体制、整体保护的法律理念、专业性的法律保护程序与措施、在民居聚落保护与利用方面的协调平衡的法律制度。

（二）设立专门的管理机构，评估民居聚落保护价值，制定改建技术策略细则

由政府组建包括城市经营、文化研究、建筑设计、城市旅游、房地产以及市场营销等领域的专家学者构成的半官方组织——民居村落保护与开发领导小组，资助组织成员对辖区内的民居聚落开展调研，评估值得保护或亟待改建的民居聚落类别，并录入"传统民居聚落保护名录"。借用遗产资源价值的评估方法，如成本核算法、市场价值法、替代市场法、假设市场法（contingent valuation method，简称 CVM）等，对民居聚落价值做出综合评估，提出改建的总体方法和策略。并从基础设施修建与功能划分，空间布局与建筑结构，形式、体量及高度的控制，以及色彩、材料及装饰构件的选择等方面，着手制定传统民居建筑保护利用技术策略细则，以此作为未来开发此类民居的主要依据。

（三）邀请民间组织和媒体机构，对改建方案实施与民居建筑后期维护实施全程监管

邀请民间组织参与改建项目公开招标的论证工作，监督政府有关部门认证贯彻和落实民居聚落保护与开发的相关法规政策，并对方案中可能存在的对传统民居聚落的破坏提出修改意见。同时，邀请新闻媒体全程跟踪报道改建方案的实施，重点关注实施过程中是否达到预期中对民居聚落保护的效果，发挥舆论监督作用。对违背保护原则的项目，政府主管单位应勒令其整改，对破坏传统民居聚落较为严重者，必须追究其法律责任。

"这个（西红柿），城里人最喜欢的"
——试论以城市为参照概念的农民生活世界[1]

〔日〕 川濑由高[2]（KAWASE, Yoshitaka）

引　言

　　2013 年 10 月，我在江苏南京高淳开始进行社会人类学意义上的田野工作。初始，我在高淳县城买了一辆山地车，试图单骑走千里[3]找一找自己的田野地点及灵感。2014 年 3 月，我选定 Q 村进行典型的社区研究（community study）。除了偶尔回南京或回国之外，我在 Q 村待了差不多整整一年。对一个外国人，一个在日本城市里长大的年轻人来说，Q 村的这一年给我带来了很多文化碰撞，也让我发现了很多有趣的事情。本文所讨论的内容则是基于这种文化碰撞给我带来的田野感受。

　　/kuku tsɛn ɹɪ nɪn din sɪxu lɛ/。这是笔者在田野工作当中遇到的、以难懂出

　　[1]　首都大学东京大学院社会人类学研究室博士生，东京；南京大学社会人类学研究所高级进修生，南京。

　　[2]　2014 年 10 月 14 日，大连民族学院举办中国人类学民族学 2014 年年会的专题会议"新型城镇化与民族文化传承、发展"。本文是在会议报告内容的基础上，增补修正了相关内容。会议上各位老师给了我诸多批评和建议，在此表示感谢。

　　[3]　高淳地理东西长约 49 千米，南北宽约 22.5 千米，总面积 750 平方千米（高淳县地方志编纂委员会（编），1988：57）。广域调研（extensive fieldwork）期间，笔者花了 5 个月的时间跑了高淳八个镇、几十个农村。

名的高淳方言语境里的一句话[1]。高淳话属于吴语，虽然高淳归辖南京市，但以南京话为母语的南京人也很难听懂高淳话。除了语音语调方面难懂之外，有时把高淳话翻译成普通话，外人乍听起来也不知所云，比如："这个（西红柿），城里人最喜欢的"。不过在我看来，这句话中的"城里"（城市）是一个值得关注的词汇。

目前，学术界讨论"城市—农村关系"的也不在少数，而且这个论题可以说是人类学的传统课题之一。雷德菲尔德（R. Redfield）早就指出，城市出现之前不存在农民（peasant），地方社会的农耕民随着接受城市的支配而成为农民，因而，有了城市才有"村落的农村化"（藤田，1993：68-69）。对于中国农村的研究，"城市—农村关系"也是一大研究课题。在日本的中国研究领域里，学者们通常认为，阐明欧美或日本的共同体概念的"村落共同体"也适用于中国农村。很多学者开始关注施坚雅（W. Skinner）的市场圈模式，将其视为一个可以替代农村的社会单位（social unit）的新框架（小岛，2009：93）。此外，学者还将视线转向江南研究，费孝通在 1939 年就已经关注了农村与城市的关系（Fei，1939），1946 年福武直也提出了"乡镇共同体"概念（福武直，1976）。

虽然这些研究已经超过半个世纪，但将"城市—农村"视为一个辩证统一体的理论并未过时，仍有一定的参考价值。不过，早年的农村研究是以农村为主题，农村（农民）如何看待城市这个课题只占次要的地位。并且，为了理解笔者遇到的那句话："这个（西红柿），城里人最喜欢的"，这些框架好像没有给我们提供什么有益观点。所以本文试图通过对那句话的译解，讨论农村老百姓眼里的"城市"，并借此考察一下另类的"城市—农村关系"。

本文的结构如下：首先，介绍一下"西红柿"这句话的语境；其次，通过三个切入点来诠释"西红柿"，考查其文化含义；最后，总结农民生活世界构成的特色。本文的讨论是一个旨在阐明农民的生活世界的建构过程的初步报告，也是以农民的视角来看待城市的一种尝试。希望本文能带给其他研究者一些启发。

和当代中国的很多农村一样，Q 村也是"移民母村"（Home Village of Emigrants）：20 世纪 90 年代开始，大部分年轻人离开家乡外出打工去了，平时留守

---

[1] 所谓的高淳话里有地方差异，这段国际音标（International Phonetic Alphabet）的笔记按照 Q 村的高淳话，跟一些关于高淳方言的先期研究（高淳县地方志编纂委员会（编）1988：755-774；杨 2001）的音声体系有一点的差异。另外，笔者语言能力有限，田野工作语言基本上是高淳式普通话，只用很少的当地方言采访。

村落的或是年龄稍长的爷爷、奶奶们，或是"留守孩子"，抑或妈妈年纪的中年女性。但，如同格尔茨所说的那样（Geertz，1973：22），本文并不旨在研究 Q村（don't study villages），而旨在研究 Q 村农民的生活世界。本文的主要报道人（informant）仅限于平日在村里过日子的农民，但不包括诸如农民工之类的 Q 村其他成员。

一、"西红柿"与其语境

在我这个日本人看来，中国的西红柿其实是蛮有趣的东西。日本的分类体系里，小西红柿属于蔬菜。但在中国不一样，人们基本上把它视为水果。更有甚者，吃小西红柿跟吃瓜子一样，拿着袋子一把一把地抓着吃。这会让刚来中国的日本人感到一种文化差异。另外，日本家庭菜领域里也会有饺子（锅贴）、麻婆豆腐等，可是日本人终于没有学会西红柿炒鸡蛋。可以说，一种食物的分类与烹调法，甚至吃的方式也会让人意识到某些文化的差异。但在某种食物里找到这种差异的，不只限于外国人或异民族。

首先，我们来具体说明一下那句话出现的日常生活的场景。2014 年 7 月 7日，当天 18 点 20 分钟左右吃完晚饭（相对来说这个时间算稍微晚，夏天吃饭吃得晚一点）。之后，同村的邻居拿过来几个西红柿，送给阿姨（房东的妻子）。后来，叔叔（房东）对我说："西红柿要三块钱。这个城里人最喜欢的。""你（笔者）吃一个吧。"这些很短的对话是本文的核心资料，也是带领我们深入思考"城市—农村关系"的线索。

那天是我自从住在村里之后第一次在房东家看到西红柿。不仅是我房东叔叔家，当代 Q 村的人们一般也在午饭时吃几盘荤菜，并就着一两盘"小菜"（蔬菜）。这些小菜虽说也有他们从市场里买过来的，但大部分都是在自家小旱地里种的蔬菜。所以，你家的饭桌上有什么菜，通常取决于你家田里种了什么。后来有一天有这样一段对话：

　　笔者：菜园里没有种西红柿啊？
　　阿姨：种了，但后来风大的时候倒了，今年没得收了。
　　叔叔：（小声地讲）西红柿不好吃。
　　阿姨：好吃啊，我喜欢。你喜欢吗？
　　（……）

为了展开讨论，在此我稍微解释一下本文所搜集的访谈资料。首先，"这个西红柿，城里人最喜欢的"，这应该是我房东个人的看法。当然，我的关注点并不在于城市人到底真的喜欢西红柿还是不喜欢这个问题，我想关注的是语言表达本身的含义。另外，如果这篇文章的读者去我的房东家里谈话，也不一定搜集到同一句话，这句话语的产生也源于田野工作者的身份。笔者作为外国留学生来 Q 村，跟很多人类学者一样从零开始学习当地的方言、习俗、农业等方面的知识。在这种生活中，房东也把我当自己的儿子一样给我做饭，教给我一系列的知识。不过虽然没有"干爸—干儿子"那种明显亲属关系的缔结，但还是出现了类似于拟制性亲属关系（fictive kinship）的关系。同食同居同劳动、亲密的交往之外，当地人跟我讲话需要控制语速、变换表达方式，因为一讲快，笔者会听不懂。所以说，那句话本身应该是蛮有个人色彩的表达。

尽管存在这些文化差异导致的认识差别，但笔者为何对"西红柿"这句话所表征的含义产生了极大的兴趣？田野工作开展以来，笔者经常听到类似这样的会话。譬如：（1）和房东一起吃晚饭时，其中有一个菜用的是自家的土鸡蛋，房东跟我讲："街上卖的鸡蛋要五毛钱（一个），（自）家的鸡蛋卖（的话）要一块五（一个）。城里面买不到我家这样的鸡蛋，家里的鸡蛋很新鲜。"（2014 年 5 月 3 日，房东）。（2）当我用"烧水壶"烧开水的时候，房东跟我讲："城里不允许用这个。（会）对空气（质量）不好。"（2014 年 5 月 14 日，房东）。（3）日常聊天的时候："有钱人选择在农村买房子。（因为）农村空气好，晚上很安静。"（2014 年 5 月 15 日，房东）。（4）一次准备上菜的时候，有一个笔者没有看到过的菜（红菜苔），我问菜名，房东的妻子回答："苔菜。城里人喜欢这个菜，（市价）八块钱一斤。（但是）我们不喜欢吃。""不是买过来了，自己种的。"（2015 年 2 月 19 日，阿姨）。我的田野笔记本里充斥着这些记录，这些故事让我反思这些话语所表征的特殊意义。

二、切入点：最、城市、说到钱

（一）这个西红柿，是城里人"最"喜欢的

文本的研究路径并非对相关语境进行语言学的分析，但为了阐明江南某村的日常生活中的语境，还是决定对语言表达的含义进行仔细考察。首先关注"最"这个词汇。笔者认为，这是在中文的表达当中最为常用的一个词

语，如果脱离语境的话，很难将之翻译成外语。此外，"最"这个字不一定表示"第一"、"最好"（the best）的意思，而是强调某些意见的时候常采用的一种措辞。

比如说，"日本人最坏"。这是某一天笔者跟村民聊天时听到的一个表达，而且是笔者也认可的一个说法。当时的会话谈及 1937 年日军路过 Q 村，屠杀村民、烧毁村民房子的内容。而且，当我们具体地谈论"有些老人对部分日本军人印象还好"这个内容的时候，笔者会听到"哪个国家都有好的、坏的"这样的说法。类似的例子还有，有一天一个村民问我日本博物馆的保护工作如何的时候，说到"日本人最聪明的"。"日本鬼子是最坏的"与"日本人最聪明的"两个看似完全矛盾的讲法，其实告诉我们村民们并非从"最（第一）"的角度来说的。通过这些作为日常生活中表达方式的例子，我们可以判断那句对话中的"最"也应该相当于"特别"、"很"等的表达。

（二）城市

如果上述第一个分析无误的话，那句话可理解为"城里人很喜欢西红柿"这样的意思。在此我们需要讨论这样一个问题，即农民眼里的城市。接下来，我们先来看看 Q 村的实际生活与城市的关联。

实际上，在当代农村过日子，有很多时候要出农村。举一些例子：除了鸡肉、米、蔬菜等自己饲养或栽培的东西之外的其他食料品，要去"街上"买（走路 15 分钟，开电瓶车 5 分钟到达的古镇）。如果要买贵一点的装饰品，则要去县城（坐车一个小时）。万一亲戚生病，可能要去"街上"买药，也可能要去县城或南京看病。把小孩子送去幼儿园或小学，也要去"街上"。如果要给孩子好一点的教育，则需要让他/她去县城上学。县里没有大学，得让孩子去市里上大学。如果孩子在大学的成绩不错想出国读书，还要负担他/她去海外留学的费用。此外，每年八月初八人们通常会十几个人一起包车去邻镇的庙里拜菩萨。

这些医疗、教育、就业、购物、民俗宗教等导致的出村机会有一个共同点：从宏观的纬度来说，通过经典的城市—农村理论可以阐释这些活动。在施坚雅看来，两个位阶体系形成了中国社会："官僚制行政位阶体系"与"市场中心地的位阶体系"（Skinner，1964：43）。Q 村是作为中国末端行政单位的农村，而且，上述的出村机会是按照生活上的需要，要去上一阶的位阶，如镇、县、市。这里的"街上"相当于施坚雅所说的标准市镇（standard market town）。另外，我们也许可以在这个古典位阶上添加另一个位阶：海外（教育）。

其实，中国农村并不是闭锁性的共同体（closed community）。半个世纪之前的先期研究已经阐明了这个论点[1]，施坚雅的理论也基本上适用于我的田野。所以，我们绝对不可以把"农村/城市"等同于/套进"传统/现代"或"流动性低/高"等二分法。此外，Q村是当代农村，《作为文化批评的人类学》强调的"联结"（articulation）的观点（Marcus and Fischer，1999）也适用于Q村：村里小商店中商品的价格是与全球性的世界市场互动的。家家户户都有电视，在播放中国各地的电视节目。

然而，笔者在此并非想用这种抽象的、宏观纬度来观察农村的生活世界。笔者试图发现当地人眼中都有怎样的世界。关于这一点，笔者有一个主张：从观念上的维度来看，即使一步都不曾离开农村，农民的生活世界也与城市有着千丝万缕的关系。为了说清楚这个观点，我们先回顾下上面的（1）、（2）、（3）、（4）四个例子。

这些话里都谈到农村与城市的二项对比的话语修辞：（1）是好鸡蛋/一般的鸡蛋归于"农村/街上或城市"，（2）与（3）有类似的含义，空气污染程度强弱、安静与否归于"城市/农村"的对比，（4）跟"西红柿"的句子有相同的结构，将吃某些食物的机会多不多的对比归于"（我们）农村/城市"。日常生活普普通通的闲聊中，说话的人利用这些对比，把自己定位于农村，亦即与城市不一样的农村。

我们应该如何理解这些话语实践呢？前人的研究中似乎没有适用于这种话题的理论，因此，我们需要另类的"城市—农村关系"的观点。在此，笔者提出一个概念："参照概念"（referential concept）。上述所引用的施坚雅理论的关键在于两个位阶的存在。但位阶（hierarchy）这概念本身包含着"上位概念"、"下位概念"的含义。而老百姓话语中"城市—农村"这两项之间的关系并非"上—下关系"，而是"城市/农村"的对比，表征的是与城市有所差异的农村。因此，我们可不可以这样认为：他们活在两个位阶体系的同时，也在利用"参照概念"理解自己所生活的世界。

如果我们理解了这些话语实践中"参照概念"的功能，那么按照同样逻辑可以理解笔者在Q村所经历的这些谈话。比如，"城里面消费贵"，或者"这个菜在外面吃起码要二十块钱"，这些闲聊话语的背后隐含着对立于"城里"或"外面"等参照项的"我们农村"。还有，"他在无锡打工，一个月赚九千（元），不错了"。或者，当地不少人问我"日本工资多少钱？"，这些问题当中的"无锡"、

---

[1] 比如说，费孝通在《江村经济》里也强调超越农村范围的生活圈，如市场圈与宗教圈（Fei，1939：114-115，258-259）。

"日本"也是参照概念，通过这些会话，他们在了解外面世界的同时，也会增加对自己所生活的世界的了解。

这些参照项的构成大体依靠外出打工的人或从外地嫁过来的妇女。此外，还有电视报道等。当然，对于 Q 村村民来说，也会通过笔者来了解日本。大家也都通过手机、电视了解美国的生活，了解日本的生活，也了解北京、南京、无锡、上海等城市的生活。这些形式多样的信息是不是也成为一种可以理解/把握所生活村庄的生活世界的途径？

此外，二项对比式的话语逻辑不仅有地理上的二项比较，还有时间上的。亦即，除了"这里"（here）和"那里"（there）的对比之外，还有"现在"（now）和"以前"（past）的对比。

我们来看看下面这个个案。（5）有一天，笔者在 Q 村听到人家讲改革开放之前的生活："以前的工资 3 毛 5 一天。七工分的话，2 毛 1。肉要 7 毛 3 一斤。真的不能吃肉。""现在天天吃肉。以前只能吃草。你看，以前农村多么苦啊。"还有一天在闲聊养老问题的时候，发生了这样的对话："现在 60 岁以上的可以拿200 元一个月。以前是 60 元，后来涨到 100 元，现在又涨了，200 块钱了。"这些话里也有参照项，就是同"现在"对比的"以前"。

总之，虽说农民在农村里过日子，但同时，他/她们也卷入/生活在人、消息、资本的流动性越来越大的当代世界里。他们还生活在亲自经历过的历史中。农村日常生活的各个方面都包含着参照项。因此，我认为，他们生活世界的构成实践可以划分为三个坐标轴：一是作为中国的末端行政单位的农村，即国家—地域社会之间的垂直关系。与此同时，还有这里（农村）/那里（城市）地理轴上的水平关系，以及现在/以前的时间轴。

（三）说到钱

下面我们要讨论的问题，即"他们的生活世界—参照项"之间的关系问题。笔者将把两者之间的线比喻为辅助线。这条辅助线是为了说明或把握自己置身何处（now and here）的一个工具。而且，笔者的田野笔记本告诉我，辅助线是"说到钱"。

当然，二者比较的话语逻辑不一定带着关于钱的话题，比如个案（2）、（3）。但是，除去那句"西红柿"之外，个案（1）、（4）、（5）都提及价格因素。"说到钱"这个语言习惯，不单是笔者的房东个人的特色，还具有一定的普遍性。

我刚来 Q 村的某一天下午，在 Q 村的小商店前，有几个人坐着板凳在聊天。

后来，一个为女儿买婴儿车的女性过来了。另外一个女性（跟她年纪相仿，也有相同年龄的孩子）问："从哪里买的？这个多少钱？""六十块钱。……"

大概一个月之后的某天上午，有一个南京司机开车，送日本学者到 Q 村。当时我的学长学姐、老师们要来南大开一个国际会议，他们顺道过来参观我的田野工作地点。作为向导，我坐在司机的旁边。后来，司机跟我聊天时谈到，"日本相机好啊，这个车也是丰田的"。"在日本买相机多少钱？"等等。后来，有一个在哈尼族村寨田野工作的学长跟我说，"他真的说钱说多了呀，我们那里没有这样说啊"。

不仅是学者，还有一个日本老板（已经在南京待了八年）也有相同的观察。笔者离开 Q 村到南京，跟这位朋友聊天的时候，我提到在中国经常听到关于钱的话题。他也同意我的这种说法，而且作为一个在中国做生意的人，他告诉我："中国人真是说钱说得多。但这个不是好不好的问题吧，因为在中国真的不懂行价。我也经常听听别人说这个东西多少钱。"

民族志研究者遍访世界各地，发现不少的民族有着"说到钱"为禁忌（taboo）的习俗。所以，有一项人类学的既往研究也特地指出了汉族"说到钱"习惯的存在："一般来讲在中国关于金钱的查询或谈论不是禁忌。"（深尾、安富，2003：358）。

三、讨论

在此我们回顾下本文所讨论的内容，顺便整理一些问题。本文尝试解读"这个西红柿，城里人最喜欢的"这一看似让人摸不着头脑的话语。既往有关"城市—农村关系"的研究（位阶体系里的"城市—农村"）并不能解释这句话。通过本文的个案可知，面对着新的消息的时候，第一声问多少钱。包括附近买的婴儿车、大城市的生活、日本的商品。所以笔者提出了一个看法，他们要把握或介绍自己世界（now and here）之外面时，通过"参照概念"把握、说明外面世界和自己世界之间的距离。所以我们可以说，"说到钱"这个语言关系就是作为检查距离的尺子。

要考虑钱的"尺子性"的时候，笔者想到作为一个外国人不太懂的说法：准备买房子的人有一个口头禅，"一平方多少钱？"笔者个人听不太懂，因为考虑房子价格的时候，日本人根本没有习惯以一平方为标准来算。笔者心里想，每一个建筑的水平、外面的环境都不一样吧，这样问有什么用吗？这个在中国太普遍的说法告诉我们，如果将"钱"视为一把尺子的话，我们可以理解汉人的"说到钱"的惯习性。

也许有些外国人会有疑问，为什么汉人喜欢谈论"多少钱"？这问题其实还隐含着为何有人会认为"说到钱"是一种不好的行为。这是一个宏大的人类学问题，但大多数人并没有仔细考虑这个问题，而且很容易直接得出中国人的"拜金主义"等简单的结论。然而，通过上面的论述，笔者认为："说到钱"也许是一个可以认知自己所生活的世界，确认自己生活世界构成的途径。

此外，虽然在中国谈论"多少钱"的人很多，但不能将其简化为中国人的国民性问题。在南京生活的日本人也常常提到谈论"钱"的必要性。这种状况有一定的社会文化背景，即培养这个语言习惯的背景。

当我们考量"说到钱"的社会文化背景时，我们可以参考一下一位 Q 村村民的意见："如果不会讲方言的（不会说方言的人是外地人）去了，他们（在市场卖菜的）肯定卖得贵。"也就是说，在市场的买卖并不一定是固定的价格，如果不了解行情的话，你就有可能吃亏。既往的研究中，我们也可以看到类似的情况：新中国成立前的华北农村的市场（中生，1992：98-99）。那时买东西，人们会把手插入衣袖里，用手讨价，不把价格说出来。因此，由于买者或卖者的眼力或信息掌握不同，商品的价格也会不一样。通过这个案例我们可以发现，作为中国老百姓语言习惯的"说到钱"是与没有定价、价格不一定、需要个人眼力的生活世界相关联的。

笔者开始思考以上论述的同时，在阅读人类学经典时也有了一些新的看法。例如，如果我们意识到汉人"说到钱"的惯习性，那么经典民族志《江村经济》里的一些描述也就别有一番风味了。费孝通说，开弦弓村的农民能够非常准确地把握一年所需的米的总量。比如，一个老年妇女、两个成人和一个儿童需要 33 蒲式耳（Fei，1939：125-126）。还有其他很多有关金额的描写，市场购买的物品如糖 5 元、盐 12 元等（Fei，1939：137）。费孝通晚年回顾当年的写作时曾说过，他一开始来开弦弓村的时候并没有准备做人类学考察，但"无心插柳柳成荫"，收集了很多关于经济生活方面的现象（费，2010：34-35）。我猜测，1936年 26 岁的费孝通跟着当地农民闲聊，向他们请教的时候，当地人也会自然而然地谈论有关物品金额的话题吧。因而，我们可以说这本经典民族志很典型地反映了中国社会"说到钱"的话语习惯。

四、结语

本文以笔者在田野工作中遇到的"不知所云"的说法为起点，展开了有关农民生活世界的讨论：第一，农民把"城市"纳入自己的生活世界里，但在"农村"过日子。哪怕一整天都没离开"农村"，其实也在与"城市"过日子。第二，城市不仅是行政或市场圈位阶体系里的"上位概念"，更是一个可以帮助农民认知构成其生活世界实践的"参照概念"。第三，作为尺子的"钱"是其重要工具，"说到钱"的习惯深含中国社会固有的社会文化背景。

最后稍微补充一下。当然，理解"西红柿"那句话还有别的方式，笔者的讨论只是一个试论而已。虽说本文提到在中国经常遇到"说到钱"这个习惯，但笔者个人并不认为这"实证"了汉族或中国人的文化特色，因为本文讨论的题目极大，并不适合应用诸如"实证"或"证明"的科学用语。本文所讨论的内容也是从一个日本学生的视角所看到的中国文化，并不是唯一的观点，而只是诸多观点、视角中的一个。为了论述这个观点，笔者展现了自己的整个思考过程。文章中所提到的个案不仅有田野工作地点的，还有南京日常生活中的场景。如果读者能够通过笔者的叙述嗅到笔者所经历的文化的味道，听到本文报道人的声音，则会令笔者喜出望外。

谢 辞

本研究得到丰田基金会（The Toyota Foundation）以及中国政府奖学金的资助。李胜帮我校对了中文全文，在此深表感谢。

参考文献

[1] FEI, Hisao－tung. Peasant Life in China [M]. London: Routledge and Kegan Paul, 1939.

[2] Geertz, Clifford. Thick description: Toward an interpretive theory of culture [M] //The Interpretation of Culture. New York: Basic Books, 1973: 3-30.

[3] Marcus, George E. , Michael M. J. Fischer. Anthropology as Cultural Critique: An Experimental Moment in the Human Sciences. second edition [M]. Chicago: University of Chicago Press, 1999.

[4] SKINNER, G. William. Marketing and social structure in rural China: Part I [J]. The Journal of Asian Studies, 1964: 24 (1): 3-43.

[5] 费孝通. 社会调查自白 [M] //费孝通全集第十一卷. 呼和浩特: 内蒙古人民出版社, 2010: 6-84.

[6] 高淳县地方志编纂委员会. 高淳县志 [M]. 南京：江苏古籍出版社，1988.

[7] 杨茂荣. 高淳方言中自成音节的鼻辅音 [m] [n] [ŋ] [J]. 南京师范大学文学院学报，2001 (2)：91-95.

[8] 小島泰雄. 生活空間の重層性から中国農村研究を考える [J]. 近きに在りて，2009 (55)：91-97.

[9] 中生勝美. 華北の定期市：スキナー市場理論の再検討 [J]. キリスト教文化研究所研究年報，1992 (26)：83-123.

[10] 深尾葉子，安冨歩. 中国陝西省北部農村の人間関係形成機構：〈相夥〉と〈雇〉[C]. 東洋文化研究所紀要，2003 (144)：358-319.

[11] 福武直. 福武直著作集第 9 巻：中国農村社会の構造 [M]. 東京：東京大学出版会，1976.

[12] 藤田弘夫. 都市の論理：権力はなぜ都市を必要とするのか [M]. 中央公論新社，1993.

日本城市中跨国婚姻家庭的子女教育调查研究[1]

戴　宁

一、中日跨国婚姻的现状：看不见的孩子

在国内，对于跨国婚姻的研究主要倾向分析研究东南亚与中国西南部地区的无国籍市民问题。在欧美国家，对于跨国婚姻的研究主要侧重于肤色不同的婚姻中民族问题，并且针对"跨国婚姻"这个名词，也与非欧美国家的概念有所不同。比起跨国婚姻的用法，研究学者们更偏向于使用多文化婚姻或者异文化婚姻来定义。而在日本这个拥有"单一民族幻想"的国家中，跨国婚姻作为众多社会现象之一，被媒体以及各个学科领域频繁聚焦的背后，却有着众多未被触及的问题点。比如中日跨国婚姻，跨国婚姻家庭子女的教育问题等。

1. 背景

近年来，在日本的中国人的居住方式有所改变，从以往的短期停留到现在以通过结婚为主的长期定居。根据日本总务省的数据调查表明，2012 年年底的大约 200 万人的外国人登录数据中，中国人人数为 653 000 人，签证类型也具有多样性。在这些中国人当中，有将近 43 000 人持有"日本人配偶"的签证资格，相比在日韩国人持有同样签证资格的 17 000 人，中国人成为在日本与日本人结婚率

---

[1]　首都大学东京大学院社会人类学博士后期课程。

最高的外国人（参见表 1）。另外，其他的签证资格则为"永住（约 19 万人）"、
"留学（约 11 万人）"、"技能实习（约 11 万人）"等人数较为突出。

根据日本厚生劳动省的跨国婚姻统数数据可以看出，同一年度的在日本跨国
婚姻数为 23 657 组，相比上一年度数据减少了 2 277 组，但是相比 1965 年的数
据则增加了 6 倍。中日跨国婚姻组数的 7 986 组为所有跨国婚姻总数的 34%（参
见表 2）。在这 7 986 组的中日跨国婚姻数中，并非全部为"日本人配偶"签证资
格，其中不但含有其他签证资格种类，也含有归化为日本国籍的华人，所以这些
可以看到的数据在某种意义上并不能正确反映中日跨国婚姻的现状。

在这样的跨国婚姻家庭迅速增加的同时，出生在这种家庭的子女人数也一年
比一年显著提高（参见表 3）。陈天玺指出，"跨国婚姻的增加意味着，多民族化
和多文化化已经开始渗透到家庭这个社会基本单位内部当中"（陈，2009：159）。
同样是 2012 年日本厚生劳动省关于跨国婚姻子女的调查显示，在上一年度出生
的人数为 20 536 人，其中父母一方为中国人的子女人数 5 357 人，约占总体的
26%，而父母一方为韩国/朝鲜人的家庭的子女为 4 524 人，相比中国少 833 人。
将中国与韩国做比较的理由在于，在日本由于历史等理由，韩国人与日本人的跨
国婚姻被大篇幅地研究和讨论的同时，在日中国人家庭的子女作为研究对象并没
有得到数据同等的明确化。由此可以表明，中日跨国婚姻本身，在日本就存在一
定的不明确性以及模糊的认知，因此笔者认为中日跨国婚姻本身从某种意义上就
可以被看作看不见的婚姻形式，而在这样不被完全认知的家庭中出生的孩子，则
面临着更多被模糊化的理由导致他们成为看不见的孩子，下面将进行详细的
分析。

表 1　　　　　　**外国人登録者のうち中国出身者数の年度別変化**
（在日外国人登录人数中中国人比例；人）

外国人登録者数/年度	1987 年	2000 年	2012 年
外国人登録者数の合計	884 025	1 686 444	2 033 656
中国出身者数	73 030	335 575	652 555
日本人の配偶者等数	—	6 713	43 771

表 2　　　　　　**国際結婚件数（組）のうち日中カップルの数**
（在日跨国婚姻数中中日跨国婚姻数；组数）

国際結婚組数/年度	1987 年	2000 年	2012 年
国際結婚数の合計	14 584	36 263	23 657
日本人と中国人との結婚数	2 049	10 762	7 986
夫が日本人、妻が中国人の結婚数	1 977	9 884	7 166
夫が中国人、妻が日本人の結婚数	432	878	820

表3　　　　　　　　　国際児からみた親の出身国
（跨国婚姻子女的父母出生国；人）

父母の出身国/年度	1987 年	2000 年	2012 年
父母のどちらかが外国人の合計	10 022	22 337	20 536
父母のどちらかが中国人の合計	1 090	3 953	5 357
父日本人、母中国人の場合	803	3 040	4 041
父中国人、母日本人の場合	287	913	1 316

出典：笔者根据総務省統計資料等资料制作。

2. 中日跨国婚姻子女：看不见的孩子

首先，在同化压力强大的日本教育当中，持有日本国籍的中日跨国婚姻子女不会凸显出与周围不同的特质，但是实际上他们却不能否定自己与中国的根源（roots）。

其次，在众多日本大众传媒提高日本与英美圈的跨国婚姻子女地位的同时，一般言论上与亚洲圈的跨国婚姻则被放到了其次的地位。在主流社会中，没有提高中国对日本以及世界的地位的前提下，中日跨国婚姻子女则是相比外观特征上可以被认知的亚洲跨国婚姻子女，更是被挤推到成为看不见的孩子。

最后，在学术领域中，对于中日跨国婚姻更多的则是战后时期，由于日本劳动力不足而产生的社会现象——亚洲媳妇，这一从经济上为切入点进行的研究。而对于明确中日跨国婚姻家庭子女的研究也倾向于中国移民的子女，而并非日本国民，或者作为连接中日之间的桥梁这一中间领域来进行研究。

综上所述，不管是言论空间还是学术空间，这一群孩子在日本没有得到相应的认识与了解。他们的主体性被隐藏在数据背后，而他们自己是如何看待自己，如何在日本找到属于自己的立足之地，很大因素上与家庭教育相互关联。在下文会引用他们自己的话语来明确他们的内在想法，从而可以侧面呈现出日本社会的另一面。

二、问题意识以及学术意义

1. 问题意识

本文中综合以上的背景与现状，设定以下几点问题意识。

第一，中日跨国婚姻家庭出生的子女是如何受他们拥有不同文化背景的父母以及不同的教育观的影响。换言之，父母根据自身的经历以及判断，通常会拥有不同的教育观念以及采用不同的教育方式，这样的教育方式对于孩子本身是否会是理想的选择，他们本身在这样的选择中如何自我适应则要通过分析其父母的教育方式来明确分析。

第二，在上述的教育背景中，以及日本的大环境中，中日跨国婚姻子女在社会化过程中如何看待自己的根源，以及如何定位自己的，这一方面也将成为本文考察的侧面之一。

带着以上问题进行的调查与研究，由于篇幅原因，本文选择阐述第一点跨国婚姻家庭的父母是如何采用多样化的教育，以及对其子女的影响。

2. 学术意义

在众多社会学的以数据分析为主体的调查之外，被调查者的内心世界容易被忽略。人类学的田野调查以及深入被调查者生活之中的考察，会弥补数据上看不到的内心世界。不是从移民研究的角度，也不是从政治角度上分析，不把他们归纳为日本社会的主体文化或是客体文化。从一个中间领域，把他们当作社会的一员，作为全球化的一个现象，通过他们自己的话语来凸显他们的主体性，进而可以为更好地推进中日友好献出绵薄之力。

三、研究方法

在文化与地域间的移动，不仅是生活环境有所变化，语言环境也会有很大变化。在跨国婚姻家庭中成长的子女要不停地反复这样的移动。或者可以说，在家庭内部，也存在着多样的生活习俗以及语言。学习两种语言，使用两种语言，甚至用两种思维方式去思考、去适应两种生活环境，这是跨国婚姻家庭成长的子女所具备的潜在特点。

1. 研究对象

首先介绍一下调查对象的背景。他们是8组生活在日本东京的中日跨国婚姻家庭。子女均为大学以上学历。在这8组家庭中，有3组家庭父亲是中国人，有5组家庭母亲是中国人。作为中国人的父母现国籍均归化为日本国籍。原国籍有3位是中国台湾籍，5位是中国大陆籍。在这里因为不涉及政治问题，所以调查对象本身均作为在日华人这样一个范畴进行调查。调查方法采用采访调查。每组家庭在阐述调查内容调查方式以及各个方面细节，得到允许之后，父母1个半小时，子女一个半小时，非独生子女的家庭在调查时间上会做稍微调整，共三个小时为准，以录音记录为主。调查内容为半结构性采访，事前准备的问题为辅，调查对象自己的阐述为主要进展方向。

调查语言为中文和日文混合语。家庭使用语言固定为日语的调查对象在采访过程中，个别词的表达会使用到中文。家庭使用语言不固定的调查对象，会征求本人的意见然后选择语言。

从调查结果中可以看出，跨国婚姻家庭的子女，在成长过程中受着多种语言多种文化背景的影响，而不是日本人的那一方父母，或者说不是接受日本的基础教育成长的那一方父母，在接触日本的教育制度以及教育方式过程中，夫妇间的教育观会存在一定的不同。而跨国婚姻家庭中成长的子女是否存在着某种固有的教育需求，在这一点上没有得到充分的认识。

2. 理论分析

父母中一方为日本人的家庭中出生的孩子，原则上是有着日本国籍。而有着日本国籍的孩子在日本接受教育的过程中，如何作为一个日本人或者作为一个日本人应该如何为人处世，在这一点上会成为周围的环境包括学校教育中被期待的成长方式。反之，在接受日本本土教育的跨国婚姻子女会受到周围环境的影响，加上姓名，外观上没有明显的差异，所以被培养成一个所谓的日本人，或者被同化成所谓的日本人的倾向比较大。在这一点上，与父母双方均为中国人，国籍、姓名、语言能力、家庭背景中某一项上可以明确区分为非日本的移民家庭中成长的孩子相比，跨国婚姻家庭的孩子更会被认作日本人，所以跨国婚姻家庭的孩子的双重文化背景和独特的生活经验比较容易被忽略。在日本，太田晴雄（2005）在《外国人孩子与日本教育问题，不就学问题与多文化共生的课题》中指出，"日本的学校教育，以没有差异的形式上平等为基本理念，而这形式上的平等也是国民教育的理想目标。在这样的学校教育当中，日本以外的文化背景会被认作成非主要要素而被割舍的可能性较大"。从太田的记述可以看出并且可以预测，跨国婚姻家庭的子女的真实现状很难得到充分认识，并且很难对其进行准确描述，教师也很难摸索出这些孩子的独特性。

在本调查中，将明确作为跨国婚姻家庭子女的教育需求的第一阶段，明确其中日两国父母双方的教育战略问题为目标。在考虑跨国婚姻子女的教育问题之际，有三个层面需要考虑。一是以日常生活中出现的文化间冲击与矛盾为基准的家庭层面。二是以占据大多数的，父母双方均为日本人子女群体中的少数群体为出发点的学校层面。三是以不同文化背景的人如何在主流文化中定位这一问题为中心的社会层面。本调查主要把侧重点放到家庭层面去思考。在家庭内部，采用什么样的方式去对待多种语言与多种文化间的冲击。如何在具有潜在冲击的环境中做选择，并固定成固有的教育模式。并且这些对待方式又对其在之后的学校选择上有着怎样的关联。更进一步去考察在接受这些多种学校选择的过程当中，跨国婚姻子女将面临什么样的人生经历，又是如何在其中得到自我认知与自我统一。

在先行研究中，发展中国家出身的女性的跨国婚姻经常会被解释为与经济原因有着不可分割的关系。并且这些女性以追求经济上的稳定来提高生活品质从而在婚姻中，包括在社会环境中被认作占据弱势地位的群体。她们这样的婚姻模式被称作上升婚。但是，这种所谓的经济原因应该与其他诸多要因结合起来去考虑，不应该单一地归类为追求财富进而产生跨国婚姻。虽然无法抛开经济原因去考虑跨国婚姻，但是在追求生活方式、生活品质、个人价值实现以及人际关系网等方面的改善都将成为促进跨国婚姻的要因。因此，本调查没有刻意限制或刻意区分调查对象最初来日时的签证类型，以及在日本的生活形态，而是从广义上的追求生活品质提高这一基本出发点来对跨国婚姻选择者的主体性以及真实性进行观察与描写。

山本雅代（2007）在《在多数语言与文化交叉之际》一书中提到（以下为笔者翻译），"日本社会，在一个人的成长过程中，吸收日本文化与增强语言能力可以作为人生的初期设定阶段，而跨国婚姻家庭中的子女在双语或者多语言的环境中成长，他们具备着成为双语言者或者多语言者的潜在的可能性。这个潜在的可能性将会因其父母的选择而产生不同结果，进而可以证明在吸收文化与学习语言过程中必然会存在多种模式。那么这潜在的可能性也将会受到语言、社会、政治以及经济等多种因素的影响"。新田文辉（1992）在其《跨国婚姻与其子女们》一书中曾叙述到，在日本居住的美日跨国婚姻家庭中，由于英语的国际利用价值较高，所以家庭内的使用语言大多统一为英语。刻意放弃日本本土教育选择国际学校教育的倾向较大。在有关生活在国外的日本人对其子女的继承语教育的教育类型进行总结与归纳时，中岛和子（2001）指出，可以大概分为"重视当地语型"、"重视母语型"、"双语理想型"、"自由放任型"这四种类型。后藤田（2009）曾对在澳大利亚生活的拥有永驻权的日本女性在对其跨国婚姻子女语言教育上做出这样的叙述。在孩子幼小时期，她们都会试图努力地将孩子教育为"重视母语型"（日语），而在孩子成长过程中，孩子们会不知不觉地变成"双语理想型"，慢慢的在接受当地本土教育并且结束渗透性的日语母语教育的同时，孩子们会转变成"自由放任型"。与此相比，中日跨国婚姻家庭中，母亲为中国人的家庭多采用"双语理想型"模式，父亲为中国人的家庭采用"自由放任型"模式的事例比较普遍。但是本调查的调查对象人数有限，调查时间相对较短，有着一定的局限性。此局限性也将作为博士过程中的课题来加以完善。

在这 8 组跨国婚姻中，有 6 组家庭在孩子出生以后到入学年龄之间的成长过程由父母照顾，居住地在日本。这 6 组家庭均让子女通过日本本土教育完成基本教育阶段。有 2 组家庭在孩子出生以后半年之内送回中国，让在中国的孩子的祖父母抚养，这 2 组家庭的子女的初等教育（学前教育和小学）为中国的义务教育。以升入初中为中转点，返回日本，并在日本完成之后的教育。因此在此可以分为两类进行分析说明。

3. 事例分析

第一类为出生后居住地为日本，受父母抚养，接受本土教育的人群。这一类家庭选择日本教育的时候有着各种不同的理由。

调查对象 A 家庭，一家四口人。母亲为中国黑龙江人，父亲在日本静冈县出生。现居住地为神奈川县相模原市。子女为 2 名男孩。长子 2009 年大学毕业，现就职于一家电脑公司。次男 2011 年大学毕业，现于日本千叶县一人生活，无固定工作，靠打工维持生活。长子的所有学校教育均在日本完成，并且均接受的是日本本土教育。次男到初中为止在日本，高中和大学 2 年为中国。大三之后重返日本。

A 家庭的调查中，母亲这样说道：

> 我和他爸爸都是生活在日本，很自然的孩子也就留在日本念书了。我自己父母年岁也大了，没有办法帮我带孩子。再加上我婆婆家不愿意让我把孩子送回中国，怕和孩子不亲，所以虽然苦了点但是也还是把他俩养大了。当老大要上学的时候，我和他爸都有工作很忙，没有闲暇时间顾及太多，更别提教他中文了，自然而然的也就把他送到了离家比较近的学校读书。为此虽然他爸爸没有觉得有什么不妥，但是我很后悔，我很希望孩子会说中文，哪怕是最起码的中文。每年都会抽时间带孩子回中国一趟，但是孩子们都不会说中文，也不学着说。所以和中国的亲戚们没有办法交流。后来工作没那么累的时候，我会经常想办法在家里教他们中文。但是也就只能停留在一些简单的单词和会话啦。这个我也有责任，当初没有考虑周全。老二初中毕业的

时候，没有考上理想的高中，我想这正是一个机会，就托人帮他办理了中国留学。那个时候对他来说也是一个新的起点，虽然没有任何基础就让他去，这样比较莽撞，但是我总认为一个大小伙子去了一定会适应的。就这样隔年秋天就在东北的一所私立高中里上学了。生活起居由他阿姨照顾。孩子那时候比较叛逆，我是到后来才听说的，阿姨家人对他像对待自己孩子一样，不对的地方就说教。可能是北方人说话声音比较大，又赶上那时候孩子也听不进去说教，经常和他阿姨吵架，可是没有人告诉过我所以也就不了了之了。老大中文算是没办法了，但是老二基础教育是用日文不会出现忘记日语的状况，外加上高中和大学在国内读，现在和我可以正常地用中文交流。我感觉很欣慰。但是他爸和他奶奶家人都不会说中文，所以在家里我们一般不常使用中文。（2013 年 10 月）

上面这段话语中给我印象最深的就是"自然而然"这个词。因为在日本生活当然就要在日本念书，这成为一个主要的倾向。当然，A 家庭的母亲对日本教育没有任何概念，所以也没有办法在其中权衡日本教育和中国教育哪个更适合自己的家庭，但是可以看出 A 家庭母亲最在意的是孩子的双语问题或者更直接地解释为希望孩子学习中文从而理解自己。

与 A 家庭的理由相比，B 家庭的理由也有另一番道理。B 家庭一家三口，母亲是福建人，父亲是东京人，现居住地位于东京八王子地区。B 家庭的孩子是女儿。现就读日本的大学 3 年级。B 家庭的女儿从小学到大学均为日本本土教育。B 家庭母亲在结婚之后辞掉工作，转变为专职家庭主妇。最初来日本的时候日语基础几乎为零。但是工作和生活都在日本的公司，所以一些基本的职场用语可以掌握。B 家庭母亲在采访中这样讲述：

我日文不好，天天在家里带孩子我只能教她中文。所以孩子从小一直都是比起日文更熟悉中文。因为我觉得，上学之后不管接受能力高低、学习速度快慢，日语一定会突飞猛进和日本人没有太大差距，但是中文现在不学，长大了就更难学习好了，而且我在家没事做就一直用从中国托人买的学前教育书籍和在网络上看一些影视来教育孩子。他爸爸对此并不反对。因为他也认为我一个人在家没有什么事情的话多教教孩子说话是对的。而且我日文不好，教日文反而害怕教得不对误导孩子。孩子到了上学年龄的时候，我让她去就近的纯正日本学校。其目的除了想让她去学习日文，还有就是可以帮助我拓宽社交面，看看其他日本妈妈都是怎么样培养孩子的。孩子学回来的日语我也跟着孩子学。在日语方面，孩子是我的老师……（中略）所以孩子上学时，我闲下来也可以和其他妈妈一起喝喝茶说说话，丰富一下自己。我觉得很好，现在孩子虽然上了大学不在家里住，但是我也有我自己的兴趣爱好，有我自己的生活。和孩子我们也可以畅通无阻地用中文沟通，孩子在学校也可以和日本人一样与日本人交流，我觉得很好。自己认为是成功的。（2013年11月）

从B家庭妈妈的谈话中可以看出，她很享受现在的状态。她在选择孩子的教育方式的时候，很明确的就是一定要让孩子会说中文，而在选择接受日本本土教育的时候，她的那句"孩子是我的老师"很让人印象深刻。所以，在与A家庭妈妈的"自然而然"相比，B家庭妈妈是比较积极地让孩子接受日本本土教育。

C家庭中，父亲为台湾人，母亲为日本人，姐妹俩人的一家四口之家。在采访过程中，姐姐对自己父亲不是日本人这件事比较避讳，没有接受采访。而妹妹却很热情地接受采访；姐姐现在在日本的护士院校就读，考取护士证。妹妹在上海某医药大学学习中医。在C家庭中，在与二女儿的谈话中提到自己的求学经验，她这样说道：

我们上学从来都是母亲照料，学校的大小事情也都是母亲来做。母亲是日本人，我们从来没有觉得父亲不是日本人有什么不一样。父亲工作一直很忙。记忆中回家陪我们玩的时间比较少。医生大概都是这样的吧。我们家一般不使用中文。只是偶尔新闻报纸中的事件，父亲会搞懂来龙去脉分析给我们听。在家里也就只是父亲和奶奶们通电话的时候会说到中文。但是奶奶们也听得懂日文，所以我们只要说日文就好。从来没有觉得有什么不方便的事。姐姐好像在学校曾经因为自己是混血的事情被欺负。但是我就根本没有公开过自己是混血的事情。因为没差别吧，说与不说……（中略）我也学医，而且是中医，去中国学习是全家决定的。去之前我参加了中文培训。虽然我自己不会说，说起来比较生硬，但是一直能听懂别人说，所以比零基础的人容易接受，有不懂的地方就会打简讯问父亲。虽然他的回答让我也不是那么容易理解，但是最起码学起来很开心。

从C家庭二女儿的解释可以很清晰地看出，照料日常生活的大多为母亲，如果母亲是日本人并没有刻意去补习中文的前提下，是和日本人家庭相比很难看出来区别的。并且在日本生活与日本女性结婚的中国男性大多数具有稳定工作。加之母亲照料孩子起居，所以在中文继承上很难做到母亲是中国人那样多种选择。

A家庭与C家庭都通过在日本抚养子女，选择短期留学的方式让孩子熟悉另一方国家另一方语言。但是主要的就学方式则是贯彻日本本土教育为主，继承中文为辅的跨国婚姻家庭。

那么从小托付给孩子祖父母抚养的父母又是如何规划孩子的将来的？D家庭，母亲为台湾人，父亲出生在日本东北部。子女为长女和次子两人。母亲的祖籍在湖南长沙，父母亲现居住地也为长沙。长女从小跟着外公外婆长大，小学在中国就读，初中之后返回日本，现在大学毕业，父亲去世，和妈妈弟弟三人居住在东京。弟弟现升入高中不久，与姐姐不同，弟弟则是在父母身边长大。

D家庭母亲对女儿的教育这样叙述：

> 刚结婚那时候什么都不稳定，生了女儿又不能停止工作。父母也正好退休，就交给老两口儿帮忙照顾孩子。可是时间长了，又发觉不是那么容易可以让孩子回来。那面的生活已经稳定，孩子也有自己的生活圈子，也离不开祖父母。一直不知道以什么样的契机让孩子回日本。并且和孩子的交流也只可以用中文，为此她爸爸还很困扰。站在她爸爸的角度上，自己的孩子没有办法和自己沟通这一点的确很矛盾。但是那个时候我们谁也没有办法，没有说让孩子回来就让孩子回来的能力。后来我生弟弟的时候正好赶上我母亲去世，就借此机会带着孩子回来了。那时候孩子都初二了。刚回到日本安排学校的时候，由于日语能力不够很多学校都没有办法接受。后来边参加私塾的辅导边自己学习了一段时间日语。我有过打算让她不上学自己在家里念完初中，但是后来打听到，那样的话没有办法参加正常的大学考试。为了孩子的将来考虑，我们决定让女儿降两级，从初一开始重新学习。这样参加私塾加上自己的努力，升入高中的时候她没有差同班同学很多，以一个正常的成绩考上高中，这样我已经很开心了。但是在家里和女儿说中文，和儿子说日文。想想有点儿奇怪。弟弟不会在日语上感觉吃力，但是姐姐现在还是会有日语学习者的感觉，没有弟弟那么得心应手。

从D家庭的经历可以看出，送回中国由祖父母照料的孩子在继承中文上有着很大优势的同时，在返回日本之后学习日语的过程中，会比在日本成长的跨国婚姻子女相对困难。在思维方式上会以中国式思维方式去思考。在对D家庭长女的采访过程中，一直使用中文，因为她说"我要用中文思考自己要说什么然后去找相对应的日文去翻译。虽然我现在可以很流利地说日文，但是我在回忆以前的时候还是会回到中国人的思维方式去思考"。

这几组事例可以表明，跨国婚姻中的父母选择日本本土学校并不是在某种意义上否定中国教育而是为孩子将来考虑，最自然也是最妥当的选择。在跨国婚姻家庭与地域社会的关系铸造上，子女的日本本土教育选择也会起到一定的作用。

与此同时，身为中国人的父母无论以什么样的理由和方式选择来到日本，居住日本，也不论自身的日语能力高低，都希望自己的跨国婚姻子女能够成为双语言者或者多语言者。但是这一点会因为家庭内部原因、学校的现状等很难得到落实或实现。

四、考察与结论

上述的 4 组家庭为调查对象的一部分，言论阐述则为一组家庭一次对话的一个片断，意图性地采用片断叙述，可以达到在同一个截面上进行分析。没有呈现出来的子女自身的话语中，更多地可以看到他们对父母做出的选择的尊重，以及在主流社会中的无力和被动接受。其中不排除对其中国出身父母的抵抗与具有主动性的改变。

在多组的调查记录中可以很明确地看到，语言问题是跨国婚姻家庭共通的一个大问题。这里不但涉及语言教育，同样也有两语言的运用与维持问题。而家庭教育中对子女的语言问题上抱有可以多语言使用这一幻想，则会因为本土教育、非本土教育、两教育混合等方式结果大有不同。在这一点上则需要更多的关注。不但是在固定的一个截面的关注，更重要的是对成长过程中的变化加以关注。

此外，在调查中可以分析出，中日跨国婚姻的子女与其他国家地区不同，他们在自我同一上没有过多的矛盾与不适，他们会在父母选择的大环境中进行自我调整。表面上看似他们处于被动的立场，实际上，他们会在社会化的各个环节中，在人与人的关系中进行主动性的改变。

因此，在中日跨国婚姻家庭中，不能否认的是家庭教育对子女的影响，但是过分强调其父母对他们的影响，则会陷入忽视中日跨国婚姻子女自己本身的选择以及在社会化的受到各个相互作用下产生的影响。

同时，拥有中日两国出身的父母，他们不会单方面地无限融入某一方的父母，或者某一方的文化，而是具有流动性、选择性地将中日两方看作一种资源或者财产，根据场所的改变以及环境的改变，而改变自己的行动，把中日两者的混淆，以一种独特的方式，具有主动性、能动性地进行加工改造，从而形成自己独特的见地。

参考文献

［1］後藤田遊子．『英語が苦手な日本人』からの解放—オーストラリア在住、国際結婚日本人女性達［M］//河原俊昭，岡戸浩子．国際結婚—多言語化する家族とアイデンティティ．明石書店，2009：pp. 141-175.

［2］中島和子．バイリンガル教育の方法—12歳までに親と教師ができること［M］．アルク，2001.

［3］新田文輝．国際結婚と子どもたち—異文化と共存する家族［M］．明石書店，1992.

［4］太田晴雄．日本的モノカルチュラリズムと学習困難［M］//宮島喬，太田晴雄．外国人の子どもと日本の教育　不就学問題と多文化共生の課題．東京大学出版会，2005：pp. 57-76.

［5］山本雅子．複数の言語と文化が交叉するところ—『異文化家族学』への一考察［J］．異文化間教育．2007（26）：pp. 2-13.

新型城镇化过程中老年友好社区建设探析
——以北京市 H 社区为例

刘佳丽[1]

一、导论

（一）研究背景

1. 我国人口老龄化的现状

根据联合国最新标准，如果一个地区 65 岁以上人口所占的比例超过总人口的 7%，则被称为"老龄化社会"，若这一比率超过 14% 则被称为"老龄社会"。我国从 20 世纪末开始进入老龄化社会，并且在 2008 年进入了老龄化快速发展的阶段，成了世界上 60 岁以上老年人口最多的国家。人口老龄化的压力越来越成为我国经济和社会发展过程中不可忽视的一大问题。与此同时，越来越严峻的人口老龄化形势也对我国的养老提出了巨大的挑战。

在我国目前的养老方式中，家庭养老作为传统的养老方式仍然占主要地位，同时机构养老成为重要的补充方式。随着"独生子女潮"的来临，核心家庭越来越多，老年人口在家庭人口中所占的比重相应地提高，家庭养老的负担逐渐加重。同时，空巢家庭和孤寡老人家庭的数量越来越多，家庭养老方式面临着很大

---

[1] 中国社会科学院研究生院。

的挑战。机构养老正在逐渐得到社会和人们积极的认可，但是在我国老年人口数量大的压力下，机构养老也难以从根本上解决我国的养老问题。而且，随着人均寿命的延长和医疗水平的提高，老年人的身体条件有了很大的改善，他们更愿意在自己原来的环境中生活来度过自己的晚年。在这种情况下，社区在养老中的地位逐渐显现出来，愈来愈成为我国的养老体系中必不可少的组成部分。

2. "老年友好型社区" 概念的提出和在我国的推广

2005 年，世界卫生组织在世界老年学和老年医学大会上，从一个新视角入手提出了 "age friendly communities" 的概念[1]。2007 年，世界卫生组织在进行了实际调查研究的基础上，发表了《全球老年友好城市指南》，对 "老年友好城市" 的主题、特征、评估标准等进行了说明[2]。从此以后，很多国家和地区把 "老年友好城市" 或 "老年友好社区" 的理念运用到社区建设和发展的实际中。

2006 年 7 月 24 日，我国首个 "老年友好型社区" 在成都市的电子科大社区开始建设。这个社区对联合国有关友好城市的建设理念进行了借鉴，对新型的社区养老方式进行探讨，根据实际的需要逐步建成很多项目。济南市的槐荫区运用世界卫生组织关于老年友好型城市的发展理念和实际体验来促进该社区的发展，促进该社区的老年友好性的增强。香港结合当地实际，在 2008 年将 "老年友好型社区" 改为 "长者友善社区"，开始了长者友善社区的建设计划。

2009 年我国提出了 "老年宜居社区"、"老年友好城市" 的目标，初步制成了《老年友好型城市指南》、《老年宜居社区指南》、《老年温馨家庭指南》，从不同层面提出了养老生活客观需求指标，并开始了积极的试点和推广。2010 年，全国老龄办提出我国的养老事业发展应该以 "老年友好城市"、"老年宜居型社区" 及 "老年温馨家庭" 的建立和发展作为抓手，促进养老服务系统的全方位、多层次的特点的形成和发展。

（二）研究的理论依据

1. 需求层次理论

美国马斯洛的 "需求层次理论" 认为，人的需要包括五个层次：生理的需

---

[1] World Health Organization. Checklist of Essential Features of Age-friendly Cities [R]. 2007.
[2] World Health Organization. Global Age-friendly Cities: A Guide [R]. 2007.

要、安全的需要、归属与爱的需要、尊重的需要、自我实现的需要。

（1）生理的需要。这是人类生存中最为基础的需要，是人们对衣食住行等基础的生存条件方面的需要。在任何发展水平的社会中，生理的需要都是人们满足其他需要所必需的前提，是人们最需要首先满足的。生理需要对于老人来说也是他们最基本的需要，是老人的生活得以保证的前提。老年人对于衣食住行等基本生存条件的具体需要，与其他年龄段的人的需要有着很大的差异，如老年人对于饮食的需要更加注重健康的营养搭配、更喜食清淡的食物等。

（2）安全的需要。在人类的生理需要得到满足的条件下，人们便产生一种对现在和未来生活的安全感的需要，即希望自身现在的生活及其他方面得到保证，并且未来的生活也得到保障的需要。在健康、住房、交通上都体现着老年人对于安全的强烈需要。老年人由于年龄较大，身体素质较差，很容易生病。生病不仅会给老年人带来生理上的痛苦，也会出现无人照顾的情况，因此老年人对于生病之后能够得到及时的治疗和护理有着很强的需求。老年人的居住环境最注重的是对于舒适性和安全性的需求。他们的居住环境应该通风、干燥，并且可以防止老年人滑倒等意外情况的产生。在交通方面，老年人对于安全的需求更加突出，更需要有安全的保障。

（3）归属与爱的需要。这一需要体现了人的社会性，是指人们希望自己可以成为一个集体或组织的一位成员，在其中生活和工作，并且去关爱他人，同时希望得到他人的关爱。在归属与爱的需要方面，老人都希望自己拥有和谐美满的家庭，从而可以乐享晚年生活。同时，对于老年人，特别是一些孤寡老年人来说，他们大都希望能够跟其他人有良好的关系，能够与别人广泛地沟通和交流，得到他人的关爱。

（4）尊重的需要。包括人们对于自身取得的成就的自豪感和自信心，也包括人们希望在社会中可以拥有较高的地位，受到别人对自身的认可和赞赏，获得其他人对自己的尊重。相对于青年人和中年人来说，老年人通常拥有较为丰富的社会经验和阅历，往往希望得到其他人的尊重，这对于老年人的身心健康具有重要的作用。

（5）自我实现的需要。它是人们最高层次上的需要，主要指人们希望自己的理想能够得到实现，进而使自己的价值得到实现。随着年龄的增大，老年人对于自我实现的需求逐渐减弱，更多的是把注意力集中到后辈的身上。但是仍然有一些老年人，退休之后还是有很大的工作热情，希望可以做些力所能及的工作，从而继续实现自己的价值。

在我国养老发展中逐渐形成的"老有所养，老有所医，老有所为，老有所学，老有所教，老有所乐"的"六个老有"理论就是关于老年群体的需求的精确概括，同时也是马斯洛需求理论在老年群体的具体应用。总的来说，老年人跟其他年龄段的人群一样有着多种多样的需要，不仅有生理方面和物质方面的需要，也有社会性的需要和精神方面的需要。社区居住环境的改善、社区基础设施的完善、社区互动积极性的提高等社区友好性的提高，能够为老年人需求的满足提供良好的条件。

2. 优势视角理论

优势视角理论作为社会工作领域的一个基础的原理，是指社会工作者某种程度上要专注于看到、寻找、探究和运用案主的有力因素和潜能，帮助他们达成自己的目标和理想，并且直面生命之中的困难和阻碍，与社会的主流的控制进行抗拒。优势视角注重每个人的优势，从发现和运用人的潜能入手，帮助他们克服困难和阻碍，最终达成他们的目标和理想。优势视角认为每个人的内在深处都有成为英雄的愿望和期待，并给它们赋予了各种各样的体现，如从逆境中挣脱出来、超越自己、开发自己的潜能，把不利的缺陷变为有利的优势。优势视角理论认为每个人都有资源和潜能值得去发现和挖掘，如这个人的能力和特长；进一步地说，每个社区都有一些值得去开发的优势资源，这些全部都是可以加以利用的宝贵财富。

在老人的服务中，优势视角提供了很多的积极作用。老年人作为年龄较大、社会功能逐渐减退的一个群体，仍然有可以开发和利用的潜能和资源。对老年人自身和环境的状况进行重新了解，不但可以使老年人的自我认同感得到提升，增加社会对老人的尊重，更可以使老人自身的潜能有效地为他们进行服务。

（三）"老年友好型社区"的概念

"老年友好社区/城市"这一概念来自于西方。世界卫生组织在 2005 年提出了"age friendly communities"，接着在 2007 年推出了《全球老年友好城市指南》。各个国家都对老年友好型的环境有着很大的认同，但在关于环境类型的表达上有着一些不同。加拿大在 2008 年发布的《老年友好的乡村和边远社区指南》中对老年友好型社区的特点和发展计划进行了说明；美国倾向于使用"livable community"，老年友好型社区在美国等同于"老年宜居社区"；英国更倾向于使用"life time neighbourhood"，即定义和政策的制定者更多地使用"一生邻里"这一名称来强调老年友好社区的特征和发展举措；还有的国家更多地使用"elder-friendly"或"age-friendly"等。

世界卫生组织对"老年友好型社区"这一概念的定义得到了广泛的认可，在这里，我们即采用世界卫生组织对老年友好型社区所做出的界定：老年友好社区，是指依靠政策、服务、场所和设施等各方面的改善，帮助老年人以积极的心态来度过自己的老年生活，促进老年人"积极老龄化"实现的社区[1]。

二、以北京市 H 社区为例

中国目前已有多个大城市步入了老龄社会，与此同时，城市出现了"年轻化"的发展态势。长期以来，我国的城市增长以开发区的新建、旧城的改造和郊区的新城建设为主要发展趋势，城市在快速变迁的过程中越来越"年轻"。这形成了快速的城市人口老龄化和快速的城市空间"年轻化"共同发展的趋势。北京是我国的政治中心，还是一个国际化的大都市，北京的变化和发展更是日新月异，城市人口老龄化和城市空间"年轻化"的状况也渐渐在北京市的发展过程中显现。

（一）社区概况

本文对老年友好社区的探讨，主要选取北京市 H 社区进行分析研究。此社区的老年人口所占比例较大，老年人的年龄在 60～90 岁之间，覆盖了较大的年龄层次，代表性较强。

北京市 H 社区隶属西城区，辖区内有派出所、按摩医院、幼儿园、招待所等 70 余个单位。该社区占地 11.6 平方千米，社区特点是 80％是平房，老房子多、老居民多、老人多。该社区共有 169 个平房院，3 座楼房。总户数为 1 910 户，总人数 4 580 人，常住户数 1 026 户，常住人口 2 684 人，流动人口约 229 人。

（二）社区老年人的需求状况分析

本文以世界卫生组织发表的《老年友好城市指南》为参考，借鉴其对老年友好城市的主题和特征的划分，从八个方面对社区老人在老年友好型社区方面的需

[1] 张阳. 我国城市社区老年友好性研究 [D]. 南京：南京师范大学，2010.

求进行分析。这八个方面包括：室外空间和建筑、交通、住房、社会参与、尊重与包容、就业、信息交流、社区支持与服务。

1. 室外空间和建筑、交通、住房

室外空间和建筑、交通、住房都是外在环境的重要方面，它们对每个人的健康、社会活动等都有着重要的影响。

H 社区作为北京市西城区的一个老社区，80％是平房，该社区共有 169 个平房院，3 座楼房，老房子多。从 H 社区当前的住房、建筑等物理环境状况看，还有在老年友好性方面不足的情况，老年人对于其友好性的需求主要有下面几个方面：

第一，对于室外空间和建筑的需求。

户外空间和建筑作为社区的外部资源，是社区居民的重要活动场所。对老年人而言，因为受其年龄和身体条件的影响，他们的活动范围更多地局限于社区及周边地区，社区内的户外空间和建筑对于老年人的日常休闲活动更为重要。宽敞的通道和户外活动空间、平整的路面、便利的休息场地、完善的健身设施等，都是老年友好型社区对于户外空间和建筑的基本要求。

目前，H 社区内的通行道路被占用现象严重，越来越多的私家车开始出现在社区的街道和胡同内。

> "社区的年轻人买私家车的越来越多，但是我们这种老社区主要以平房为主，还没有专门的停车场，所以大部分的车都停在社区的街道和胡同里。由于小区的胡同本来就窄，再停上几辆车就只能容一人通过了，通行很不方便。"（胡爷爷，79 岁）

> "我老伴经常在三条打乒乓球，我自己以前也会打羽毛球，那时候都是在胡同里玩，但现在的状况已经不允许这样玩儿了，因为胡同里停的都是车，而且经常会有车来回穿梭，根本没有这样的活动场地。因为胡同里停的都是车，如果是这样的话，万一发生火灾的话，救火车也不方便进来，所以存在很多隐患。"（张阿姨，65 岁）

随着社区改建的进行，越来越多的道路被翻修，但仍然有部分道路存在不平整情况。

> "平常小区的道路还可以，而且现在很多沙土路都改成了水泥或者沥青路，出行比以前更加方便了。但是有的路段由于老旧，下雨天很容易积水，像我们这些年纪大的老人出行很不方便。"（刘奶奶，90 岁）

目前 H 社区内的健身设施还不是很充分，而且因故障而搁置的情况还经常存在。

> "我年轻时候就爱打乒乓球，现在年纪大了也经常和小区里几个老人去打打球锻炼锻炼。平常主要到附近公园里去打，像我们这种老小区没有乒乓球台。"（张爷爷，68 岁）

一些娱乐活动场所使用率较低，存在被占用情形。

> "去年年初几个社区的领导商量建了一座社区图书馆，让社区的居民多读读书、看看报，觉得挺好的，里面还有棋牌室、多媒体室等。但是开放了没多久就不开放了，后来就不知道被什么给占用了。"（徐爷爷，70 岁）

第二，对于交通的需求。

由于 H 社区位于北京市的主城区西城区，所以社区附近的公交和地铁都非常便利。但是社区内部的一些道路失修和私家车停靠都对老年人的出行产生了影响，而且社区内专供老人行走的安全通道较为缺少，供乘坐轮椅和行动不便的老人通行的无障碍通道也很少。

> "现在小区的胡同里这么多车停在这儿，对我们老年人通行有很大影响。还有些路不好走，也没有修，我都尽量绕路，但是对那些必须从那儿走的人来说，只能慢慢走过去，或者下雨天尽量不出门。"（李阿姨，60 岁）

> "我这些年身体不太好了，一般很少出门，有时候老伴用轮椅推着我出去转转，不过我们小区有的地方轮椅过不去。"（林阿姨，87 岁）

第三，对于住房的需求。

H 社区的住房都以老北京的传统平房院落为主，老年人大部分都拥有自己的住房，不必为房租等问题而担心。但是，由于此社区的住房都较为陈旧，所以一部分住房的条件较差，且一些住户家中的供水和供暖条件都不太好，这些对于老年人的生活产生了一定的影响。

> "我们都是老北京人，这个院子里生活的都是认识了几十年的老邻居了，房子还可以吧，再说现在的条件也好了，可以装空调等。不过就是太拥挤了，就我们这个院子一共住了八户人家，除了自己房屋内的空间就是院子里的通行的小胡同了。"（蒋爷爷，70 岁）

2. 社会参与

社会参与的需求体现了老年人在社会性活动、娱乐等方面的欲望和期待。社会参与可以使老人更好地融入社会网络，使退休后的老人不会因退休而被社会网络所孤立。同时，一定的社会参与也是老年人健康地生活的有力保障，对于老年人的精神健康和生活质量都有很大的积极作用。

目前 H 社区现有的老年歌唱队、舞蹈队、手工艺制作小组、书法小组等老年兴趣团体，使得该社区的老年人有了很大的社会参与条件，社区老人依据自己的特点和兴趣选择自己喜欢的小组参与其中，不仅使老年人的生活更加丰富，更促进了老人生活质量的提升。

> "我们老年人时间充足，每周周一到周五都有活动，像我参加的歌唱队周二下午活动，还有周五的手工制作小组。另外周末还有主题活动，每周都不一样。而且这些活动都是免费的，我觉得这些活动真的很好，比我们自己待在家什么事没有好多了。"（王奶奶，71 岁）

不过我们也注意到一个现象，在 H 社区现有的活动小组中，参与的成员多以女性为主，男性只占很小的比例，更多的男性老年人都自己相约参加一些活动，而不是参加固定的小组活动。

3. 尊重与包容

对于社区的老人来说，社区的社会文化环境对于老年人的生活质量具有重要的影响。老年人在生活中不仅需要硬件设施和环境的照顾，还需要社区内的人文关怀和认可。老年人由于年龄和身体条件的影响和限制，更需要社区内其他人和社区对于他们的尊重和包容。

社会尊重和社会包容包括家庭成员对老年人的关爱和尊敬，邻里之间的关心和友善，社区内的工作员、服务业的工作员对老年人的耐心和礼貌等，所有这些都是老年友好社区对于老年人的尊重和包容的生动体现。

> "我们这个社区里住的人大部分都是住在这儿几十年了，我们都是很熟悉的了，相互关系都很好。不过也存在有的年纪特别大的老人，不太讨人喜欢，就像我前边住的那个老大姐，今年95岁了，很少有人愿意跟她打交道，事太多。我看她自己一个人住也挺不容易的，经常帮她买个东西、送点什么吃的之类。"（刘奶奶，68 岁）

> "我们社区住的年轻人少，一般就是周末或者假期家里的子女都回来才感觉年轻人多点，但是因为年轻人在这儿待的时间短也都不太认识我们这些老人，但是见着面还是都挺有礼貌的，都主动跟我们打招呼。"（黄爷爷，73岁）

"现在的观念越来越不一样了，以前普遍的想法是认为老人退休了就在家带带孩子、做做饭之类了，哪有说出去参加这个那个的活动。现在不一样了，你退休老是待在家里不出去，孩子们还会说怎么不出去打打球、跳跳舞呢，还经常会问我们社区里有没有什么老年人联欢会呢。"（齐爷爷，70 岁）

4. 就业

对于一些年纪较小的老年人来说，退休之后自己的身体条件还较好，还有较多的精力，所以可以在社区中参加一些力所能及的工作，从而使年轻老年人的积极作用得到充分的发挥。例如，目前在 H 社区中有老年清理队，专门负责社区内的小广告的清理工作。

"我现在刚退休，身体还不错，自己的时间又多，在家待着也挺无聊的，正好社区有这个清理小广告的老年小组，我就报名参加了。这样不仅自己生活得更充实了，有更多的机会跟其他人交流，还能为社区其他人做点贡献。希望社区能够多些这样的机会。"（吴奶奶，57 岁）

5. 信息交流

信息交流是老年人有效获知外界信息和参与社会的非常关键的途径，目前 H 社区的普遍信息交流的方式是居委会工作人员打电话通知、张贴海报和宣传通知、报纸、广播和电视，同时网络也越来越在老年人中变得普遍。

"我们社区有一个宣传栏，社区里有什么活动都会在宣传栏里贴出来，有时候居委会的工作人员还会打电话通知我们。"（于奶奶，72 岁）

"我平常喜欢看报纸，能从报纸上了解一些时事新闻，还有就是每天看新闻联播，我老伴儿喜欢看健康养生的节目，从节目上学到了不少老年人养生的小窍门。"（鞠爷爷，67 岁）

总的来看，H 社区内的老年人基本上都可以获得及时、有用的信息，但是对于网络的使用还不是很普遍。也有的社区老人，特别是孤寡老人对于信息的关注度不高。同时，也偶尔存在社区对信息发布不及时的现象。

6. 社区支持与服务

社区内老年人的日常生活不仅需要家庭的关心和照顾，还需要社区内其他人及社区的支持和帮助。这些社区支持与服务包括专业的健康服务、家庭护理、送餐服务、信息咨询等。

"社区为 80 岁以上的老人提供定期的体检和医疗服务，还会有理发的服务，这些都不用我们自己花钱，是政府出钱。"（陆爷爷，76 岁）

H 社区目前的社区支持与服务主要集中在老年人的健康和医疗方面，支持和服务的领域和范围有待扩大。同时，需要增加适应老人特殊需要的服务活动，提高服务质量。

总的来看，老年人因为年龄和生理条件的特殊性，对于居住空间和社会文化环境有着区别于年轻人的需求，需要有更加便利的居住空间，需要有更加方便的社区公共生活设施和社区人文环境，需要有更加完备的社会支持系统。但是由于我国社会的发展和人口老龄化的发展不太一致，社会发展的很多方面与人口老龄化的迅速发展还不是很适应，社区公共服务设施和支持系统应对人口老龄化的能力还有待改善，所以传统的社区在满足老年人的客观需求方面还存在着不足。在日常生活中，老年人会面临许许多多的困难和问题，这些问题会导致老年人的生命与生活质量的下降，从而又会导致大量老龄问题的产生，如老年人安全、老年人焦虑、老年人孤独、老年人歧视等许多不能够忽视的社会性问题。因此，促进老年友好型社区的建设和发展，建设利于老年人生活的环境，为老年人需要的满足提供更加便利的条件和环境，促进老年人生活质量的改善，是养老事业提升的一项重要举措。

（三）老年友好型社区发展中的社工项目

在社会工作的职业化过程中，社工越来越得到社会的认可和尊重，老年友好型社区的建设和发展为社工提供了一个很好的展示舞台。下面通过对社会工作者在 H 社区开展的"老年友好型社区"项目的介绍，来了解社会工作者在老年友好型社区的建设和发展方面的作用。

1. 项目介绍

"老年友好型社区"项目是以政府为主导，以社区老年人为基础资源，通过社会工作者资源整合的优势，旨在建立体现"政府负责—专业支持—社会资源广泛参与"的社区社会化"自助"养老服务系统。

2013 年 6 月起，北京市西城区某社工事务所与 H 社区建立合作关系，以"服务社区老年群体"为口号，以建立社区内互助为宗旨，共同推行"老年友好型社区"项目，以老年人为基础资源，不仅提供为老服务，而且促进老年人社会功能的有效实现，为社区其他群体服务，做到老有所为，最终形成家庭和谐的、邻里和睦的、中华传统文化氛围浓厚的友好社区。

结合前期多次走访观察和社区工作者访谈情况，社工和社区达成一致，实施了以挖掘社区需求为目的"焦点小组"方案。焦点小组以社区内老年人为小组成员，以主题讨论的方式，让居民能够结合自身情况和社区实际，讨论与社区居民切身相关的利益诉求和改变方案。小组活动让社区居民对社工有一定的认识，也了解到项目为老年人群体服务的初衷，成功挖掘了诸如社区环境改善、老年帮扶、兴趣小组等社区需求，并成功讨论出活动的计划方案。

2. 活动目标

（1）调动居民在社区建设方面参与的积极性，充分挖掘社区需求和资源，调配需求和资源对接，实现社区资源内循环，加快社区内居民的自我治理进程；

（2）把有服务志愿的社区老年人群体动员起来，为有需求的老年人服务，营造社区尊老爱老助老氛围，真正实现社区老年人"老有所为，老有所乐，老有所求，求有所应"，促进老年友好型社区的发展。

3. 项目活动内容

结合 H 社区的实际情况，社工根据前期摸底掌握的资料以及焦点小组开展的成果，拟在社区建立一支"爱在夕阳"助老志愿服务团队。助老项目主要有以下几个方面：

（1）老年帮扶队

第一阶段，宣传招募。在社区内招募有一技之长的居民或是有意愿做志愿服务的辖区商户，建立社区志愿服务资源库。第二阶段，供需匹配。根据资源库的情况，给社区有需要的老年人提供日常生活帮助，比如修理家用电器、水电维修，等等。

（2）孤寡老人探访

在焦点小组组员中筛选合适的人员对社区孤寡老人进行定期探访，帮助孤寡老人解决生活、心理等问题。

（3）兴趣小组和专题小组活动

根据活动进行情况，以及后期收集的社区居民提供的建议，灵活开展兴趣小组和专题小组等活动。

第一，社区进行的老年人兴趣小组种类多，可以很好地满足社区中有不同兴趣的老年人的需要。如以下几个兴趣小组。

①老年合唱队。以组建社区老年合唱队为媒介，开展"歌曲人生"小组活动。运用社工的专业理念和方法，把歌唱和益智健体活动相结合，丰富老年人业余生活，增进和保持身体健康，改善和提高心理情绪健康，促进老年人的社会交际和联系的进一步增强。

②社区手工小组。通过开展制作香皂、花篮等一系列创意新颖、实用性强的手工活动，让老年人手脑并用、强身健脑，后期将根据实际情况开展手工产品的义卖，真正实现老年人的增能。

③技能分享小组。筛选志愿库有技能人员，定期为社区居民开展技能分享讲座，如厨艺分享、家电维护常识等。

第二，开展相关讲座。如开展老年人健康讲座，联系北京急救中心、西城红会等机构专家，为社区老年人开展老年常见疾病预防、老人防跌、老人失智症预防等相关健康讲座。

第三，节假日主题活动。在劳动节、重阳节、国庆节等喜庆节日，开展社区乐融融的"长幼共融"活动，促进社区老年人与青少年之间的互动。另外，可以根据节令安排，开展大型社区主题活动，促进社区共融。

三、老年友好型社区的建设和发展面临的困境和挑战

"老年友好型社区"是以社区老年人为基础资源，通过社会工作者资源整合的专业优势，旨在建立体现"政府负责－专业支持－社会资源广泛参与"的社区"自助"养老服务系统。

与此目标比较，目前"老年友好型社区"的建设和发展还面临一些困境和挑战。

（一）盲目迎合政策要求，忽视社区实际

社区是社会的基本存在形态，城市活动的开展和发展都必须依托城市社区，很多社会政策都是在社区实施和开展的。随着政府对社区养老越来越重视，很多政策对于社区的老年友好性都有很大的促进作用。

但是在老年友好型社区的建设过程中，往往会出现盲目迎合政府政策需求的

现象，活动的开展主要以政策要求为目标，而忽视本社区的实际情况和老年人的实际需求。很多政策的实行以政府的政策号召为目标，只注重对绩效的评估，这样很难制定出符合社区老年人实际需要的措施，也很难对活动的有效性进行正确的评估，不利于老年友好型社区的发展。

（二）资金来源单一，资金支持稳定性不高

老年友好型社区的建设目前还处于初步发展阶段，项目和活动的开展主要依靠政府购买服务的方式，政府投入的资金有限，并且存在着很大的随意性及不稳定性，资金的持续性得不到有效的保证，一旦政府的资金支持出现延迟，很难找到其他的资金支持，因此项目的开展很难得到继续。如果仅仅依靠政府的资金支持，很难保证老年友好型社区建设的持续开展。

（三）社区工作人员素质有待提升，社会工作者专业技能需要提高

老年友好型社区的建设和发展离不开社区全体居民的努力，但其主导力量主要还是社区工作人员，社区项目和活动的开展需要社区居委会等工作人员的积极倡导和配合。但是由于社区居委会等工作人员主要属于行政系统，因此其工作主要以行政性目标为主，再加上专业化、职业化等的限制原因，社区工作人员在老年友好型社区的发展过程中显露出许多不足。

社会工作者作为老年友好型社区建设中的积极力量，同样面临着专业知识需要不断提高的挑战，再加上社区友好性的发展时间不长等原因，需要社会工作者对更多的专业知识有所掌握，并且有更丰富的经验。

（四）志愿者开发不足

不论是政府、社区工作人员还是社工，在老年友好型社区的发展中都有着重要的作用。但是老年友好型社区的建设和发展不能仅仅依靠这些群体的力量，还需要大量的志愿者的贡献。在社区项目和活动的开展过程中，逐渐开发了一些志愿者力量，如中学生帮老助老志愿者、社区年轻老年人志愿者等。但是这些志愿者群体都具有很大的随意性和临时性，志愿性组织发展不足，这样就很难保证志愿性服务的持续性和有效性。

四、针对老年友好型社区建设和发展的建议

老年友好型社区的发展是我国养老体系完善中的关键部分。笔者针对老年友好型社区的建设和发展提出几点建议：

（一）调动多方力量，整合多种资源

老年友好型社区的提出和发展是适应社会和经济的发展和要求的，它的建设和发展需要调动政府、社会工作者、非政府组织、志愿者等多方力量，积极整合多种资源来共同努力。

有法可依是我国老年工作的基础，老年政策法规是老年人合法权益得到保证的基石。尽管目前我国已基本形成了一套包含多个方面内容的老龄政策法规体系，但尚没有专门针对老年友好型社区的政策法规。我国要推进老年友好型社区，制度保障方面就比较缺乏。因此，政府应该围绕社区的老年友好性推进，设立一套政策，包括奖励、优待、责任义务等；对社会的支持行动的推动和鼓励要有所加强；丰富和完善关于社区老年友好性的法规体系。同时，作为老年友好型社区建设的主要资金提供者，政府要提供更稳定的资金支持和保障。

就目前来看，非政府组织在老年友好型社区的建设中介入不多，作为一支拥有重要影响的力量，非政府组织可以在宣传推广、资金支持、志愿服务等方面发挥有效的功能。

（二）因地制宜开展社区老年友好性建设和发展

建设"老年友好型社区"，是在人口老龄化日益严峻的形势下提出的，是一种全新的理念，同时也是一项具有开创性的工作，没有可供遵循的固定的发展模式和评价标准。在老年友好型社区的建设过程中，要根据不同的地区和城市、不同的老年人的不同需求、不同的满意度标准、不同的评价体系等来对老年人对于社区友好性的需求进行评估，并据此制订计划和开展具体的活动。

（三）注重老年人自身的参与，促进老年人作用的发挥

在传统的认识和观念中，老人通常被视为弱势、无用的一个群体，被视为社会的负担，对患有疾病和有身体残障的老人的歧视更加厉害。在老年友好型社区的建设和发展中，我们要摒弃这种对于老年人的歧视和排斥思想，充分认识和调动老年人群体的力量。

在对社区的优势与差距进行评估的时候，老年人自身的体验非常重要。他们会针对改善建议提出自己的想法，并且积极参加项目的具体实施。通过这种全面的方法对老年人的状况有一个全面的了解和掌握，为专家与决策者的分析和决策提供信息支持。在老年友好型城市的建设和发展的过程中，社区的老年人要继续对老年友好型城市的进程进行积极的监督，并起到积极的倡导作用。

（四）加强志愿者服务体系建设

老年友好型社区建设和发展中，除了政府的主导作用和社会工作者的介入之外，广大的志愿者群体也是重要的力量。在老年友好型社区的建设和发展过程中，要加强宣传，使志愿服务的意识深入人心，呼吁社会各界人士参与到志愿服务中去，逐渐建立良好的志愿服务氛围。

五、总结与讨论

老龄化时代的到来，不但是发展水平较高的国家需要面对的问题，也是发展中国家不可回避的问题。我国的养老方式主要是传统的家庭养老和机构养老，同时也日益注重社区在养老方面的作用，社区在老龄化发展和养老事业中的作用越来越重要。"老年友好型社区"的建设和发展是适应老龄化的形势和社区的重要性的发展而逐渐兴起的，同时也是我国养老事业发展中需要努力的重要方面。老年友好城市的建设和发展体现了对于老年群体的生存环境和生活环境的关注，对于老年人社会参与和生活质量的关注，是我国养老事业发展中的重要性举措。

尽管老年友好型社区的建设和发展适应社会和经济的发展需要，适应老人的发展需要，又体现出老人对环境友好性的期待，但老年友好型社区的意识目前还没有全面渗透，老年友好型社区的发展仍然处于探索阶段。老年友好型社区的建

设和发展，不仅是一项造福老年人群体的工作，也会惠及所有的社会成员；不仅对解决现在社会的老龄化问题有重要的作用，也将会对未来的养老事业和社会、经济的发展提供巨大的帮助。因此，政府应该促进老年友好型社区的制度创新，同时在政府的倡导和支持下，社会工作者应该积极搜集国内外的相关经验和措施，积极介入社区友好性建设，并充分调动多方力量，整合多种资源，以此不断推动老年友好型社区建设，通过政府、社会工作者、社区力量和社会力量的积极配合和通力合作，促进老年友好型社区的建设和发展进入新的阶段。

参考文献

［1］包福存，邱云慧. 老年社会工作研究综述［J］. 重庆文理学院学报，2010.

［2］北京市老龄工作委员会办公室. 北京市2012年老年人口信息和老龄事业发展状况报告［R］. 2013.

［3］康越. 香港长者友善社区建设及经验简析［J］. 北京行政学院学报，2014.

［4］李鸿烈. 老年居住环境设计研究［D］. 重庆：重庆大学，2002.

［5］李韧. 老年人社会参与的意义［J］. 学术探索，1999.

［6］李祥专. 人口老龄化下我国老年社会工作的困境与出路［J］. 社会工作实务研究，2010 (5).

［7］马玉卓. 老龄化背景下老年友好社区的探析——以济南市三个社区为例［D］. 济南：山东大学，2011.

［8］左学金. 人口老龄化与老年友好城市［N］. 中国人口报，2014-07-14.

本土社会工作介入农村留守儿童问题研究
——以山东省泗水县 A 村为例

方　瑞

引言：留守儿童问题的背景

"留守儿童并不是中国本土化的问题，而是一些中美洲国家和亚洲国家普遍存在的问题。在发展中国家和地区，以寻求经济收入为动因的大规模人口迁移和流动使留守儿童问题成为这些国家面临的共同议题。"[1]

进入 21 世纪，在社会转型过程中，随着现代化、城镇化进程的不断加快，农村适龄劳动人口大规模向城市转移，这些劳动力在为国家经济发展和家庭生活做出贡献的同时，受到政策、体制机制和工作性质的制约，无法保证子女在迁入地接受教育，导致农村留守儿童群体的出现。随着社会转型与体制改革滞后之间的矛盾日益激化，城乡发展不协调日益凸显，农村留守儿童开始面临各种各样的问题，最终演化成为一个社会问题。留守儿童问题的表现形式多样化，因此，引发留守儿童问题的因素不是单一的，而是政治、经济、社会和文化诸多因素相互作用的结果，例如家庭功能弱化、教育政策向城市倾斜、家长缺乏对子女的关爱以及留守儿童自身原因等。从实质上来看，农村留守儿童问题是三农问题的一个表现，一方面反映了当前我国城乡发展不协调、社会转型与体制改革不协调的现状，另一方面其问题自身的复杂性也决定了农村留守儿

---

[1]　叶敬忠，潘璐. 别样童年——中国农村留守儿童［M］. 北京：社会科学文献出版社，2008：42.

童问题将长期存在，需要国家、社会、社区、家庭和个人共同努力来应对和解决。

一、概念界定

（一）农村留守儿童

媒体、专家学者一致认为，一张1994年在名为《瞭望》的期刊中发表题为《留守儿童》的文章中首次提出"留守儿童"概念，一张将留守儿童定义为父母长期在海外学习、打工，自己生活在国内，由祖父母或外公外婆照顾的儿童[1]。随后，社会各界对农村留守儿童进行了多种定义，除了就父母双方或一方外出务工、儿童仍然居住在农村这两个特征达成共识外，关于父母外出时间和儿童年龄的规定则各有说辞。本文所讨论的农村留守儿童概念具有三个特征：①父母双方或一方外出务工；②外出务工时间不少于一个月；③儿童在农村居住和生活；④正在读小学的儿童。

（二）专业社会工作

社会工作作为一种科学的助人方法，诞生于19世纪末、20世纪初的欧美国家。美国O. William Farley等人指出，关于社会工作的定义，历史上使用最多的是1959年由社会工作教育委员会资助的课程研究中所提出的概念界定，即社会工作的目的在于通过组织一些能够促进人与环境互动的个案或小组活动，来提升个人的社会能力。这些活动具有三大功能：恢复受损能力；提供个人和社会资源；预防社会功能障碍[2]。

国内学者王思斌针对我国的经济社会发展特点提出当前社会工作的一般性定义，即"社会工作是以利他主义为指导，以科学的知识为基础，运用科学的方法进行的助人服务活动。专业社会工作是受过社会工作专业培训的人员，遵照社会

---

[1] 一张. 留守儿童 [J]. 瞭望新闻周刊，1994（45）：37.

[2] O. William Farley，Larry Lorenzo Smith. Introduction to Social Work [M]. 10版. 上海：华东理工大学出版社，2005：5-15.

工作的价值观，采用社会工作专业方法进行的服务"[1]。

（三）本土社会工作

本土社会工作是笔者在理论分析和实践探索的基础上提出的新概念。从 20 世纪八九十年代到如今，我国国内曾有过普通社会工作、实际社会工作、本土社会工作和农村社会工作的概念。普通社会工作出现于计划经济时代，基本上不属于现代意义上的社会工作；实际社会工作具有行政性和半专业性，大多由国家行政干部来负责，半专业性体现在他们将政策或本部门的工作方法作为开展工作的依据；本土社会工作与西方的专业社会工作概念相对应，它在专业社会工作传入本地前就已经存在，具有专业社会工作的某些特征；农村社会工作的主要承担者是专业社会工作者和政府或准政府农村工作者，服务指向农村及村民，以社会工作最基本的专业伦理为根本，目的是缓和紧张的干群关系，通过个案、小组、社区等专业方法，以及服务提供者、政策影响人、支持者、资源获取者等专业角色满足村民的需求，帮助村民解决实际问题，增强村民个人及社区能力，维护农村社会稳定和经济发展[2]。

二、理论基础

（一）社会支持理论

社会支持理论诞生于西方，在这一理论的发展脉络中，主要包括三个维度：支持者与被支持者的互动行为；社会支持的内容与支持的功能；社会支持的结构[3]。本文主要参考第二个维度的观点，其代表人物为威廉（William）。社会支持在每个个体的成长中发挥着重要的作用，从微观层面来看，它可以满足一个人的基本需要，如马斯洛需要层次理论中提到的生理需要、安全需要、归属和爱的需要、尊重的需要，等等，它甚至可以帮助个人达到自我实现的目标。在生活中，为个体提供社会支持的人通常是一些重要的他人，如父母、兄弟姐妹、同

---

[1] 王思斌. 社会工作概论 [M]. 2 版. 北京：高等教育出版社，2006：12.

[2] 张和清. 全球化背景下中国农村问题与农村社会工作 [J]. 社会科学战线，2012（8）.

[3] 文军，吴同，等. 西方社会工作理论 [M]. 北京：高等教育出版社，2013：202-212.

学或朋友、其他亲属、老师等。威廉（William）等人将社会支持分为情感支持、信息支持、物质支持和陪伴支持四类，这里需要具体解释的是信息支持的含义，它是指有助于他人解决问题的建议或指导。

社会支持理论启示我们在介入农村留守儿童问题、倡导和发展本土社会工作时，应特别关注每个儿童的社会支持网络状况，着重从亲子沟通、师生及同伴关系、社区村民、社会等方面运用和改善他们的社会支持网络，使之能够满足农村留守儿童的需要，解决已有问题，同时预防新问题的产生。

（二）儒家文化与社会工作本土化的契合

1. 儒家文化的"仁学"思想与社会工作的社会福利思想相契合

在儒家文化的思想体系里，以仁爱为核心价值的"仁学"蕴含着丰富的社会福利思想，儒家伦理以及民间的助人理念是中国早期福利思想的发端[1]68-70。孔子的"仁爱"思想一方面强调执政者对于民众生活得到基本保障的责任，另一方面又通过"不患寡而患不均，不患贫而患不安"（《论语·李氏》）表达对于公平和正义的追求，民间贫富差距过于悬殊，社会稳定便有可能被破坏，发生动荡。

2. 儒家文化的"人本"思想与社会工作的价值理念相契合

在儒家文化的"人本"思想体系中，包含了很多对于人的尊重及家庭、社会关系解释的积极元素，而且社会工作所强调的人的权利与义务是可以得到非常合理的解释的[1]71-82。最具有代表性的当属孟子这一句"民为贵，社稷次之，君为轻"（《孟子·尽天下》）。这个理念告诉我们，老百姓是最宝贵的，老百姓的利益是至高无上的，国家的权力归根结底是人民所赋予的，国家的利益应当是人民的根本利益的代表，国家应该保护民众的权利和利益不受侵害，为君者应当认真听取民众的意见，自觉接受民众的监督，关心民生疾苦，与民同乐。此外，孟子又说："尽其心者，知其性也。知其性，则知天矣。存其心，养其性，所以事天也。夭寿不贰，修身以俟之，所以立命也。"（《孟子·尽心章句上》）这段话的原意大概是说尽自己的善心，就是觉悟到了自己的本性。觉悟到了自己的本性，就是懂得了天命。保存自己的善心，养护自己的本性，以此来对待天命。不论寿命是长是短都不改变态度，只是修身养性等待天命，这就是确立正常命运的方法。其

---

[1] 黄耀明. 社会工作本土化与中国传统文化 [M]. 北京：社会科学出版社，2012.

实，它不仅鼓励人们修身养性，而且折射出个体在享受权利的同时也要履行自己的义务的道理，这样，才能使人与社会之间和谐发展，使社会安定有序。

3. 儒家文化的道德观念与社会工作的道德操守和伦理规范相契合

社会工作最早诞生于西方发达国家，他们已经具备完善的社会工作道德操守和伦理规范。我国社会工作发展起步较晚，目前还没有建立本土的道德操守和伦理规范，但早在春秋战国时期盛行的儒家思想中蕴含了西方国家社会工作中提倡的道德操守和伦理规范。孔孟关于仁、义的价值和仁政学说，充满了对于民众特别是处于不利地位的弱势者的关怀，赋予民众基本的权利，追求社会公平与正义，主张通过礼仪教化和规范维护社会稳定。此外，从政者要肩负敬业、忠诚、廉洁、守信等伦理责任。因此，毋庸置疑，儒家文化的道德观念与社会工作的道德操守和伦理规范不无契合之处。

三、本土社会工作介入农村留守儿童问题的空间和必要性分析

（一）本土社会工作切入点：对农村留守儿童问题的定位

从宏观层面上来看，现今的农村留守儿童伴随改革开放、社会转型、城市化迅速发展的经济社会背景而产生，他们作为农民的未来、中国的未来、民族的未来，是人类进步和发展的希望，他们面临的问题是国家和政府必须高度重视的社会问题。在城乡二元社会结构和教育体制下，农村剩余劳动力在向城镇转移的过程中矛盾与冲突频现，而农村留守儿童面临的各种问题正是这些矛盾与冲突的突出表现。这是社会转型期国家政策和制度失范、缺位状态的折射，无法通过农民工个人和家庭的力量来应对。从这一层面来看，"要从根本上解决农村留守儿童的问题，除了需要社会各界对于农村留守儿童的人文关怀之外，尤其需要国家对于整个农民工阶层的制度化关怀"[1]。从中观层面看，农村留守儿童在农村中生活、学习，其代理监护人大部分为爷爷奶奶或外公外婆，是农村社会中的两大弱势群体，除了得到国家和政府的关注和保护外，也应该受助于社区和全体村民。换句话来说，农村留守儿童问题应该被看作是乡村建设和治理过程中需要大家齐心协力共同来解决的公共事务方面的难题。

---

[1] 佘凌. 留守经历与农村儿童发展：家庭与社会化的视角［M］. 上海：上海科学出版社，2013：43.

众所周知，国家和政府在应对农村留守儿童问题方面做出了相当大的努力，如立法保护留守儿童合法权益，建立留守儿童基金，给予留守儿童政策、制度上的保障等，但长期形成的城乡二元结构及由此衍生的制度、法规、政策等不可能在短期内得到改变，因此，留守儿童问题将长期存在，未来的留守儿童工作艰难而复杂。于是，政府制度改革的困境以及农村留守儿童问题的长期性、复杂性和迫切性要求农村自身采取行动，缓解留守儿童在村中可能面临的问题，为政府的政策和制度失范、缺位提供补充。其实，这也就为本土社会工作的发展提出了要求。

（二）本土社会工作介入背景：传统乡村社会结构的解体

"传统的中国从其延续的稳定性来看，似乎达到了一定的平衡。当中国开始和有着工业优势的西方强国打交道时，这种平衡就被打破了。"[1]事实上，平衡的打破就意味着中国传统社会结构从此开始发生变化。西方现代工业影响的侵入迫使国家为了生存而顺应国际潮流，采取加强国家政权建设的应对策略，持续将政权扩张和下渗到农村，而首当其冲受到威胁的必定是传统乡村社会间接治理机制。我们知道，费老的研究揭示了绅士在间接治理机制中的作用，他们是一个既区别于官员又区别于普通民众的特殊阶层。朱新山在研究中指出，绅士在乡村建立起象征资本，积极参与社区公共活动的组织，提供社区保护所需的庇护关系，承担起社区秩序和社区凝聚的公共责任。绅士借助自治机制，填补了县衙与农户之间治理上的真空，成为官民中介，既是官治民的工具，又是民对付官的代表。可以说，绅士阶层是间接治理者。然而，现代工业迫使大量绅士向城市外流。[2]

从各方学者的讨论中我们可以总结出传统社会结构变化的一些影响：①乡村社会间接治理机制消失；②"守望相助"、"同族相恤"的理念受到冲击，城乡文化疏离，乡村社区丧失凝聚力；③农村日益凋敝，传统村社涣散解体，农民生活贫困化日益加剧。虽然在 20 世纪下半叶共产党夺取政权后对中国传统社会结构进行了彻底改造，新世纪基层群众自治组织不断发展壮大，但在现代化的侵蚀下，乡村传统文化以及社区凝聚力想要恢复到以前可以说是难之又难。

我们在访问村书记的时候，他在访谈中也提到：

---

[1] 费孝通. 中国绅士 [M]. 北京：中国社会科学出版社，2006：124.

[2] 朱新山. 试论传统乡村社会结构及其解体 [J]. 上海大学学报，2010，9 (5)：36-42.

记得在 80 年代初，我爸爸是村书记，村里主要种植桃树，为了找到更好的销路，我爸爸带着村里一部分代表到东北谈合作，没想到一下就谈成了，全村人都从中受益。那个时候，生产小组还在，大家很团结，邻里互帮互助，村委会工作也好开展。从 80 年代末实行家庭联产承包制后，各家忙各家的，地少的困难人家最初是男人外出打工，后来，听说出去的人赚的钱更多，一些妇女抛下孩子不管也出去打工。慢慢地，村里的年轻人越来越少，老人和孩子越来越多。如今，村干部的工作不好干了，村民各过各的，忙着挣钱，谁也不过问村集体的事情，需要大家付出的时候都是躲着绕着走，但一到关于分钱、补贴的事，你争我抢，互不相让，更别说守望相助了，就算帮忙也要收钱。现在村书记和主任是"单肩挑"，所有的事情基本上都是我一个人来管，有时候也很想细细了解村民的具体情况，想把大家聚集起来做实事儿，但实在是忙不过来啊，我也有自己的地要种，而且上面政府安排的事情也很多。说实话，我也不想看到今天这个样子，没人打扫卫生，村里路烂了也没人愿意出资出力修。

传统乡村社会结构的解体对农村造成的负面影响已根深蒂固，在村委会干部力不从心的如今，迫切需要一支本土社会工作队伍协助村委共同承担起基层群众自治的重任，在专业社会工作的帮助下掌握一套本土的工作理念、方法和技巧，恢复传统文化，并一代代发扬和传承下去，将传统文化融入到本土社会工作中，增强村民之间的凝聚力，为留守儿童营造一个和谐、温暖、健康的社区环境，引导村民主动参与到村集体的公共事务中，共同寻找致富的出路，齐心合力解决村里的留守儿童、空巢老人等问题。

（三）本土社会工作介入机遇：政府职能转变

20 世纪 80 年代，在国内掀起了关于"小政府，大社会"执政理念的热烈讨论，与此同时，国家也开始提倡政府职能转变。政府简政放权，在社会活动中弱化政府的职能，政府由管得"宽"逐步过渡到管得"窄"，充分发挥市场和社会组织的自我调节、自我管理能力。胡锦涛在党的十八大报告中强调："行政体制改革是推动上层建筑适应经济基础的必然要求。要按照建立中国特色社会主义行政体制目标，深入推进政企分开、政资分开、政事分开、政社分开，建设职能科学、结构优化、廉洁高效、人民满意的服务型政府。"政府旨在通过行政体制改革从具体的事务性工作中抽身出来，把更多的精力投入到加强和改善宏观管理方面，例如，加强政府经济调节和市场监管职能，强化政府公共服务职能和社会管理职能等。在职能转变过程中，政府自己扮演裁判员，由社会组织和民间力量来充当运动员。

我们可以从中看出，政府职能转变为社会组织以及民间力量创造了巨大的发展空间。目前，我国社会组织规模空前壮大，据民政部发布的 2013 年社会服务发展统计公报数据显示，截至 2013 年年底，全国共有社会组织（包括社会团体、基金会和民办非企业单位）54.7 万个，基层群众自治组织共计 68.3 万个，这些组织主动承担起社会责任，为广大人民群众提供了广泛、全面的社会服务，帮助弱势群体摆脱困境，解决转型期出现的各种社会问题，在一定程度上减轻了政府的负担。如此一来，本土社会工作作为民间的一股力量，也存在着一定的发展空间和发挥社会服务职能的机会，争取政府的支持势在必得。

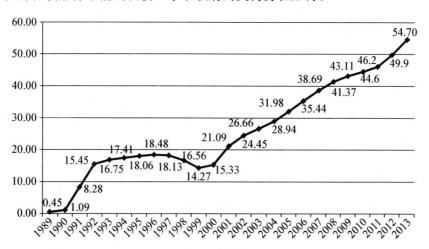

图 1　1989—2013 年全国社会组织数量变化情况（单位：万个）

来源：民政部社会服务发展统计公报 2009、2010、2011、2012、2013，中国社会组织网。

我们在与镇长讨论三事分流（实践案例中运用的一种创新乡村社会治理理念）的治理理念时，镇长曾经这样说道：

现在，社会治理面临着两个大的问题：一是干群矛盾不断激化，二是基层群众自治组织名存实亡，没有真正发挥作用。我们镇政府附近几个村的村民经常到镇里上访告状，抱怨村干部不管事儿或者是处理事情不公平。我们有时候也很为难，村干部确实很忙，而且有事想组织村民开会经常组织不起来。另外，有些事，你比如说子女不孝、夫妻吵架等小事也要我们来处理，感觉负担很重。你们这个理念很好，充分调动村民参与公共事务，协助村委将一些问题在本社区内解决，私事在家里解决，这样的话不仅可以缓解干群矛盾，而且减轻了村委和镇里的负担，能有更多的精力去为村民办大事。其实村民们都很善良，而且有的也读过书，很有想法，只是他们需要有人去带动。你们已经在很多地方做出了成效，说明科学、可行。

（四）本土社会工作介入需要：专业社会工作人才队伍建设困境重重

社会转型期不断出现的社会问题以及日益增多的弱势群体对于服务的迫切需求使得国家将加强社会工作专业人才队伍建设提上了规划议程，各高校承担着培养高水平社工人才的教育重任，在专业人才队伍建设中发挥着不可忽视的作用。据柳拯等在文章中提到的数据显示，2012 年，全国有 258 所高校开设了社会工作本科专业，60 多所高校举办了大专层次的社会工作职业教育，还有 60 所高校和科研院所开展了社会工作硕士专业学位教育，甚至一些高校在探索举办社会工作博士层次的教育[1]。想必到现在，开设社会工作专业的学校与 2012 年相比应该增加了不少。但是，在我国专业社会工作人才队伍建设仍困境重重：①社会工作人才供不应求。社会工作人才总量本来就小，再加上每年只有不到 30％的毕业生从事社会服务工作，而这些社会工作者愿意到农村工作的就更少了。②社会工作人才社会认同度低，工作待遇差，流失速度快，流失比例大。③社会工作人才专业素质低，倪莉莉在研究中提到"2012 年全国助理社工师和社会工作师的总人数约为54 000 人，大部分实际从事社会工作的人没有受过专业训练，也没有资格证书"[2]。

四、本土社会工作介入农村留守儿童问题的思考与反思

（一）政府和非政府组织互动关系中的支持与交代

中国在改革开放以前，由于权力和资源的高度集中垄断，结果造成了一种国家在上、社会在下，政府在上、非政府组织在下，干部在上、群众在下的社会情

---

[1] 柳拯，黄胜伟，等. 中国社会工作本土化发展现状与前景 [J]. 广东工业大学学报（社会科学版），2012 (4)：5-16.

[2] 倪莉莉. 我国社会工作人才队伍建设中存在的问题与对策——基于优势视角的分析 [J]. 哈尔滨市委党校学报，2014，1 (91)：91-95.

境[1]。在这种情境下，政府与非政府组织之间的互动表现出明显的依附性，非政府组织在政府的命令、掌控和干预下开展服务工作，在行动上缺乏独立性，他们更多的代表政府的意愿和利益。20世纪末，政府职能转变以来，非政府组织拥有了更多、更广阔的自由发挥的空间，二者之间的互动摆脱了曾经的依附性和隶属关系，逐渐凸显出相互合作、相互尊重的特性。本文中的政府是指县政府、镇政府和村委，非政府组织指服务的提供方（以下简称为机构）。笔者认为，在本土社会工作实践中，政府与机构之间应在互动过程中建立一种支持与交代的关系。

1. 政府对机构的支持

山东省泗水县县委书记在访谈中谈到：

> 我们县在山东算是比较贫困的县，一直以来，我们都在努力探索一条改善农民经济和生活条件的出路，但是，到目前为止成效并不大。倒是县里××乡镇有一大特色，就是尼山圣源书院，由一批高校教师志愿为青少年开设儒学教育课堂，发扬儒家思想和中国传统文化。后来，这些教师每月在各村中为村民开设儒学讲堂，希望能由此恢复乡村传统文化，并且培养村民传承和发扬传统文化的意识和能力。我深刻认识到他们所做的一切对于我县乡村文化建设的重要意义，但是我从来没有想到乡村传统文化对于创新社会治理、改善村民经济生活条件，甚至是解决社会问题能发挥不可忽视的作用。一次偶然的机会，我与尼山圣源书院某院长相识，他告诉我一个民间公益组织想要与县政府合作为我们提供专业化社会服务，他们是专门做乡村社会治理实践的，其模式是将乡村传统文化（乡村儒学）与乡村治理相结合，一来可以恢复乡村传统文化，培养村民发扬和传承乡村传统文化的意识和能力；二来可以发展以乡村儒学为主题的乡村旅游业，改善村民经济生活条件；三来有利于社会创新治理，激发村民参与公共事务的积极性和互助意识，共同解决农村留守儿童问题。

> 这对我来说吸引力很大，但县政府从来没有同民间公益组织合作过，在资金方面还是相对比较保守。于是，我告诉机构主任，我非常欢迎他们的介入，县政府愿意暂时给予他们两方面的支持。第一，给予舆论上的支持。虽然在这个相对落后的县城，大家都很少接触或听说民间公益组织以及社会工

---

　　[1] 范明林，程金. 城市社区建设中政府与非政府组织互动关系的建立和演变[J]. 社会，2005，5（243）：118-142.

作服务，但是，我们还是会在各个场合尽可能地宣传机构社会工作服务的宗旨和意义，希望大家能给予关注和支持。第二，为社会工作者提供所需的背景资料。至于主任提到的由政府购买他们的服务，我在前面也说过，政府在这方面比较保守，我们希望先看到成果，然后一次性购买，在其他村同时开展服务。

虽然政府没有就购买服务与机构达成书面协议，但主任和社会工作者们也感受到了政府的支持和重视，感受到了他们对服务的需求。因此，就算暂时由机构出资也是能理解的。机构主任这样说道：

"记得当初我们准备进行前期调研的时候，县委书记亲自带我们与××镇镇长见面，介绍说明我们的来历，并且嘱咐镇长以后要全力支持和配合我们的工作。随后，他们又一起陪同我们对其中的几个村庄进行实地考察和调研，为我们同各村书记、村民之间的沟通和交流搭建了良好的桥梁，同时也为我们日后进入村内开展工作打下了扎实的基础。虽然现在还没有签订任何协议书，但作为拥有十多年乡村社会治理实践经验的组织，我坚信一定能在试点村做出成效，以赢得县政府的认可。"

"其实，作为一名社工，我也亲身参与了在这个村的实践，并且切身体会到了各方对我们的支持和重视。在开展工作时，县委书记和镇长经常会在电话中询问我们在生活和工作中是否遇到了困难，需要他们提供什么样的帮助。村书记主动与村民协调，为我们社会工作者腾出房间和办公用地，提供做饭用的灶具和床上用品等；协助我们进行入户访谈；出席每次活动，并且对活动的内容和效果提供各种意见和建议，对我们的工作给予大力支持。当地一所小学的校长对我们也是充满热情，主动向我们介绍学校留守儿童的相关情况，尽最大努力为我们提供开展活动所需要的硬件设备，有时还向我们表达他作为校长的一点点期望和心愿，以寻求帮助。"

2. 机构对政府的交代

虽然没有签订协议，政府也没有明确向我们提出约束性的规定加以干涉，关于如何开展工作交由机构自行考虑，但恰恰是这种自主性提醒我们作为服务的提供者，必须自觉保证服务的质量；作为"外来者"，我们必须主动接受政府的监督；作为民间公益组织，我们必须牢记自己的使命和宗旨：①保证服务提供的质量；②与当地政府保持友好的合作关系，尊重当地政府的决策；③在开展工作时严禁采取对服务对象以及当地政府不利、容易激化新的矛盾的行动。

记得在成立互助会后，我们协助互助会成员制定组织内部管理制度时，大家就互助会成员享有的权利和应履行的义务以及是否给予其成员一定的补贴意见不统一，村书记也无法做决定。后来，在镇长的建议下，我们将初步讨论方案向县委书记汇报，说明大家的不同意见，从而征求县委书记的决定。县委书记拿到方案后，根据当地政府的相关政策和规定以及近年来农村发展情况和特征，最终帮助我们做出了较合理的决定，该决定经公示后得到了互助会成员和其他村民的认同。此外，在一次联席会上，镇长在讲话中提到：

"三位社会工作者交代工作做得很到位，他们主动向政府提交调研报告和工作总结，定期向政府汇报工作进展以及未来工作计划，反映工作中的一些问题和困难，有时在涉及重大决策时征求我们的意见和建议，比如说，上次关于制定互助会组织内部管理制度，大家意见不统一，三位社工依次向村书记、我以及县委书记征求意见和建议，请求我们能做出决定。当时的争论确实涉及了关于政府的规定，但也不是说作为政府一定要监督和干涉你们的工作，你们可以自由安排相关工作和活动，在一些事务上也可以自主做决定。"

（二）专业社工在发展本土社会工作中的角色

培育者（服务提供者）：专业社会工作者在机构的安排下，主动进入农村社区，了解社区政治、经济、文化、人文背景，结合当地实际情况在社区村民中培育一支本土社会工作队伍，组织培训本土社会工作者学习专业理念、方法和技巧，并且将其本土化，协助其建立队伍内部管理制度。与他们一起探讨村内留守儿童问题，以及其他需要解决的问题，引导他们学习如何通过类似于专业社会工作个案、小组和社区工作方法帮助解决留守儿童问题；如何增强社区凝聚力，加强社区与学校之间的联系，为留守儿童营造一个互助互爱、温暖和谐的学习、生活环境，在情感上给予支持；如何挖掘社区优势资源，充分发挥好村民与村委之间的桥梁作用，等等。

支持者：支持和鼓励本土社会工作者自主决策，独立组织村民开展日常活动，社工不过多干预，在必要的时候提供参考性建议。社会工作者应该成为服务对象积极反应的支持者、鼓励者，并应尽量创造条件使服务对象自立或自我发展。

陪伴者：陪伴本土社会工作队伍成立、发展到渐渐成熟。

（三）本土社会工作者的角色

倡导者：倡导全体村民参与到社区集体事务中，参与决策；倡导社区民主，向村委反映村民意见；倡导村民共同关爱农村留守儿童，将留守儿童问题视为社区内共同的问题，讨论并解决社区内其他问题；倡导村民一起努力学习、重建、传承本土文化。

组织管理者：本土社会工作队伍内部建立管理制度，保证日常工作顺利开展。

沟通者：定期与村民沟通、交谈，了解村民近期状况，收集村民对本土社会工作队伍以及村委工作的意见和看法，观察留守儿童心理、生活和学习情况。

政策影响者：在开展工作过程中，本土社会工作者如果了解到社会政策层面存在的问题，如社会资源分配不合理、困难群体被忽视等，他们会本着公平正义的信念，向村委反映情况，以充分的资料和具体的目标来争取政府的了解和支持，最终促成社会政策的变革。

协调者：本土社会工作者应该是村民与村委之间的桥梁。做一个协调者，消除村民与村委之间的误会和矛盾，重建村民对村委的信任，构建畅通的沟通渠道。同时，调解社区内部村民与村民之间的矛盾，促进人际关系和谐。

（四）村民、本土社会工作者、村委会三者之间的关系

在成立本土社会工作队伍以前，村委与村民之间是一对多的关系，村委往往绞尽脑汁做好事儿到头来还不讨好，无法照顾到每个村民的利益，也没有空闲去处理一些细小的事情，经常引发不必要的冲突、矛盾。队伍成立后，本土社会工作者成为村民与村委之间的桥梁，他们是村民选举出来的代表，是村民意见的传达者，同时也是村委的协助者。在三事分流中，村民有义务参与社区公共事务，有义务处理好个人、家庭中的问题；本土社会工作者有义务组织村民解决应该在社区内解决的问题；村委有义务做好同政府的沟通工作，代表社区从外界争取资源，以及对本土社会工作的支持和监督。

五、总结

笔者在前面曾论述发展本土社会工作的空间和必要性，而通过这个案例则再次说明本土社会工作在激活、传承传统文化、增强社区凝聚力、创新农村社会治理、解决农村留守儿童问题中的功能和作用，本土社会工作者是社区的倡导者，是留守儿童服务的提供者，是村民利益的忠实代表。

农村留守儿童问题的长期性、艰难性和复杂性决定了留守儿童服务可持续性的决定作用，长期为所有留守儿童营造和谐温暖的家庭和社区环境，保证其享受充实、平等的童年教育，养成良好的学习和行为习惯，人身安全不受侵害，一方面离不开政府的政策和资金支持，另一方面关键在于本土社会工作的发展，这是一条能使更大规模的农村留守儿童长期受益的出路。各地区在政治、经济、文化、社会、资源等方面存在差异，其留守儿童问题的特征和成因也都有其特殊性，各地本土社会工作者可以根据当地的特点，创造一种适合当地情况的服务模式，为留守儿童提供帮助。

然而，本土社会工作的发展必须依靠专业社工的倡导、培育和陪伴，在农村整体参与意识薄弱的现实背景下，本土社会工作只能处于被动地位，而专业社工则需要依靠民间社会组织的力量，与政府合作，主动介入农村社区，培育一支本土社会工作者队伍，促进当地本土社会工作的发展。希望县级（包含）以上政府能学习民政部、财政部关于《政府购买社会工作服务的指导意见》精神，充分认识政府购买社会工作服务的重要性与紧迫性，加大经费投入，积极购买能为当地培育本土社会工作者、促进本土社会工作发展做贡献的专业社会工作服务。至于政府是否需要购买本土社会工作服务，即本土社会工作者是零报酬的志愿者，还是享受政府一定补贴，笔者需要在以后的实践中继续探索。

总而言之，笔者认为，发展本土社会工作是有效解决农村留守儿童问题的一条重要的出路，它充分利用政府、民间社会组织、专业社工的资源，与整合当地优势资源和传统文化相结合，成为未来创新农村社会治理、解决农村社会问题的一支主力军。本文所提到的都是笔者初步的观点，希望日后能在实践中不断总结出发展本土社会工作的成熟经验供政府和社会各界人士参考，也欢迎各位专家学者和同行人士针对笔者的观点提出意见和建议。

以优秀传统建筑文化丰富新型城镇化道路

冯清宇[1]

国务院总理李克强指出："推进以人为核心的新型城镇化。健全城乡发展一体化体制机制，坚持走以人为本、四化同步、优化布局、生态文明、传承文化的新型城镇化道路，遵循发展规律，积极稳妥推进，着力提升质量。"[2]重点提到了传承传统文化的重要性。传统文化包括精神文化和物质文化两个方面，而优秀传统建筑文化作为一个载体，既具有物质文化的基因，也具有精神文化的内涵。因此，在新型城镇化的建设上，优秀传统建筑文化将扮演重要角色。

一、新型城镇化与传承优秀传统建筑文化之间的内在关联

（一）优秀传统建筑文化在新型城镇化中具有高价值

优秀传统建筑作为民族特色文化的一个载体，是具有一定代表性、富有地方特色的建筑，具有较高的价值：①实用价值。建筑的实用性主要体现在居住和生活两个方面。既是满足人们生产生活实际所需遮风避雨的庇护所，也是人们心理、伦理、宗教、审美等精神生活的需要，具有极高的实用和使用价值。②艺术价值。传统建筑是一种优秀的文化产物，是传统思想乃至文化艺术的缩影。其艺

---

[1] 解放军总参谋部参谋，国防大学博士。
[2] 李克强《2014年全国两会政府工作报告》中的"2014年工作重点"。

术价值的特点表现在其社会功能性及建筑工艺上，以环境艺术、人文艺术和装饰艺术体现出来。③历史价值。优秀传统建筑作为一种最基本的地域性文化，它代表了一个地区的建筑文化风格，是民族地区的代表性元素及本地区传统文化发展的脉线。④旅游价值。旅游价值离不开历史文化价值，地域性民族特色建筑作为传统文化的现实反映，遵循着美学法则，有着极高的旅游价值，是重要的旅游观光资源。

（二）新型城镇化为弘扬优秀传统建筑文化带来新契机

新型城镇化的"新"就是由过去片面注重追求城市规模扩大、空间扩张，改变为以提升城市的文化、公共服务等内涵为中心，使城镇成为具有较高品质的适宜人居之所。新型城镇化推动城乡居民生活水平显著提高，带动文化需求快速增长，满足城乡居民日益增长的文化需求，这成为弘扬优秀民族文化的重要基础和依托。基础设施的改善、交通的便利、产业规模的扩大、收入的提高、新媒体的发展等，都为弘扬优秀民族文化搭建了新平台，促进了优秀民族文化的交流与传播，也推动了优秀民族文化的时代化、大众化。因此，保护、继承与发展优秀传统建筑文化，彰显民族特色，已成为新型城镇化的题中应有之义。

（三）优秀传统建筑文化产业为推进新型城镇化提供原动力

产业发展是新型城镇化的物质支撑，围绕传统文化发展文化创意、文化生态旅游等优势产业，能够为新型城镇化提供原动力。对优秀传统建筑进行旅游开发是一个资源置换的过程，依托民族文化和自然景观开发特色景区景点，发展历史文化旅游和生态观光旅游，不仅可以直接推动民族地区经济发展，带来经济效益，满足大城市游客"返古"与"回归"的心理需求，还可以改善城镇基础设施条件和公共服务，为历史文化景观、自然生态环境保护提供物质基础，又以旅游收入进一步保护、传承优秀建筑文化。

二、新型城镇化与继承优秀传统建筑文化之间存在的问题

（一）政府、社会和民众认知度低，保护观念不强

随着我国经济的快速发展，城镇化步伐明显加快，但在相当一段时间及一些

落后的地区，城市化进程中对文化资源保护意识不强、保护水平不高、保护后使用不当等问题十分突出，致使不可再生的历史文化资源迅速流失、传承悠远的历史文脉被粗暴割裂、千姿百态的城市个性逐渐减弱。主要体现在分散性民族特色古建筑没有列入规划保护范围，一些有价值的古建筑没有得到妥善保护，为了地方政府及开发商的短期利益，违拆，乱建，这些都从负面影响了人民群众对传统文化的信任。近些年尽管在有关专家呼吁下，地方政府和人民群众对传统建筑的保护意识有所增加，但还存在保护观念淡薄、传承意识不足、违法处罚不严等问题。

（二）"千城一面"现象严重，缺乏"创新发展"意识

新型城镇化是社会发展的趋势，但应保持其因地制宜的特色。当前在西方建筑思潮席卷全球的大背景下，中国建筑文化自信的缺乏，本土建筑文化话语权的弱势，地域文化的缺失，导致城市的特色危机，"千城一面"的问题比较突出，"南方北方一个样，大城小城一个样"。城镇发展一味追求高楼层和大规模，竞相抄袭、追风、模仿和复制，布局雷同、风格相仿的城镇街区和单体建筑比比皆是，缺乏继承、保护和创新意识。

（三）建设用地供求矛盾突出，侵占传统建筑领地

随着城镇化的不断推进，人口的不断增长，生活水平的提高，居住条件和环境的改善，建设用地增速较快，土地价值也越来越高，许多地方存在建设用地格局失衡、利用粗放、效率不高等问题，导致建设用地供求矛盾越发突出，在城镇化进程中，不得不向传统建筑要地。大量拆除特色建筑或古建，在原地修建现代化建筑，使一些传统建筑大量消失，文化资源也因此大量丧失。

（四）建设与保护资金分配不合理，存在重建设轻保护现象

城镇化建设在我国经济建设中具有越来越重要的地位，建设资金的投入逐年增加，对提升经济作用明显，但用于保护传统文化的财力投入却严重不足，传统建筑的修缮、日常维护等经费难以到位。当届政府受任期内政绩驱动，大规模建设能在短期内获得国内生产总值增量，效果明显，但对于建成后的使用、管理和维护却不够重视，资金会过度向建设倾斜。同时，城镇建设为追求大规模、大体

量的建筑群，占用了大量的资金，投入古建筑保护的资金进一步减少，导致大量古建因缺少修缮资金而消失。特别是在落后地区，由于财政收入低，可用财力有限，这种现象更为明显。

三、新型城镇化与优秀传统建筑文化传承协调发展的措施

（一）做好顶层设计，以优秀传统文化丰富新型城镇化建设

近些年，城镇化作为我国现代化进程中的一项重大战略和社会发展的必经过程，取得了极其重大的成就。但由于缺乏系统的顶层设计，且规划严重滞后于经济发展速度，暴露出了一系列问题。党的十八大明确提出了"推动信息化和工业化深度融合、工业化和城镇化良性互动、城镇化和农业现代化相互协调"[1]。因此，国家应在战略层面做好规划，要进行跨部门、跨领域综合研究，加强文化顶层设计，把文化保护意识渗透进去，形成新型城镇化的新理念，制定出一些原则性的标准，建立一个信息库，为各地新型城镇化建设做好宏观指导。当然，这个规划不应该是指令性的，要按照顶层设计的目标和思路形成具体的城镇化发展规划，尊重地域实情，充分挖掘地方传统建筑特色，搞好区域整合，避免"千镇一面"，形成合理的城镇体系。

（二）重视保护传统建筑，促使旧城与新城协调发展

新型城镇化是必须要走的一条路，但不能在这个过程中把优秀传统文化"化"掉了。长期以来，人们对传统建筑缺乏足够的重视和经常性的维护保养，在城镇化进程中，文物和历史文化街区有被移动甚至拆迁的可能，而这些恰恰是每一个城市的珍贵文化遗产。在城镇化进程中，确保历史文脉传承是关键，要唤醒全社会的文物保护意识。政府应以人为本，统筹城乡，大小并重，集约节约，做好区域整合，将保护传统建筑文化的思想融入新型城镇化建设之中。不仅要对单体传统建筑进行保护维修，同时也要对整个城市的人文环境及生态环境进行治理，甚至可以重新规划建设新景点。做到推进新型城镇化和留住传统文化相协

---

[1] 胡锦涛. 坚定不移沿着中国特色社会主义道路前进为全面建成小康社会而奋斗——在中国共产党第十八次全国代表大会上的报告 [M]. 北京：人民出版社，2012：20.

调，旧城保护与新城建设相协调。

（三）培养良好建筑理念，提升规划水平和建筑技术

要正确传承优秀建筑文化，在进行建筑创作时就必须有好的创作思想和理念，深刻理解建筑的本质，树立正确的建筑创作观。既不要盲目崇洋及一味追求怪诞，也不要照搬传统的形式与建筑符号，制造假古董，而应坚持建筑本源，回归建筑理性，坚持以人为本、坚固、经济、实用、美观的永恒主题。既要考虑怎么更好地传承与创新本土优秀文化，也要综合考虑建筑本体、融合环境、彰显优秀传统建筑文化等多维度因素，更要树立整体观和可持续发展观，力争达到地域性、文化性、时代性的和谐统一。建筑水平决定着城镇化水平，要重视民族建筑本身传承的关系，把本土传统建筑文化、传统技术、工艺和现代建筑科学、现代建筑材料、现代建筑工艺和现代居民物质文化和精神文化生活要求结合起来。处理好传承与弘扬的关系，达到民族建筑与现代建筑融合、民族建筑技术研究与传统建筑保护与施工紧密结合的目的。在进行新型城镇规划和设计时，要把优秀建筑作品、产业和城镇化发展融合起来，使之成为今后新型城镇化的亮点。

（四）重视民族民间传统文化传承，为文化发展预留空间

今天所谓的传统文化绝大部分是农业文明的产物，而几乎所有的非物质文化遗产都是乡土文化、草根文化、地域文化。人们在城镇化过程中成为城镇居民的同时，也将告别那片土地上生长出来的文化。新型城镇化过程中若不考虑文化传承，一定会出现乡土文化、传统文化和地域文化的断裂，这样的城镇化不仅仅会带来居民身份的改变，也会切断他们和乡土文化的联系，切断千百年来今天与昨天的精神脐带。城镇化是为了让人们生活更美好，人们应该期待一个"望得见山、看得见水、记得住乡愁"的城市。因此，新型城镇化中一定要把"以人为本"和"以文为基"结合起来，把新的文化设施的建设和城镇的规划结合起来，把新型的生活方式同优秀传统文化结合起来。在城镇化的过程中，一定要避免和传统文化的断裂，从硬件到软件都应该有"文化城镇化"的意识。在城镇化的规划阶段就要为传统文化预留出发展的空间，规划出市民文化生活的场地，注意保护传统建筑文化的地域特色。

（五）完善保护传统文化法律法规体系，提高违法成本

为保护优秀文化遗产，国家也相继出台了若干法律法规和公约，如《中华人民共和国非物质文化遗产法》、《国务院关于加强文化遗产保护工作的通知》、《国务院办公厅关于加强我国非物质文化遗产保护工作的意见》、《保护非物质文化遗产公约》等，但针对新型城镇化和传统文化相结合方面的法规内容较少，违法处罚力度不大，落实也不严。因此，应加快完善新型城镇化建设及保护优秀传统文化相结合的法律法规体系，提高处罚标准，抓好落实，切实解决"违法成本低、守法成本高"的问题。要综合运用经济、法律和必要的行政手段，提高执法水平，强化对重点城镇及传统文化区域的监察管理。

参考文献

[1] 谭家健. 中国文化史概要 [M]. 北京：高等教育出版社，1988.

[2] 刘蕙孙. 中国文化史述 [M]. 北京：文化艺术出版社，1997.

[3] 张岂之. 中国传统文化 [M]. 北京：高等教育出版社，1994.

[4] 孟繁兴，陈国莹. 古建筑保护与研究 [M]. 北京：水利水电出版社，2006.

[5] 朱文一. 空间·符号·城市——一种城市设计理论 [M]. 2 版. 北京：中国建筑工业出版社，2010.

[6] 新玉言. 新型城镇化——格局规划与资源配置 [M]. 北京：国家行政学院出版社，2013.

[7] 易鹏. 中国新路：新型城镇化路径 [M]. 四川：西南财经大学出版社，2014.

[8] 徐代云，季芳. 新型城镇化道路的顶层设计及其实现路径 [J]. 人民论坛，2013(20).

[9] 于今. 新型城镇化过程中文化的传承与发展 [EB/OL]. [2013-07-30]. http://theory. people. com. cn/n/2013/0730/c40531-22380141. Html.

[10] 城镇化进程中加强民族特色古建筑保护的思考 [EB/OL]. http://www. bld2002. com/index. aspx? menuid = 5 & type = articleinfo & lanmuid = 10 & infoid = 114 & language = cn.

[11] 田青. 新型城镇化要延续传统文化根脉 [N]. 中国文化报，2013-03-18.

雾霾背后的中国发展：一个海外留学生的思考

张嘉熙[1]

值得为柴静点赞，无论柴静本人如何，无论柴静带着怎么样的目的，无论在其背后是否有美国支持资助。她拍摄的调查类纪录片《穹顶之下》，引发了公民的环保意识，这一点值得为她点赞。

中国没有想象得那么糟糕，然而，中国真的到了已经无法生存的地步吗？中国政府真的什么都没做吗？其实并没有如此夸张。

作为一个调查类纪录片，这是一个相对带有偏见的纪录片，只能表达出某些中国的侧面。很多中国已经做出的努力和牺牲，以及比往年的改进几乎没有在纪录片中表现。对于那些为环保做出努力的，无论政府、企业还是个人，并不公平。中国面临的不光是环保问题，而是发展模式问题。事实上，在雾霾背后，中国面临的真正问题还是发展问题。如今的发展已经不光是如何增长国内生产总值这么简单，而是如何可持续地发展。最核心的两个关键点就是：第一，产业转型以及升级。第二，能源战略以及能源安全。

一、产业转型及其升级

首先，中国的发展应该得到肯定。就像你去打英雄联盟（LOL）或者打魔兽争霸（DOTA），没有人会一直憋着攒钱买最好的装备，那样早就被对面杀成狗

---

[1]　加拿大多伦多大学文理学院 2014 级本科生。

238

了。都是先从过渡装备买起，有装备才能不被别人欺负。中国如果没有发展，就不可能像现在一样在国际上有发言权。改革开放 30 多年，依靠工业化获得了高速发展，然而，我们也必须清醒，中国世界工厂化源自西方发达国家后工业化，即其工业产业向中国转移。在这种全球生产体系下，发达国家得到了环境保护，像中国这样的工业化国家环境受到污染。今天的中国已经在某种程度上到达了发展的十字路口，中国也已经开始走向产业转型以及产业升级的道路。是时候我们该换更好的装备了！

1. 产业转型

中国一直以来在进行产业转型。在保留第一产业以及第二产业的基础上，将产能过剩的企业淘汰，或者向第三产业包括流通业（如交通运输业、商业饮食业等）、生产与生活服务业（如建筑、保险、旅游等）、科学文化与居民素质服务业（如广播电视、教育、文化等）等进行转型。或者向基础设施建设、能源、高科技、互联网等产业转型。例如，厦门有望在未来替代香港自由贸易的地位。其实，很多高耗能企业被要求停产，或者待产。就举纪录片中提到的钢铁大户唐山或者说整个河北。笔者在唐山过春节了解到：实际上，因为国家对于节能减排、产能过剩进行控制，很多工厂现在并不景气，甚至有的工厂已经拖欠了几个月的工资。所以说，现在的问题已经不是如何治理雾霾，而是这些高耗能工厂该何去何从，那些工人该何去何从，有哪些新的行业能够替代它的发展位置。

2. 产业升级

中国正在进行产业升级。产业升级可以说一直以来是每个中国人的一个梦想——如何让中国制造变成中国创造。中国无数科研人员在为追赶技术前沿而付出努力。中国也在大量扶持新兴产业和高科技产业，无数高科技产业园区在中国建成。与此同时，环保节能企业也可以获得大量的国家补助，很多节能减排的工厂在中国建成。只是很多企业以为自己偷偷排污占了大便宜，在市场中能取得更大优势，而事实上，它们会在中国产业升级的进程中，逐渐被市场淘汰。提高第一产业以及第二产业的生产水平与质量也是一件十分棘手的事情。产业的转型或者升级并不代表放弃农业或者工业，而是中国正在努力提高生产的效率以及质量，这样才能在中低端国际市场上依然有足够的竞争力。

二、能源战略以及能源安全

能源永远在国家发展中占据非常核心的地位。众所周知，中国地大物"薄"，能源十分紧缺，是能源进口国。然而中国也是世界上最大的能源消费国。从煤油时代转移到油气时代需要经过长久的过程，并不是随口一说就能做到的。这会造成市场紧缺、成本大幅提高等无可估量的后果。

1. 能源战略

（1）能源消费总量控制。中国能源战略开始向控制能源消费总量转变。直接表现为钢铁、水泥、有色等高耗能产业发展将受到抑制。（2）能源生产布局继续西移。西部地区仍是中国能源生产的主要阵地。按照国家"五基两带"的构想，未来将建设东北、山西、鄂尔多斯、西南、新疆五大能源基地，发展核电及近海两个能源开发带。（3）煤炭清洁高效利用。不可否认，基于资源禀赋的原因，未来煤炭作为中国主体能源的地位不会改变。但是，煤炭清洁高效利用将受到更高重视。（4）大力发展清洁能源。水电、核电、风电、太阳能等仍将得到大力发展。在非化石能源占比20%的目标下，能源生产和消费"飘绿"进程预计加快。核电项目审批仍未解禁，但其发展地位不可替代。（5）能源体制改革。按照能源生产和消费革命要求，将逐步还原能源商品属性，构建有效竞争的市场结构和市场体系，形成主要由市场决定能源价格的机制，转变政府对能源的监管方式，建立健全能源法治体系。

2. 能源安全

中国的能源安全实际上存在"内忧外患"：对内而言，中国将着重把高效利用资源作为首要努力方向，使"能源生产、利用与环境保护并重"；对外而言，美国一直想方设法对中国的能源进口围追堵截，中国一直以来在努力与各种能源输出国进行外交，增设更多的能源进口途径，尤其是对石油天然气。国家的军事实力以及国防是能源安全的保障，在能源市场中，中国长期处于被动。随着国家军事以及经济的发展，中国"腰杆"将会越来越硬。

三、小结

现在的中国有很多大大小小数不过来的问题，例如雾霾。但是，我们面对问题的时候应该冷静地思考，不能上来就持一种"中国要完了"，"天要塌了"，或者批判政府、批判企业、批判中国人、批判柴静的态度。

作为中国人，我们都希望中国能更好。

至少，笔者希望中国能有更好的明天！

第四篇

书 评

人类学、现世关怀与通学致用：我如何阅读一部人类学家的社会科学论著

曾繁靖[1]

　　《亚洲的城市移民——中国、韩国和马来西亚三国的比较》一书是张继焦教授以都市人类学的角度，在中国、韩国及马来西亚的大城市中针对都市内的移民状况进行调查访问的研究成果。对于一般非相关专业的读者而言，如此结构完整、论述严谨之学术著作，实非日常阅读范围所及，然而张教授此论著所讨论之"都市移民"议题，乃贴近当今世界社会现实的重要问题，如若对"人群"仍怀抱一丝关怀与理解的热情，则此书足以作为一扇面向世界的窗口，展示出当今某些相对边缘化的人类群体的生存面貌与生活实景——看见"他人"，并且予以关怀，这样的阅读，毕竟是必需的。

　　张教授的学术专业是人类学。首先，在笔者鄙陋的既有认识中，对"人类学"的既定印象不外乎两种："史学式"的人类学（考古、溯源，探求原始人类的生存原貌），以及"哲学式"的人类学（探求人类"存在的本质"、"心理上的本能追求"）。因此，张教授此论著使我对人类学学科的实质关怀有了全新的启发与认识，颇有眼界大开之感——人类学是可以与现实人群完全贴近的，是可以与社会科学无缝结合的，是可以表现强烈的现世关怀的，是可以服务人类群体而"施为用处"的。

　　"社会人类学"的初次认识于是因着张教授的这部著作而投入了我狭窄的眼界。这或许是人类学的各个分支当中，格外具有时代意义的一种，即能将"通变"与"致用"的观念融汇于人类学学科之中，让人类学走入现世、走入人群，

---

[1]　马来西亚南方大学学院马华文学馆。

可以透过人类学看见"现在"、看见"活生生的人群"。这令我想起"圣之时者"四个字，张教授研究的眼界正切合了传统的儒学精神，殊为可贵。

在此论著中，张教授在人类学专业上有极佳的运用，尤其针对都市移民的"适应"问题有着深入的分析与讨论，将移民的适应过程理论化为三个基本阶段：经济（生存）适应、社会（生活）适应，以及心理（文化）适应，并以此探析一个"农村人"往"城市人"转型的社会化过程，即"城市化人格"的塑造过程——"人类的都市化过程"，这理所当然是人类学的关注方向。因此，张教授的研究，使我看见一名学者不局限在象牙塔尖的宽宏眼界，平实而又恳切地面对现实世界，忠实地记录所见所知，为当今人类社会中的现实问题留下珍贵的数据与证据，成为整个人类史中重要的时代切片的记录。

张教授研究的有意思之处除了上述"将人类学关怀注入现实社会"的独到运用，还有其对"民族学"的注重——在移民课题上，往往注意到不同民族的差异，如中国各少数民族在迁移入都市中的境遇差别、马来西亚华人与马来人的都市移民在城市中的生存境况之异同等，不将整个社会视作无机的整体，而能在内部剖析出微观的差别，在移民境况的整体"共相"中发现各民族差异的"殊相"，我觉得这是张教授进行社会研究的显著特色。此外，张教授论著较难能可贵之处，亦是其不碍门户地将经济学、社会学、政治学、民族学等领域的知识，通而贯之地应用，对于移民议题能具有宏观的、多层次的关照——从政治经济层面（如国际关系、移民或户籍政策等）对移民的生存境况的影响，到社会交际、语言等的适应情况，最后深入移民"心理上"的城市化程度（如归属感、融入城市文化精神血液的程度），皆有所顾全，并且尝试总结讨论人口迁移、都市化、移民政策等诸多现实问题，是足资决策者参考的资料，因此凸显了其研究的"社会实用性"。

回归到"人类学"的基本人文关怀，又能试着通学以致用，是这部学术著作给我最深的感发。从历史的眼光来看待此研究的价值，或许可以说，张教授的这部论著，"忠实地记录了在如今这个急剧变动的人类文明、迁移频繁的时代背景下，某些人类群体的生存处境之全貌"。城市移民的人类学研究，也因此呈显出不凡的意义与价值。

这是我以非社会科学专业者的角度，尝试阅读张教授此部学术论著的一点方法，以及粗浅且主观的心得，诚惶诚恐，谨此分享。

公民社会在马来西亚：指日可待吗？
——读《马来西亚国家与社会的再造》

张继焦[1]　　祝家丰[2]

一群志同道合的华人学者 10 年间两次关于公民社会的学术思考和讨论，体现了他们对马来西亚政府治理的不满，以及希望再造马来西亚国家与社会的美好理想和不懈努力。这就是新近出版的《马来西亚国家与社会的再造》（祝家华、潘永强主编）一书给我们传递的信息。

这本文集的论文来自两次关于"国家机关与公民社会的再造"的研讨会：第一次研讨会由华社研究中心于 1995 年举办。本来大家希望每三五年就可以如此举办一回，不料好事多磨，几次筹办都没有成功，直到 10 年之后，才终于在 2005 年 8 月成功地举办了第二次研讨会。因此，两次研讨会的论文也才终于合成一本集子，由马来西亚的新纪元学院、南方学院和吉隆坡暨雪兰莪中华大会堂等三家单位联合于 2007 年 11 月正式出版。岁月不饶人，弹指一挥间，12 年的光阴就这样过去。经过 19 位来自马来西亚、新加坡、中国大陆、台湾和香港等国家和地区的学者的共同努力，留下了这本令人欣慰的论文集。

这部论文集的 21 份论文被编排在 5 个篇章（或称为"专题"）之中。第一篇里收入的 6 份论文，都是在 1995 年第一次研讨会上宣读的；第二至五篇里的 16 份论文则都是在 2005 年第二次研讨会上宣读的。

在主题为"论述与动员"的第一篇（组）论文中，马来西亚政治学专家祝家华博士和台湾学者曾庆豹教授从公民社会概念产生与演变过程的角度，提出了分

---

[1]　中国社会科学院民族学与人类学研究所研究员。
[2]　马来亚大学中文系博士、讲师。

析国家与社会关系的分析框架；新加坡学者何启良教授、香港学者陈允中博士、马来西亚学者游若金教授和安焕然硕士则探讨了马来西亚国家机关与民间社会之间的互动与抗衡。比如，祝家华在论文中指出了马来西亚国家机关权力的膨胀而公共领域的萎缩和新殖民化，提出了知识分子在公民社会建设中应担当起扩大公共领域和影响国家机关的角色（第 39～52 页）。安焕然在论文中认为，大马"反"的制衡与失落，主要在于本国复杂的社会阶级关系、种族关系，以及政治经济发展与国家机关之间的互动关系（第 53～65 页）。

在第二篇"理论与经验"的 4 份论文中，台湾学者曾庆豹教授和陈光兴教授的两份论文主要是在理论层面进行反思，而中国大陆学者邓正来教授和台湾学者顾忠华教授的两份论文，则分别对中国大陆和台湾两个华人地区不同的公民社会实践经验进行了回顾和检讨。Civil Society（公民社会）是源自西方的名词概念，由于名词译法不同，中国大陆学者把 Civil Society 译成了"市民社会"。

在第三篇"国家与社会"的 4 份论文中，来自新加坡的何启良教授，对新加坡和马来西亚两国公民社会的发展历程进行了比较分析；马来西亚的三位作者——潘永强博士、祝家丰博士和庄迪澎先生等，分别关注的是大马的非营利组织、华团和华文媒体等的处境与变迁。譬如，庄迪澎先生的论文，试图借用意大利马克思主义理论家葛兰西的文化领导权理论，分析华文媒体、华人社会和国家权力之间的三角关系（第 277～294 页）。祝家丰博士在论文中指出，华团的参政活动实际上是一项民间政治运动，它的背后有一股强大的民意为基础。这股很有影响力的势力始终以华社权益为依托，因此得到广大华人社群的大力支持（第 225～275 页）。马来西亚学者的这 3 份论文，共同探究的是在当前政治干预和介入的情形下，华社民间社会力量的回应、调适与抵御等行为及其作用。

第四篇"政策与治理"有马来西亚学者提供的 3 份论文。它们分别从林业环保（黄孟祚）、社区发展（陈美萍）和医疗产业政策（傅向红）等不同的领域，剖析了在国家强势的行政管理体制主导下，在制定和执行公共政策的过程中产生的困境和扭曲现象。比如，陈美萍在其论文《社区意识：建构马来西亚跨族群地方认同？》中提出：一方面，在马来西亚公民社会的发展中，社区民主运动相对地被忽视了，社区意识应该被视为一个必须经营的共同体，以创造一个新的政治思考与地方认同；另一方面，马来西亚公民社会的成长在短期内仍然离不开族群意识的拉扯，但从长远来看，跨族群意识的社区民主应该是一个需要积极建构的公民社会场域（第 345～360 页）。

第五篇"文化与认同"的 5 份论文，分别从族群与文化（林开忠、郑庭河）、马华文学（庄华兴）和公民政治权利（郑文泉）等不同的角度，试图分析由于马来西亚国家机关权力的不断膨胀，造成了族群关系的失衡、价值分配的不公和相对的剥夺与宰制感。比如，郑文泉在其论文《论联合政府的种姓化对公民正义感之戕害》中指出，自 1974 年以来，由国民阵线组成的联合政府已实施今日所见的"族群政党的部门化"或"部门的族群政党化"之现象与模式，即不同族裔的公民权利已经被族群化及差别对待。凡出身马来族群者似为一能力较高之公民，得以参选"首相、署理首相、国防、教育、内政、外交、财政、国际贸易等的部长及各州州务大臣"，而华裔出身者为次，得以（或限于）参选"交通、卫生、人力资源、房屋及地方政府等"的部长。这种从体制权利行使的不平等所蕴含的族群能力和地位的不平等，不但不符合宪法的"一律平等对待"之精神，而且已对公民要求平等对待之正义感构成了严厉的挑战和戕害（第 395～409 页）。

关于公民社会在马来西亚的发展前景，出生于马来西亚的何启良博士在其论文《路漫漫其修远兮：马来西亚国家机关、公民社会与华人社会》中认为，大马还是一个新兴发展中国家，在漫长的民主化过程中，还有一段路要走。在短期内，大马国家机关将会继续扮演一个重要的角色，在可预见的未来，其主导力量不可能完全消失，种族权威苦心经营的成果，不可能一下便放弃，而大马以土著马来特权为前提的政治结构，肯定是实现公民社会的一大障碍（第 23～38 页）。

对于马来西亚的公民社会建设，祝家华博士指出，少数人统治多数人是人类永恒的困境，公民社会作为多数人自治和批判统治者的堡垒，应该成为制衡国家机关的重要力量；与此同时，他感叹道：经过近 20 年的努力耕耘和播种，大马的公民社会应该是要看到黄花了，但是，黄花在哪里呢？这是我们心头的痛（序言）。而年轻气盛的潘永强博士则比较乐观一些。他认为：马来西亚国内公民社会的发展，虽然仍遭到国家的干预和抑制，但其发展趋势俨然可以成为社会进步的一股可期待的力量（绪论）。

弗思 《人文类型》 述评

尚莹莹[1]

　　《人文类型》[2]这本书在广泛的民族志材料的基础上，探讨了历史、地理因素是如何决定一个民族的生活的；文化作为自然环境的产物，是如何在不同社会中解决经济、技术、组织和性等问题的，既是优秀的人类学导论，又是经典的经济人类学著作。

一、作者——雷蒙德·弗思 （Raymond Firth, 1901—2002）

　　雷蒙德·弗思爵士，被称为英国社会人类学家之父，功能学派的主要代表人物之一。1901 年，雷蒙德·弗思出生在新西兰奥克兰市，曾就读于奥克兰文法学校，1921 年毕业于奥克兰大学经济学专业，并继续在那里取得了硕士学位。为了完成硕士论文，弗思决定做一些经济学家闻所未闻的工作。他去找旷工谈话，了解他们对工作条件和工资待遇的感受，从此与人类学结下了渊源。弗思曾在一次采访中说过，他对人类学很感兴趣，但当时新西兰还没有任何人类学的职业。1924 年，弗思来到伦敦经济学院继续攻读经济学博士学位，幸运地认识了杰出的社会人类学家马林诺夫斯基。在马林诺夫斯基的指导下，弗思转向研究混

---

　　[1]　中国社会科学院研究生院民族学系硕士研究生。
　　[2]　[英]雷蒙德·弗思（Sir Raymond Firth）. 人文类型 [M]. 费孝通，译. 北京：华夏出版社，2002.

合经济、人类学理论与太平洋人种。1927 年，弗思以研究新西兰毛利人原始经济的博士论文通过答辩，取得博士学位。弗思非常精彩地讨论了毛利人的土地使用权制度，以及土地是如何被不道德地剥夺。1929 年这篇论文作为专著出版。

获得博士学位后，弗思返回南半球，任职于悉尼大学。弗思一开始并没有教书，而是进行研究。1928 年，弗思第一次访问所罗门最南端的蒂科皮亚，研究封闭的波利尼西亚社会如何抵抗外界的影响，保持异教和不发达的经济，从此与这个生活着 1 200 人的四英里长的遥远的小岛保持长期联系，并在随后多年中撰写出 10 本书和大量文章。

弗思对人类学理论与方法及太平洋人类学的发展产生了巨大的影响。他最重要的理论贡献是从社会组织的角度对经济人类学和社会关系进行的研究。这些研究成果源于弗思先后对毛利人、马来亚人和科皮亚人的实地考察研究。他以 1928—1929 年期间第一阶段的实地研究成果为基础，著成了一本广泛人种论《我们蒂科皮亚人》。这本著作是人类学的经典之作，是从日常生活细节中建立理论的典型，70 多年来一直作为许多大学关于大洋洲课程的基础。

他的工作在方法和内容上常常不拘一格，事实上他不会忽略人类行为的任何方面。正是由于他在过去 70 年来坚持不懈的研究付出，蒂科皮亚人成为民族志中记录最全面的社会之一。他的主要出版著作包括：《新西兰毛利人的原始经济》（1929 年）；《我们蒂科皮亚人：一个关于原始波利尼西亚家属关系的社会学研究》（1936 年）；《原始波利尼西亚经济》（1939 年）；《马来西亚渔民的小农经济》（1946 年）；《社会组织的元素》（1951 年）；《蒂科皮亚的历史与传统》（1961 年）；《社会组织和价值观随笔》（1964 年）；《蒂科皮亚宗教仪式和信仰》（1967 年）；《蒂科皮亚的宗教和等级制》（1971 年）；《符号：公共和私人》（1973 年）以及他的《蒂科皮亚辞典》，《Taranga Fakatikopia ma Taranga Fakainglisi》（1985 年）。弗思的研究付出造福了一代又一代的社会人类学学生。1930—1932 年，弗思与拉德克利夫·布朗（Alfred Radcliffe-Brown）在悉尼大学教授人类学，同时他还接替布朗担任了大洋洲杂志的主编以及澳大利亚国家研究委员会人类学研究委员会的主任一职。18 个月后，弗思于 1933 年返回伦敦经济学院任教，并在两年之后被任命为教授。1939—1940 年，他同妻子露丝玛丽·弗思（Rosemary Firth）在马来西亚的吉兰丹和丁加奴进行了实地考察，而后者也成了一名杰出的人类学家。第二次世界大战期间，弗思为英国海军情报处工作，主要编写了关于太平洋群岛的四卷海军情报部地理系列手册。在此期间，他常驻剑桥大学，这时伦敦经济学院正在饱受战争困扰。1944 年，弗思接替马林诺夫斯基任职伦敦经济学院社会人类学教授，并在接下来的 24 年留校任教。他曾几次前往蒂科皮亚进行研究工作，后来由于旅途和野外工作条件变得越来越苛刻，他开始重点研究伦敦工薪阶级和中产阶级的家庭和亲属关系。1967年弗思的英国学生赠予他一本纪念论文集，莫里斯·弗雷德曼（Maurice Freedman）高度赞扬了弗思的知识型领导和贡献，称赞他领导"一小拨学者"在伦敦经济学院创建了一所人类学学院，在这里的几十年里，弗思"鼓励各种新想法，各种先驱者和各种研究创新"[1]。1973年弗思受封为爵士。

弗思从伦敦经济学院退休后访问北美洲多所院校。很多大洋洲社会人类学协会的会员在此期间因在研究生院就读而有幸目睹了他的风采。1968—1974年，弗思接受邀请，作为多所高校的客座教授进行访问：夏威夷大学（1968—1969），不列颠哥伦比亚大学省（1969），康奈尔大学（1970），芝加哥大学（1970—1971），纽约市立大学研究生院（1971），加州大学戴维斯分校（1974）。这次游学正值英美人类学高校间就人类行为频繁交流想法和观点，而弗思的教学深刻地影响了许多人的思想发展。一些在弗思北美游学期间与其一起共事的学者编写了他的第二本纪念论文集，并称之为"可能是当今在世的最伟大的人类学老师"[2]，他的研讨会恰如其分地阐明了他关于社会组织和事务的构想。

弗思到百岁时还一直保持着创作，在其第101个生日即将到来的前几个星期，弗思于伦敦逝世，而弗思的确是迄今为止寿命最长、工作年限最多的伟大的人类学家。

二、《人文类型》的章节安排

《人文类型》除导言外共有七章，作者弗思结合马林诺夫斯基和拉德克利夫·布朗的功能理论，通过广泛的田野调查来论述社会中的各种制度、思想和人的行为模式，叙述和阐明了在不同条件下人类社会制度所发生的变化。这七章分别讨论了种族特征和人类心理的差别、人和自然的关系、社会结构的原则、行为的规则、合理与不合理的信仰的功能，以及人类学在现代社会生活中的作用。

第一章，关于种族特征和心理差别的分析。弗思举例说明不同地方的风俗习

---

[1] Freedman, Maurice (ed) (1967) Social Organization: Essays Presented to Raymond Firth Chicago: Aldine (first festschrift for Raymond Firth) P. 9.

[2] Watson-Gegeo, Karen (Fall1988 newsletter). Raymond Firth [OL]. www. asao. org. Retrieve-don Oct. 9th2013.

惯存在着差异，认为社会上存在着一种普遍的误解，即将这种差异与不同人种的外观特征相联系，风俗习惯的差异完全是由种族差异造成的。弗思强调，必须清楚地界定种族和民族的定义和划分："一个种族是一群有某些能遗传的体格特征的人民；一个民族是一群有相同的社会特征的人民。"

关于种族，弗思断言人类经过长期的混合与交融，"今天世界上没有纯粹的种族"。由于种族区分的困难，"种族间的敌对实际上是社会的敌对，和国家之间或其他社会群体之间的冲突在性质上是相同的。这并不是出于种族间在能力或智力上有什么不能调和的地方，而是出于经济及社会利益的冲突"。他认为，"实际上，种族差别只是文化差别"。弗思进一步解释了产生种族偏见的原因："每个移民群体中的任何人都会蒙受一些英国人出于无知和偏见而表现出的种族歧视，这基本上是因为他的肤色使人们认为他来自复杂的社会环境"，他列举了毛利人在新西兰未发生冲突和夏威夷没有种族偏见的例子，来说明"不同的种族先处一地，互相杂居，并不一定发生冲突，凡是发生冲突的地方，冲突的原因都在于社会的差别，而不是体型的不同"，因此"实行种族隔离是为了保证既得利益"，"种族隔离实质上是文化的冲突而不是种族的冲突"。

弗思在论述心理差别时，试图除去体型差别的因素。他一方面指出大脑构造不是智力优劣的根据，另一方面又指出社会因素和心里因素事实上是很难分清的，心理测验的结构很难说明是心理过程，而不是人们后天习得的行为方式。因而，本质上的心理差别是否存在就成了问题。于是弗思强调，由于"心理活动和社会生活关系密切，每个'种族'群体都具有自己特有的'思想内容'。作为一个实际问题，这种特性是必须考虑到的"。

弗思在本章完成了关于人主要是社会性的而不是生物性的论证，解答了人类学传统上有关人们之间差异的争论。同时，弗思也强调人与人之间的生物性差异并不如人与猴子之间的差异那样大，所以人与人之间之所以在行为上产生很大差异，主要是因为在文化上存在着差异。宏观上，万物之间的差异是由其生物性决定的，而人内部行为之间的差异确是由于文化性决定的。

第二章，人和自然。是环境改变人，还是人改变环境？弗思认为，"但是现在大家已经公认，正如在这个问题上最著名的早期作者之一亨廷顿（Huntington, Ellsworth 1876—1947）所说，粗线的环境论并不能解释人类的差别，除地理因素外，还有很多因素也应当注意到。只要我们对同一环境中的人们的不同生活方式加以比较，这一点就明了了"。为了论证是文化决定一切，而非环境决定一切，弗思列举了三个例子：一是食物的来源。物质环境虽然在调节人们的食物上起着重要的作用，但是文化因素——人们对食物的态度、情感、认识程度、经济状况以及与食物有关的仪式的社会意义都决定了对食物的取舍和偏好。二是东非农业的情况。尽管非洲人善于利用自然资源，对自然资源十分注意，但还不能说明环境决定一切。首先如生态学研究报告提到部落之间学习耕作方法的事情很多，其次一种农业技术能否被人接受还有其他的文化因素，比如有没有新的工具、经济组织能够引进新的因素等都在改变非洲的农业。三是波利尼西亚人制作独木舟。波利尼西亚人制造独木船时，不仅要依靠习俗和传统来进行步骤，还必须经常从别的岛上学习新的想法，用它们来解决本地的问题。后两者都受到环境的影响，但是人类的学习、发明能力、工具和技术的进步、习俗和传统的因素都极大地改变了人们的实际操作和行为能力。因此，弗思得出了一个结论："即使在技术原始的社会中，如澳洲土著人，也不是没有才智的人，不是一切都受环境支配的人。我们见到的是拥有一套知识和技术、适应性强、愿意学习和善于吸取经验教训的人。"

第三章，原始社会的劳动和财富。弗思认为，关于经济行为，现代的价值观念和经济原则不适用于非工业社会，因为他们的劳动、财富分配和交换，都是循着那个社会特有的文化原则进行的。表象之下，人们的行为是符合那个社会的情况、道德、伦理、利益判断的，因此也是合理的。"家庭纽带、对亲戚和邻里所承担的广泛的义务、对首长和长者的忠心、对氏族禁忌的尊重，以及认为事务和其他一些东西是由鬼神和祖先所支配的信仰，在他们的经济体系中都起着给的作用"。任何一个社会不管多么落后，人们都不是仅仅根据不同物品的直接的实际用途来确定它们的价值的。对物品价值所做的某种比较，通常是在有限的交易中或某种仪式中进行的。他们有一种比个人爱好更普遍的选择标准，尽管他们的尺度也许不是很精确。

第四章，关于社会结构的某些原则。弗思首先界定了社会结构和社会规则的概念。社会生活是人类把共同利益组织起来，使其行为相互协调而从事的种种活动，例如生产、婚姻、政治、宗教，等等。由社会生活生产的人与人之间的关系称为社会结构。这些关系在实际运作中会对个人生活和社会性质产生影响，这种影响是社会功能，例如两性婚配是社会结构，生育后代为其功能。社会结构和社会功能互为表里，是不能分割的。一个社会的结构，包括人们组成的各种群体和创设的各种制度。制度指的是一套社会关系，那是由于群体为了达到共同目的，一起从事活动所引起的。如学校便是为了教育目的而创设的制度，军队是为了征服和防卫目的而创设的制度。弗思认为，性别、年龄、地域和亲属关系是一切人类社会的最基本原则：（1）性别原则。弗思认为两性之区分，不仅反映于衣着和分工，还存在着便利性和习惯的问题，即文化习俗。他还指出，社会习俗更多地造成两性差别，而不单只把先天差异表现出来。（2）年龄原则。弗思认为，年龄是社会分层的原则。并普遍存在于政治和生产组织（包括家庭在内）之中，贯彻于权力运作之上。例如，它规定年长者应受尊重，年幼者应受训练；它规定两性关系及结婚时间（所以失婚及迟婚受到歧视非议）；它建立起战争组织，制定政治权力移交的机制。（3）地域原则。弗思认为，许多非工业社会，部落是很大程度上靠地域联系组成的，具有某种文化制度的群体。即占据共同的领土，说共同的语言，具有共同的传统及制度，从属于同一政府。在前工业社会，地方概念非常重要，共同居住和共有土地是一种非常重要的联系。（4）亲属原则。弗思认为，亲属关系是组成社会群体的最重要的原则之一。亲属关系是根据世系——也就是合法的两性结合及后代的繁衍——建立的社会联系体系。亲属原则包含了继嗣规则，群体要能延续下去，便需依靠这些规则把财产地位特权从一代移交至下一代。在任何社会形态中，家庭组织总是基本的单位，它产生于生物和社会的需要。与亲属制度相关的大量概念，还有社会结构的其他原则，比如职业专门化、地位和身份带来的社会分层。

第五章，行为的规则。本章，弗思讨论的是社会的约束和制裁，并强调在这里他主要讨论的是约束人们行为的方法的一般性质和运行状况，以及社会控制的各种力量，而不是规则本身的内容。弗思认为，在非工业社会，习俗、道德、伦理、习惯法这些"非正式制度"构成了规则和社会权威的基础，形成了社会的秩序、公正和平衡，并列举了大量的例子来论证。如在部落社会中，司法机构不是执行部落法律的独立的部门，审判也不是有组织的活动，而是在没有一定秩序的工种对时间的讨论中交换意见产生判决。

第六章，合理的和不合理的信仰。关于神圣世界的理性，弗思明确表述了功能主义的观点。他认为，非工业社会的信仰（神、鬼、祖先及人格化的自然）、仪式（巫术、丧礼和图腾）和实际的事务、经济需要以及人生的关键时期都具有紧密的联系，是为了满足人类的某种基本需要而产生的。巫术是对付不可预料的事情的一种文化手段，并且，巫术和宗教是有交叉和相似之处的。

第七章，人类学在现代生活中的现实作用。弗思在这一章探讨了社会和文化的变迁，以及应用人类学的发展。弗思认为，来自社会内部和外部的两种力量，使得社会制度永远处在变迁之中。最剧烈的一种是复杂的文明社会和不发达社会的接触，可能引起后者生活方式和信仰的革命，有时甚至摧毁其社会制度和价值观念。因此，人类学家的价值就体现在他们对"理解促进宽容"的强调，他们对各种不同的价值观念、生活方式、文化形态习俗、宗教、道德共存的理解与尊重上。

三、《人文类型》的学术贡献和不足

弗思的《人文类型》篇短而精约，论述的是"功能主义人类学"的哲学观，进入人类学不可不读的基本书目。王铭铭在《人类学是什么》一书的"开头的话"中说："要说哪本人类学入门书比较好，我私下有一个判断。逝者如斯，现代派的人类学已经经过了一百年的发展，弗思（Raymond Firth）六十多年前发表的《人文类型》那本小册子，今天读起来竟然还是比较新鲜。关心一点中国人类学史的读者能知道，这本书早在 1944 年已由弗思的学生费孝通先生翻译出来，并由当时在重庆的上午印书馆出版发行。弗思大费先生八岁，2002 年 2 月逝世，这时他已经 101 岁，按我们中国人的观点，应是值得尊重的'百年老人'。可在他的晚年，英国年轻一代的学者不大理会他。可能是因为生在一个'尊老爱幼'的传统里，我对弗思尊敬有加。当然，弗思值得尊重不只是因为他老，更主要的是因为他的作品总是耐人寻味，他的《人文类型》便是这样的作品。《人文类型》以最简洁的语言，论述了一门研究对象和研究方法如此多样的学科，为我们了解人类学提供了赏心悦目的绪论。……我之所以称赞《人文类型》，是因为这毕竟是一位现代人类学奠基人从学科内部对人类学进行的全面阐释，它论述的内容，充分体现了人类学这门学科的整体概况、内在困惑和内在意义。"[1]

文化是为了满足人类社会的需求而产生的，所谓功能，就是满足需求。人类社会的需求分为生物的需求，如对食物、安全、娱乐、成长、性等的需求；制度的需求，如对教育、法律的需要；整合的需求，如人们需要一种世界观以促进彼此之间的交往。其中生物的需求是最基本的、初级的需求，它包括摄取营养、生衍繁殖、生命安全、适当休息、行动自由和健康长寿等。为了满足这些需求，人们发明了衣、食、住、行等以一系列物质范畴的文化。在满足了这一层次的生物性需求后，又派生出了文化性的需求，相应地产生了经济组织、社会制度、教育制度、政治制度、宗教、艺术等精神层面的文化。

马林诺夫斯基一再强调文化功能的必要性。弗思也是，他在《人文类型》这本书中，以闲散、夹叙夹议的行文方式，从物质、制度、精神等多个层面探讨了文化的多元现象和意义。虽涉及的内容让人觉得有些宽泛和笼统，但仍不失为相当亲切。弗思认为，种族不是人们行为的决定性因素，环境在决定人类文化方面

---

[1] 王铭铭. 人类学是什么 [M]. 北京：北京大学出版社，2003：2-3.

所起的作用也不是主要的，支配一切的是文化。他对种族偏见、种族纯化，以及对他者文化的盲视给予了驳斥和批判，并提醒人们注意。在当时，这些见解是极具前瞻性，同时又是相当危险的。这种认识，也直接决定了他采取比较研究的方法来对原始民族进行研究，并成为这方面的开拓者之一。费孝通先生对弗思这本书评价道："比较社会学实际上是想引导在封闭式小庭院里培养出来的各美其美的文化观逐步开放，进入美人之美的相互容忍的文化观，来削弱以致消灭原有的文化排他性，为多元一体的格局奠定和平共处的意识基础。从这个意义上去看《人文类型》这本书，它在社会学或社会人类学中的地位就容易明白了。"[1]

　　弗思爵士的人类学研究在马林诺夫斯基之后是非常重要的一个环节，他承绪的是人类学功能学派的基本思路，但其中关于人种评价的思想更是超越了旧的认知水平和道德判断，如果我们把考察的范围扩大到泰勒的研究，这样的进步会更清晰可见。

　　《人文类型》作为人类学的经典书籍之一，为比较社会学提供了一个接近完美的范本。弗思对学科内容的论述、许多概念的形成和完善、功能主义学派理论的继承和发展所做出的重要贡献，在本书中也得到了充分的体现。这本书为人类学揭示了群体人类生存发展中的基本图式，这为特定民族的民族志研究提供了范式。如果把它与《乡土中国》放在一起来看，这样的感觉会更强烈一些。费孝通和弗思是同门，弗思是马林诺夫斯基的第一位博士，而费是马的最后一位博士，一门首尾两位弟子在人类学研究上的相似性也是显而易见的。费先生所做的工作无非是把人类学研究的基本模式引进中国，并以此考察中国社会的乡土类型和内部机理，这种工作现在看来已经平淡无奇，但在 20 世纪初是开学术风气之先的，中国的人类学研究也是赖于费先生们的开拓而播下种子的。《人文类型》是费先生的译作，当时是作为人类学研究的教材引入，后来中国学者的人类学研究很多都是承续了弗思的研究思路，对中国社会做"社群"性质的考察。这也可知《人文类型》在人类学研究中的经典地位。我想费孝通和他同时代的学者在云南"魁阁"这样一个中国文化的特殊象征体里潜心学术，激励他们的应该是新知识新方法新科学带来的激动人心的发现。"五四"是一个伟大的时代，意义在于新的思考方式在这个时代萌芽了，多少新的学科在这个时候得到建构，这个时代的人从传统中走过来并深受滋养以此为根基，他们又面向世界的前进的方向，看到遥远的未来之光，这样的幸福何能用言语去表达。

　　弗思在《人文类型》中开宗明义，现代的人类学研究已经不能再使用"野

---

[1] 费孝通. 译者的话 [M] // 雷蒙德·福斯. 人文类型. 费孝通，译. 北京：华夏出版社，2002：4.

蛮"、"落后"等字眼，在他的种族研究中，提出人类的不同民族实际上是没有聪明与愚笨之分的，无论是欧洲的白人或者非洲的黑人，无论他们生活在现代化的大都市还是生活在曲折幽深的山谷，他们的智力水平不会有明显的区别。弗思在他的研究中试图表达一种平等的人类发展观念，这在 20 世纪初是非常值得肯定的。实际上在人类学研究的早期，对这种发展的不平等的揭示曾经使种族之间的不平等找到了理论和科学的根据，弗思的观点是对这一倾向的有力反拨。同时也说明人类学家已经认识到人类发展的历史并不一定是一个正向发展的过程，当我们深入人类的童年，会发现许多被我们业已抛弃的东西是如此的宝贵，仿佛是人类生活的真谛所在。正如卡西尔在神话学研究中指出的那样，神话体现的是人类在自然中的和谐位置，人类的发展最重要的不是改造这个自然的世界，而是学会如何与这个自然和谐相处，而神话正是这种秩序化的努力。在这一点上，原始的人类做得远比我们出色。弗思的研究正叫人去追寻人类最初意义上也是最本质意义上的平等。

早期人类学研究是与大量的田野式民族志调查相结合的，弗思的研究同样基于此。泰勒、布朗博士、马林诺夫斯基等人深入少数种族地区的调查是弗思论述的基础所在。所以，弗思所揭示的可能就是人类在发展过程中的一个横断面，我们曾经这样生活并快乐无比。弗思在文章中也提到了西方的文明观念传入传统社会时遇到的冲突，这种冲突也许最后都会以西方的胜利而告终，但实际上，文明是一个系统的结构，旧的传统所发挥的作用并不会比新的文明差，比如毛里人对法律的认知。毛里人的法律正如传统社会中的中国社群，并不是基于法的精神，而是基于习俗、社会舆论等一整套体系的，这是一种平衡的力量，打破它的代价是巨大的，并且是不可逆转和弊端丛生。弗思关于巫术、宗教等的观念与弗雷泽并没有太大的区分，实际上在弗雷泽的《金枝》之后，关于巫术和宗教的理论已经比较成熟。

当然，在这本书出版的年代，囿于当时的认识水平，弗思也留下了一些论点、论据和论证上的缺陷，比如对非西方民族的社会理性的片面夸大；对社会或文化实际作用的过于强调，而没有看到某些文化现象本身具有的独特体系和象征价值。

读《马来人》

李圣祥[1]

众所周知，马来西亚是由三大民族即马来人、华人、印度人，以及多个少数民族组合成的多元民族国家。马来人为最大族群，占马来西亚总人口约 55％。如今就华社而言，或许仍然摆脱不了对马来人的偏见，全因政治人物所操弄的族群与宗教议题，借此挑拨离间，导致两个族群关系疏离，甚至有种族纷争的出现。

在一般华人学者研究东南亚民族的论述中，大多集中在南洋华人族群这个对象，甚少有其他民族的研究著述，而研究马来人族群的比例也比较少。在马来西亚，因为国家历史的关系，华人学者在论述马来人族群时依然还是"华人 VS 马来人"的意识形态，因此论述中也就多有偏颇之处。老一辈的华人，也因为经历过种族关系紧张的动荡时期，敌视的心理常年累积，潜意识中也将这种敌视心理灌输给后代，导致到如今两个族群的关系依然是心有千千结。

《马来人》是由张运华先生与张继焦教授所编著，内容是从文化角度出发，介绍马来人这个族群的源流、习俗、信仰、文学、语文、政治、人物，以及生活方式等，让我们更加了解马来人的历史文化。对于一个马来西亚的华人读者来说，在读惯始终只是族群对立的单元口味，《马来人》无疑是新鲜的。之所以新鲜，第一，是因为这本著作没有马来西亚社会环境的局限，没有国家历史的包袱，内容翔实客观，不抱任何先入为主的观念来书写。第二，与以往不同的是，整本著作是以马来人的角度来做观察与描写，套用人类学家吉尔斯的"内在视

---

[1] 马来西亚南方大学学院中文系，"亚洲共同体"奖学金得主、2014 年年度"南方之星"模范生奖。

角"与"深度描写"的理论,《马来人》具有深入的"内在情境"来了解异己的文化。当然,这种含有文化持有者的内部眼界,也并非要求一定要是文化持有者本身,而是说研究不能以外在视角根据以往刻板观念和标准来界定和研究异己文化,应该着力于了解文化持有者的思维模式和价值观念。只有了解文化持有者对于自身文化的意义,以文化持有者的观念与视角来观察研究,才能真正明白其文化意蕴。在马来西亚社会的历史文化环境影响下早已产生特定的意识形态,想必要有这样的角度是非常困难的。所以才说,对于一个身为马来西亚华人读者的我来说,这让人耳目一新。

回归到文本内容,自己最感兴趣的便是第一章《马来人的源流与分布》。马来人的这一民族的源头究竟在哪儿? 祖先是谁? 书中所述,马来人可能来自中国南方的古越族后裔,属于海洋蒙古人种或马来人种。后来,大量移民至东南亚的马来半岛、苏门答腊、爪哇、加里曼丹和苏拉威西、菲律宾等,与当地的土著繁衍后代,产生了不同族称的混血马来人。如爪哇人、加禄人、马达加斯加、马都来人等,整个迁移史共有 5 000 多年了。

如此,因为族群大量迁移,马来人也被分成不同的混血族群,这样的情况与马来西亚华人分成各种不同的籍贯、方言和宗教相同。以马来西亚这个国家的情况来说,马来人在政治上处于绝对的优势,绝对不是偶然。原因是华人拒绝融合和同化采取坚硬的态度,被族群分化割开的华人,导致民族难以团结,反观马来人一致信奉伊斯兰教,也因为宗教信仰的关系而在族际交往上少了很多的隔阂与摩擦,从而更容易团结族群,因此华人至今在政治上还处于劣势是值得省思的。作者不止介绍马来人这一族群历史文化,同时也对马来西亚这个国家的马来人与华人的整体局势颇有见解。唯此书重点旨在介绍马来人这一族群的历史文化,间中偶有精辟见解,但只有少数,而我更乐于见到这些闪现的思维火花。

当然这也只是自己阅读兴趣使然,不过就谈这本著作对于马来人的民族文化介绍,内容翔实丰富,扩展了读者的文化视野,对马来民族有更多的认知。你们知道吗? 马来人妇女在产前怀孕满 7 个月时,有请接生婆来"摆腹"的特别仪式,来预测生男还是女。你知道吗? 在一般人的了解里,马来人原来不是穆斯林,最初他们的信仰是信奉万物有灵的原始宗教,伊斯兰教是后来的阿拉伯人传入的。马来人只是世界上一个较大的穆斯林民族,可不是所有穆斯林都是马来人,这是普遍的错误观念。你知道吗? 马来人被认为是性情最温和的民族。你知道为什么马来人的成年礼要实行"割礼"吗? 这本书将会为你解答一切,让你对马来民族的历史文化有更深的认知与了解。